高职高专规划教材

环境工程电工电子

郝 屏 主 编

张玉健 副主编

李留格 主 审

化学工业出版社
·北京·

本教材分为电工基础篇、电子技术篇、技能实训篇三部分。电工基础篇包括：直流电路、正弦交流电路、电动机控制、环保机械电气控制、环保设备电气布置、安全用电；电子技术篇包括：常用电子元件、直流稳压电源、基本放大电路、集成放大电路、数字电路基础知识、组合逻辑电路、时序逻辑电路；技能实训篇包含电工技术中共十个实训题目。本教材重视实践能力的培养，考虑到知识的实用性，教材中加入了电工工具的介绍、常用测量仪表的使用、各种电子元器件的构造和性能等。与传统的电工电子教材相比，增加了环境污染治理专用机械设备的电气控制过程，使环境工程类专业的学生熟悉到电工电子技术在本专业中的应用。

本书为高职高专环境类专业的教材，也可供污水处理厂等相关技术人员参考。

图书在版编目（CIP）数据

环境工程电工电子/郝屏主编． —北京：化学工业出版社，2013.1(2024.2重印)
高职高专规划教材
ISBN 978-7-122-15774-4

Ⅰ.①环… Ⅱ.①郝… Ⅲ.①环境工程-电工技术-高等职业教育-教材②环境工程-电子技术-高等职业教育-教材 Ⅳ.①X5②TM③TN

中国版本图书馆CIP数据核字（2012）第260376号

责任编辑：王文峡　　　　　　　　　　　文字编辑：刘莉珺
责任校对：宋　夏　　　　　　　　　　　装帧设计：尹琳琳

出版发行：化学工业出版社（北京市东城区青年湖南街13号　邮政编码100011）
印　　装：北京天宇星印刷厂
787mm×1092mm　1/16　印张14¼　字数360千字　2024年2月北京第1版第7次印刷

购书咨询：010-64518888　　　　　　　　售后服务：010-64518899
网　　址：http://www.cip.com.cn
凡购买本书，如有缺损质量问题，本社销售中心负责调换。

定　价：40.00元　　　　　　　　　　　　　　　　　　　版权所有　违者必究

编审委员会

主 任 委 员 周立雪

副主任委员 李倦生　王世娟　季剑波　刘建秋

委　　　员 （按姓名笔画排序）

王世娟　王晓玲　王　雨　刘建秋　孙　蕾

李　庄　李倦生　李留格　吴国旭　张　雷

张　欣　张小广　张玉健　张慧俐　陈　忠

钟　飞　邹明亮　林桂炽　季剑波　周立雪

郝　屏　袁秋生　黄从国　龚　野　蒙桂娥

前　言

《国务院关于大力发展职业教育的决定》中明确提出："坚持以就业为导向，深化职业教育教学改革"。因此，以课程改革为核心的职业教育改革迫在眉睫，开发有特色、可行性强的教材成为当务之急。为了进一步适应新的职业教学改革，更加贴近教学的实际，满足学生的需求，我们组织了一批具有丰富教学经验的一线教师共同编写了这本供高职高专环境工程类专业使用的电工电子技术教材。

本书在编写过程中力图体现以下特色：

1. 本书根据"以就业为导向，以职业能力为本位，以学生为主体"的职业教育理念，从知识结构、体系、内容上均进行了有机的整合，力求体现"精炼"、"实用"，使之更加符合职业教育要求。

2. 基于高职高专环境工程类专业学生并不是为了从事专门的电工行业的特点，本书在编写过程中，以专业必需的基本概念和基本分析方法为主，舍去烦琐、不必要的理论叙述和推导，如戴维南定律、叠加原理、正弦量的矢量计算等，只给出了电路的基本分析方法，够用即可。重视实践能力的培养，考虑到知识的实用性，教材中加入了电工工具的介绍、常用测量仪表的使用、各种电子元器件的构造和性能等。

3. 本书分为电工基础篇、电子技术篇、技能实训篇三部分，内容系统性强，层次分明。教学过程中以第一部分电工基础篇为重点，根据实际课时安排，电子技术篇可作为选学内容。本书为了适用于高职高专环境工程类专业教学需要，增加了环境保护有关专用的机械设备的电气控制过程，如泵房的电气布置、电动阀门的控制、污水处理系统中的曝气池曝气过程的控制、构筑物的防雷措施等内容，使环保专业的学生了解到电工电子技术在本专业中的应用。

4. 本书尽可能多地采用插图，以求直观形象，从而给学生营造一个生动的认知环境。

5. 通过章前学习提示和章后小结，明确学习要点及知识点；技能训练使理论与实践完全统一，学以致用；书中大量的阅读材料，拓展视野，以适应不同类型教学要求。

本书由河南化工职业学院郝屏担任主编，徐州工业职业技术学院张玉健担任副主编，河南化工职业学院李留格担任主审。参与编写的有河南化工职业学院郝屏（编写第三、四章、技能实训篇）、徐州工业职业技术学院张玉健（编写第五、六章）、四川化工职业学院王雨（编写第一章）、长沙环境保护职业技术学院邹明亮（编写第二章）。全书由郝屏统稿。

本书在编写过程中，徐州工业职业技术学院的季剑波院长、河北工业职业学院的刘建秋主任、河南化工职业学院的张慧俐老师对编写思路提出了许多宝贵意见，并提供了有关教材和文献；同时也得到了化学工业出版社的大力支持，在此一并表示衷心的感谢。

限于编者的水平，教材难免有不妥之处，敬请读者批评指正。

编者
2012 年 8 月

目　录

电工基础篇 1

第一章　直流电路 2
第一节　电路的组成与作用 2
　　一、电路的组成及作用 2
　　二、电路模型 3
　小资料　生活中的电源 4
第二节　电路的基本物理量 5
　　一、电流 5
　　二、电压 7
　　三、电位、电动势 8
第三节　电阻 9
　　一、电阻元件 9
　　二、电阻的分类 10
　　三、电阻的识别 12
　　四、万用表 13
第四节　直流电路分析方法 14
　　一、欧姆定律 14
　　二、电路的三种工作状态 14
　　三、基尔霍夫定律 15
　　四、用支路电流法分析复杂直流电路 18
　小资料　常用电工工具介绍1 19
第五节　电阻的串联、并联连接及其应用 20
　　一、电阻的串联、并联及混联 20
　　二、电流表量程的扩大 23
　　三、电压表量程的扩大 24
　　四、电子自动平衡电桥 25
第六节　电功率 26
　　一、电功和电功率 26
　　二、功率表的安装及测量 26
　　三、电度表的安装及测量 28
　小资料　常用电工工具介绍2 30
　本章小结 32
　习题与思考题 32

第二章　交流电路 36
第一节　正弦交流电的基本概念 36
　　一、正弦交流电的周期、频率和角频率 36
　　二、正弦交流电的瞬时值、最大值和有效值 37
　　三、正弦交流电的相位、初相位和相位差 38
第二节　正弦交流电的表示方法 39
　　一、利用波形图表示正弦交流电 39
　　二、利用三角函数表示正弦交流电 39
　　三、利用相量图表示正弦交流电 39
　小资料　示波器的使用 41
第三节　基本交流电路 46
　　一、电容 46
　　二、电感 48
　　三、纯电阻、电容、电感电路 50
　　四、日光灯电路 53
　小资料　交流电路的实际器件 59
第四节　三相正弦交流电路 59
　　一、三相交流电源 60
　　二、三相交流负载 61
　　三、三相电功率 64
第五节　变压器 65
　　一、变压器的结构 66
　　二、变压器的工作原理 66
　　三、变压器的额定值 67
　　四、变压器好坏的判定 67
　　五、特殊变压器 68
　小资料　变压器绕组的极性判别 70
　小资料　常用磁性材料的分类及应用 70
　本章小结 72
　习题与思考题 72

第三章　交流电动机与其电气控制线路 73
第一节　三相异步电动机 73
　　一、三相异步电动机的结构 73
　　二、三相异步电动机的工作原理 75
　　三、三相异步电动机的调速方法及铭牌数据 78
　　四、三相异步电动机的简单测试 79
第二节　常用低压电器 79

一、开关及按钮 ················ 80
　　二、交流接触器 ················ 82
　　三、中间继电器 ················ 83
　　四、熔断器 ···················· 84
　　五、热继电器 ·················· 85
　　六、低压断路器 ················ 86
　第三节　三相异步电动机的电气控制 ···· 87
　　一、三相异步电动机的启动 ······ 87
　　二、三相异步电动机的正反转控制 ···· 93
　　三、三相异步电动机的时间控制 ···· 95
　　四、三相异步电动机的行程控制 ···· 98
　　五、三相异步电动机的制动控制 ···· 100
　第四节　认识单相异步电动机 ········ 102
　　一、电容分相式单相异步电动机 ···· 102
　　二、罩极式单相异步电动机 ······ 102
　第五节　环保机械电气控制 ·········· 103
　　一、电动阀门控制 ·············· 103
　　二、真空泵电动机控制 ·········· 104
　　三、离心式水泵电动机控制 ······ 105
　　四、沉淀池排泥机控制 ·········· 106
　　五、曝气鼓风机控制 ············ 107
　　六、平流式隔油装置控制 ········ 109
　小资料　活性污泥法的基本工艺流程 ···· 110

　第六节　环保设备电气布置 ·········· 110
　　一、泵房电气布置 ·············· 110
　　二、污水处理构筑物电气布置 ···· 111
　小资料　变频器简介 ················ 113
　本章小结 ·························· 114
　习题与思考题 ······················ 114
第四章　供电与安全用电 ·············· 117
　第一节　电能的产生、输送与分配 ···· 117
　　一、电能的产生 ················ 117
　　二、电能的输送 ················ 117
　　三、电能的分配 ················ 118
　第二节　防雷与接地 ················ 118
　　一、雷电的产生和防雷技术 ······ 118
　　二、建筑物、构筑物防雷等级的划分 ···· 118
　　三、建筑物、构筑物的防雷 ······ 119
　　四、电气设备的接地 ············ 120
　第三节　触电急救常识 ·············· 120
　　一、触电 ······················ 120
　　二、触电的保护 ················ 121
　　三、触电急救 ·················· 121
　本章小结 ·························· 124
　习题与思考题 ······················ 124

电子技术篇 ································ 125

第五章　常用电子元件及其应用 ········ 126
　　一、半导体的基本特性 ·········· 126
　　二、本征半导体 ················ 127
　　三、杂质半导体 ················ 127
　第一节　晶体二极管及其应用 ········ 127
　　一、认识晶体二极管 ············ 127
　　二、特殊二极管 ················ 130
　　三、直流稳压电源电路 ·········· 133
　小资料　如何判断二极管极性及性能的
　　　　　好坏 ···················· 140
　第二节　晶体三极管 ················ 141
　　一、晶体三极管基础知识 ········ 141
　　二、基本放大电路 ·············· 146
　　三、静态工作点的调整对放大电路性能的
　　　　影响 ······················ 150
　　四、负反馈对放大电路性能的影响 ···· 152
　　五、集成运算放大器 ············ 154
　小资料　三极管的简易测试 ·········· 160
　本章小结 ·························· 162

　习题与思考题 ······················ 162
第六章　数字电路基础知识 ············ 166
　第一节　数字电路基础知识 ·········· 166
　　一、数字信号和数字电路 ········ 166
　　二、逻辑代数和基本逻辑运算 ···· 167
　第二节　组合逻辑电路 ·············· 171
　　一、基本逻辑门电路 ············ 171
　　二、集成门电路 ················ 172
　　三、组合逻辑电路的分析和设计 ···· 175
　小资料　数字集成电路检测方法 ······ 177
　　四、典型 MSI 组合逻辑器件 ······ 177
　第三节　时序逻辑电路 ·············· 183
　　一、触发器 ···················· 183
　　二、典型时序逻辑电路 ·········· 189
　　三、典型 MSI 时序逻辑器件 ······ 193
　小资料　数字电路如何读时序图 ······ 195
　本章小结 ·························· 196
　习题与思考题 ······················ 196

技能实训篇 ·· 199

技能实训一	日光灯的安装及功率因数的提高 ························· 200		的拆装 ······································ 209
技能实训二	三相交流电路的测试与安装 ···························· 201	技能实训七	三相异步电动机的点动控制与自锁控制 ························· 210
技能实训三	电工安装基础 ···················· 203	技能实训八	三相异步电动机的正反转控制 ···································· 213
技能实训四	电度表的安装与使用 ············ 205	技能实训九	沉淀池排泥机控制 ············· 215
技能实训五	小型变压器的测试 ··············· 207	技能实训十	曝气鼓风机控制 ················ 217
技能实训六	常用低压电器（交流接触器）	**参考文献** ·· 220

电工基础篇

第一章 直流电路

知识目标
- 了解电路的基本组成及其作用。
- 了解电路模型的概念。
- 理解电流、电压、电位、电动势的定义。
- 掌握电流、电压参考方向的概念和关联参考方向的含义。
- 了解电阻的分类。
- 掌握电阻的符号、阻值读取方法。
- 掌握欧姆定律、基尔霍夫定律、支路电流分析法。
- 了解电路的三种工作状态。
- 掌握求解串联、并联和混联电路等效电阻的方法。
- 掌握电功率和电能的计算方法。

能力目标
- 能利用电流表测直流电流。
- 能利用电压表测直流电压。
- 能识别电阻的阻值。
- 能利用万用表测量电阻值。
- 能正确应用欧姆定律、基尔霍夫定律求解简单电路。
- 能正确应用支路电流法求解较复杂电路。
- 能利用功率表测电功率。
- 能利用电能表测电能。

本章讲述电路的基本概念和定律,包括:电路的组成与作用,电路的基本物理量,电阻元件,直流电路分析方法(欧姆定律、基尔霍夫定律及支路电流法),电阻的串、并联连接及其应用;电功率的电能概念及测量。

第一节 电路的组成与作用

一、电路的组成及作用

(一) 电路的组成

电流的通路简称电路。它是为了某种需要,由各种电气设备和元件按照一定的连接方式形成的电流的通路。电路的结构形式和所能完成的任务是多种多样的,但从电路的本质来说,它主要由电源、负载和中间环节三部分组成,如图 1-1。

1. 电源

电源是将其他形式的能量转换为电能的装置,它是电路中电能的提供者。例如,干电池和蓄电池把化学能转换成电能；光电池把太阳能转换成电能；发电机把机械能转换成电能。这些能够把其他能量转换成电能的装置都是电源。

2. 负载

负载是把电能转换为其他形式能量的装置，它是电路中电能的使用者和消耗者。例如，电灯把电能转换为光能；电炉把电能转换为热能；电动机把电能转换为机械能。这些将电能转换为其他形式能量的装置都是负载。

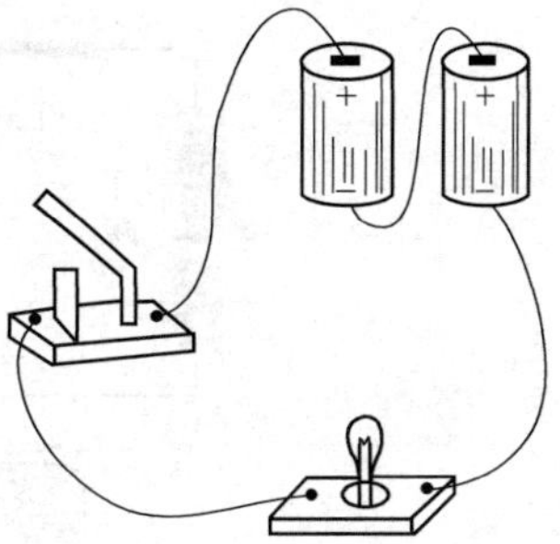

3. 中间环节

图1-1 电路的组成

中间环节是连接电源（或信号源）和负载的元件，用它们把电源（或信号源）与负载连接起来，起输送、分配电能或传递、处理信息的作用。它包括连接电路的导线、控制电路的开关以及保护电路的熔断器等。

思考

请思考并回答生活中你所遇到的电源及负载都有哪些。

（二）电路的作用

电路具有两个主要功能。

1. 进行能量的转换、传输和分配

例如，电力系统中，发电厂把热能、水能或原子能转换成电能，再通过变压器、输电线路传输到各用户，各用户通过负载把电能又转换为光能、热能和机械能等。

2. 实现信号的传递和处理

通过电路可以把施加的信号（称为激励）转换成所需要的输出信号（称为响应）。例如，一台半导体收音机，其天线接收到的是一些很微弱的电信号，这些微弱的信号必须通过调谐环节选择到所需要的某个频率信号，再经过变频、检波、放大等环节，最后送到扬声器还原成原始信号（声音）。

二、电路模型

（一）理想元件

实际电路都是由一些按照需要起不同作用的实际电路元件所组成，如发电机、变压器、电动机、电池、晶体管以及各种电阻器和电容器等，因此，实际电路的结构按所实现的任务不同而多种多样。组成电路的元件也不尽相同，很难一一画出，为了方便研究电路的规律，需要将电路元件不重要的电学性质忽略不计，同时突出元件最本质的电学特性来代表实际元件的主要功能，这种经过抽象的、只有本质特性的元件叫做理想元件。例如电炉，其消耗电能的电磁特性可用理想电阻元件来表现。

（二）电路模型

在一定条件下，任何实际电气设备和元件都可以用理想元件代替，这样，任何实际电路都可以表示为理想元件的组合，用理想导线（电阻为零）将理想元件连接起来而形成的电路就称为电路模型。

思考

图1-2中的灯泡为什么会发光？

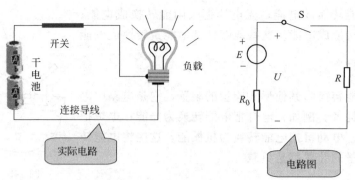

图 1-2 实际电路与电路图

电路图就是用统一规定的图形符号画出的电路模型。几种常用的标准图形符号见表 1-1。

表 1-1 常用理想元件及符号

名称	符号	名称	符号
电阻	─□─	电压表	─Ⓥ─
电池	─┤├─	接地	⏚ 或 ⏉
灯泡	─⊗─	熔断器	─▭─
开关	─╱─	电容	─┤├─
电流表	─Ⓐ─	电感	─⌇⌇⌇─

小资料 生活中的电源

日常生活中可以见到各种各样的电源，给人们带来了很大的方便。但我们是否了解这些电源呢？下面进行简单的介绍。

(1) 干电池 也叫碳锌电池。最早以炭粉做正极、锌筒做负极，浓缩的氯化铵水溶液为电解液，用化学反应供应电能。近年来用得较多的是"碱性电池"，用氢氧化钾或氢氧化钠做电解质，容量比同体积的干电池大出一倍以上。常用在照相闪光灯等耗电量大的用电器中。

(2) 蓄电池 铅酸蓄电池在生产和生活中发挥了重要作用。近年来的胶体电池属于铅酸蓄电池的一种，在硫酸中添加胶凝剂，使硫酸电解液变为胶态，可以防止酸液流失。

(3) 氧化银电池 是一种重量轻、容量大的电池，大量用在电子表、人造卫星等。常见的纽扣式氧化银电池，正极是氧化银，负极是锌，又叫锌银纽扣电池。

(4) 锂离子电池 锂离子电池的阳极采用能吸藏锂离子的碳极，放电时锂变成锂离子，脱离电池阳极，到达锂离子电池阴极，充电时正好相反。电解液一般是有机电解液，锂做电极大大增加了电池的容量。锂电池可以做成各种形状，广泛用在移动电话机、照相机等。

(5) 光电池 太阳能电池是一种将光能转化为电能的电池。硅光电池是一种典型的光电池，性能稳定，使用寿命长。已广泛用到计算器、收音机等方面，在人造卫星上常用硅光电池做电源。

(6) 燃料电池 燃料电池被称为继火电、水电、核电之后的第四种发电方式，应用前景十分广阔。燃料电池利用氢和氧的化学反应产生电能的技术，发电效率高，是一种理想的清洁能源。由于这些突出的优越性，被认为是 21 世纪的洁净、高效的发电技术之一。

> (7) 镍氢电池 镍氢电池是以氢氧化镍作为正极,锗氢合金作为负极,氢氧化钾溶液作为电解液。镍氢电池以其实惠、环保的优势得到使用者的青睐,用途也从传统的小家电产品到新兴的 MP3 等产品中来。
>
> (8) 镍镉电池 正极为氧化镍,负极为金属镉,电解液多为氢氧化钾、氢氧化钠碱性水溶液。是绿色环保、高性能、无污染电池。
>
> (9) 原子电池 它是将原子核放射能直接转变为电能的装置。有的原子电池是利用放射线产生热量将其转化为电能;也有的是利用射线作用于某些物质发光,用硅光电池产生电能。
>
> 除上面介绍的这些电源外,还有其他各种电源和不断出现的新电源。

第二节 电路的基本物理量

一、电流

(一) 电流

电荷的定向移动形成电流。电流的大小是用单位时间内通过某一导体横截面的电荷量来度量的,称为电流强度,简称电流,用 i 表示。

设在极短的时间 dt 内通过导体横截面的微小电荷量为 dq,则电流为

$$i = \frac{dq}{dt} \quad (1-1)$$

若电流的大小和方向随时间作周期性变化,则这种电流称为交流电流。交流电流用小写字母 i 表示;若电流的大小和方向都不随时间变化,即 $\frac{dq}{dt} =$ 常数,则这种电流称为恒定电流,即直流电流。直流电流用大写字母 I 表示。设在时间 t 内通过导体横截面的电荷量为 q,则电流 I 为

$$I = \frac{q}{t} \quad (1-2)$$

在国际单位制(SI)中,电荷的单位是库仑(C),时间的单位是秒(s),电流的单位是安培(A),简称安。电流的单位还有千安(kA)、毫安(mA)、微安(μA)等,它们的换算关系为

$$1kA = 10^3 A \quad 1mA = 10^{-3} A \quad 1\mu A = 10^{-6} A$$

电流不但有大小,而且有方向。习惯上,把正电荷定向运动的方向规定为电流的实际方向。对于比较复杂的直流电路往往不能确定电流的实际方向;对于交流电路,因其电流方向随时间变化,更难以判断。因此,为便于分析,引入了电流参考方向的概念。

电流的参考方向,也称假定正方向,可以任意选定,参考方向一经选定就不再改变,如果计算出来的电流值是正值,就说明电流的实际方向与参考方向相同,如图 1-3(a) 所示;如果计算出来的电流值是负值,就说明电流的实际方向与参考方向相反,如图 1-3(b) 所示。

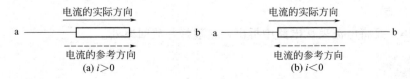

图 1-3 电流的参考方向与实际方向的关系

电流参考方向的两种表示形式如下。

（1）用箭头表示　箭头的指向为电流的参考方向。

（2）用双下标表示　如 i_{ab} 表示电流的参考方向为由 a 指向 b，见图 1-4。

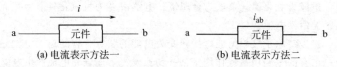

(a) 电流表示方法一　　　　(b) 电流表示方法二

图 1-4　电流参考方向的两种表示法

一个复杂的电路在未求解之前，各处电流的实际方向是未知的，必须在选定的参考方向下列写方程，再依据所求出方程解的正负值判断电流的实际方向。

思考

电流可以比喻成水流来理解吗？二者有何相同之处？

（二）电流表

电流的大小可用电流表（见图 1-5）直接测量。电流表按所测电流性质不同分为直流电流表、交流电流表和交直两用电流表。用电流表测量电流时，需将电流表串接在被测电路中，当被测电路的电流流过电流表线圈时，电流表指针发生偏转，通过指针偏转的角度可以反映被测电流的大小。电流表的使用应注意以下问题。

1. 正确选择电流表

测量直流电流时，要用直流电流表；测量交流电流时，要用交流电流表。

2. 正确选择量程

图 1-5　电流表

在测量之前应先估算被测电路的电流大小，根据估计选择合适的量程（一般选用使指针指在刻度尺 1/2～2/3 位置的量程，测量结果准确度较高）。若被测电流的大小无法估计，则应用量程最大端钮预测，然后根据预测值选择合适的量程。

3. 电流表机械零位校正

将电流表按摆放要求放置好，在不通电的情况下，观察指针是否指零，若不指零，应调整机械零位校正旋钮，使指针指向零。

4. 正确连接

电路相应部分断开后，将电流表串接到被测电路中。对于直流电流表要保证电流的实际方向从"＋"接线柱流入电流表，从"－"接线柱流出电流表，若不知电流方向可进行试触判断。对于交流电流表，无需注意电流表的极性。

5. 正确读数

读数时，要保证视线与电流表刻度面垂直，不能斜视，否则读数将不准确。

6. 整理仪表

测量完毕，要将电流表从电路中拆出，整理好并放回原处。

思考

如果被测电流超出电流表量程或电流表并接到电路上，会出现什么后果？

二、电压

(一) 电压

电荷在电路中运动，必定受到力的作用，也就是说力对电荷做了功。为了衡量其做功的能力，引入"电压"这一物理量，并定义：电场力把单位正电荷从 a 点移动到 b 点时所做的功称为 a、b 两点间的电压，用 u_{ab} 表示。即

$$u_{ab} = \frac{\mathrm{d}W_{ab}}{\mathrm{d}q} \tag{1-3}$$

式中，$\mathrm{d}W_{ab}$ 表示电场力将 $\mathrm{d}q$ 的正电荷从 a 点移动到 b 点所做的功，单位为焦耳（J）。

大小和方向随时间做周期性变化的电压称为交流电压，用小写字母 u 表示；大小和方向都不随时间变化的电压称为直流电压，用大写字母 U 表示。

直流时，式(1-3) 应写为

$$U_{ab} = \frac{W_{ab}}{Q} \tag{1-4}$$

在国际单位制（SI）中，电压单位为伏特，简称伏（V）。电压的单位还有千伏（kV）、毫伏（mV）、微伏（μV）等，它们的换算关系为

$$1\mathrm{kV} = 10^3\,\mathrm{V} \qquad 1\mathrm{mV} = 10^{-3}\,\mathrm{V} \qquad 1\mu\mathrm{V} = 10^{-6}\,\mathrm{V}$$

电压也有方向，习惯上将电压的实际方向规定为从高电位端指向低电位端，即电位降的方向。与电流相类似，在实际分析和计算中，电压的实际方向也常常难以确定，这时也要假定电压的参考方向。电路中两点间的电压可任意选定一个参考方向，且规定当电压的参考方向与实际方向一致时，电压为正值，如图 1-6(a) 所示；相反时电压为负值，如图 1-6(b) 所示。

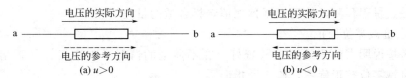

图 1-6 电压的参考方向与实际方向的关系

电压参考方向的三种表示形式（图 1-7）如下：

① 用正（+）、负（-）极性表示，电压的参考方向从正极性端指向负极性端；
② 用箭头表示；
③ 用双下标表示，如 u_{ab} 表示 a、b 之间的电压的参考方向为由 a 指向 b。

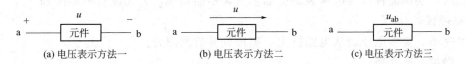

图 1-7 电压参考方向的三种表示法

(二) 关联参考方向

任一电路的电流参考方向和电压参考方向可以分别独立的规定，但为了分析方便，常使同一元件的电流参考方向与电压参考方向一致，即电流从电压的正极性端流入该元件，而从它的负极性端流出。这时，该元件的电流参考方向与电压参考方向是一致的，称为关联参考方向，如图 1-8(a) 所示。如果选定电流参考方向与电压参考方向不一致，称为非关联参考方向，如图 1-8(b) 所示。

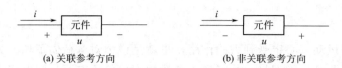

(a) 关联参考方向   (b) 非关联参考方向

图1-8 关联参考方向与非关联参考方向

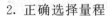

电流与电压的参考方向和实际方向之间的关系是什么？

（三）电压表

电路中两点间的电压可用电压表（图1-9）来测量。电压表按所测电压性质可分为直流电压表、交流电压表和交直两用电压表。用电压表测量电压，需将电压表并联接在被测电路中，当被测电压加在仪表的接线端上时，电流通过仪表内的线圈，其电流的大小与被测电压有关，并使仪表指针发生偏转，偏转的角度反映被测电压的大小。电压表的使用应注意以下问题。

1．正确选择电压表

测量直流电压时，要用直流电压表；测量交流电压时，要用交流电压表。

图1-9 电压表

2．正确选择量程

在测量之前先估算被测电压的大小，根据估计选择合适的量程（电压表的量程要大于被测电路的电压，否则会损坏电压表）。若被测电压的大小无法估计，则应用最大量程预测，然后根据预测值选择合适的量程。

3．电压表机械零位校正

将电压表按说明书的摆放要求放置好，在不通电的情况下观察指针是否指零，若不指零，应调整机械零位校正旋钮，使指针指向零。

4．正确连接

一定要将电压表并联接在被测电路两端。对于直流电压表，要保证"＋"接线柱接高电位，"－"接线柱接低电位，若不知电位的高低可进行试触判断。对于交流电压表，使用时可以不分极性。

5．正确读数

读数时，要保证视线与电压表刻度面垂直，不能斜视，否则读数将不准确。

6．整理仪表

测量完毕，要将电压表从电路拆出，整理好并放回原处。

三、电位、电动势

（一）电位

电场力将单位正电荷由 a 点移至参考点所做的功，称为 a 点的电位，用 V_a 表示。若电场力将单位正电荷 dq 从电场中的 a 点移至参考点 o 所做的功为 dW_{ao}，则 a 点的电位为

$$V_a = \frac{dW_{ao}}{dq} \tag{1-5}$$

可见，a 点的电位就是 a 点到参考点 o 的电压，$V_a = U_{ao}$。参考点的电位规定为零，所以参考点也称为零电位点，即 $V_o = 0$，因此 $U_{ao} = V_a - V_o$，a 点的电位等于该点到参考点之

间的电位差。电位的单位也是伏（V）。

电压与电位的关系为：a、b 两点间的电压等于这两点间的电位差，即

$$U_{ab}=V_a-V_b \tag{1-6}$$

原则上，参考点可以任意选取，但为了统一，工程上常选大地为参考点；机壳需要接地的设备，可以把机壳选作电位的参考点；有些电子设备，机壳不一定接地，但为了分析方便，可以把它们当中元件汇集的公共端或公共线选作参考点，也称为"地"，在电路图中，参考点用符号"⊥"表示。

在同一电路中，当参考点选定后，电路中各点的电位就确定了，若参考点改变，各点的电位值也随之改变，因此，在电路分析中不指定参考点而讨论电位是没有意义的，但应注意，电路中任意两点之间的电压不会因为参考点变化而变化。所以各点的电位高低是相对的，而两点间的电压值是绝对的。

思考

电压和电位的区别是什么？二者的关系如何表示？

（二）电动势

在如图 1-10 所示电路中，正电荷在电场力作用下从高电位点（a 极板）经外电路向低电位点（b 极板）运动，为了在电路中保持连续的电流，就必须有一种非电场力将正电荷从低电位（b 极板）移动到高电位（a 极板）。在电源内部，就存在着这种非电场力，称为电源力。

电源力将单位正电荷从负极经电源内部移到正极所做的功，称为电动势，用 $e(E)$ 表示。其单位与电压相同，用伏（V）表示。

设在电源内部电源力把单位正电荷 dq 从低电位移到高电位所做的功为 dW_{ba}，则电源电动势为

$$e=\frac{dW_{ba}}{dq} \tag{1-7}$$

电动势也有方向，电动势的实际方向与正电荷在电源内部移动的方向一致，是从低电位点指向高电位点，即电位升的方向，所以电动势与电压的实际方向相反。

电动势同样可以选择参考方向。如果 e 和 u 的参考方向选择相反，如图 1-11(a) 所示，则 $e=u$；如果 e 和 u 的参考方向选择相同，如图 1-11(b) 所示，则有 $e=-u$。

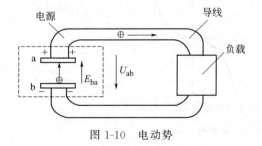

图 1-10 电动势

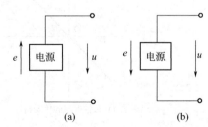

图 1-11 电动势和电压的参考方向

第三节 电　　阻

一、电阻元件

电流在导体中流动通常要受到阻碍，反映这种阻碍作用的物理量称为电阻。在电路图

中，常用"电阻元件"来反映物质对电流的这种阻碍作用。电阻元件的图形符号如图1-12所示，文字符号用大写字母 R 表示，单位是欧姆（Ω）。

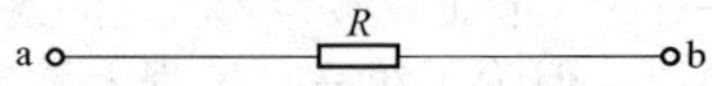

图 1-12　电阻元件的符号

当导体中无电流通过时，导体对电流的阻碍作用仍然存在。不同的导体电阻一般是不同的。就长直导体而言，在一定温度下，电阻值可用式(1-8) 计算

$$R=\rho\frac{l}{S} \tag{1-8}$$

式中，R 为电阻，Ω；l 为导体长度，m；S 为导体横截面积，m^2；ρ 为导体的电阻率，Ω·m。

电阻的常用单位还有千欧（kΩ）、兆欧（MΩ）等，它们的换算关系为

$$1kΩ=10^3 Ω \qquad 1MΩ=10^6 Ω$$

电阻的倒数称为电导，用大写字母 G 表示，单位为西门子（S），电导与电阻的关系为

$$G=\frac{1}{R} \tag{1-9}$$

二、电阻的分类

（一）按伏安特性分

1. 线性电阻

如果电阻值是一常数，与通过它的电流或所加电压无关，则称为线性电阻。把一系列不同的电压加到电阻两端，将获得一系列不同的电流。如果取电压为横坐标，电流为纵坐标，画出电压-电流的关系曲线，这条曲线就是该电阻的伏安特性曲线，如图1-13(a) 所示，它是一条过原点的直线。

2. 非线性电阻

如果电阻值不是一个常数，而与通过它的电流和加于其两端的电压有关，当电流或电压改变时，电阻的数值也随之改变，则称之为非线性电阻，如二极管，二极管的伏安特性如图1-13(b) 所示，是非线性的。

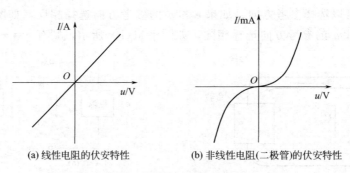

(a) 线性电阻的伏安特性　　　　(b) 非线性电阻(二极管)的伏安特性

图 1-13　电阻元件的伏安特性

（二）按结构特点分

1. 碳膜电阻

碳膜电阻是由碳沉积在瓷质基体上制成，通过改变碳膜的厚度或长度得到不同的电阻值。碳膜电阻的主要特点是稳定性好、阻值范围宽、价格便宜、精度差。因此，碳膜电阻（图1-14）是目前使用最广泛的一种电阻，常用于精度要求不高的电子产品中。

图 1-14 碳膜电阻

2. 金属膜电阻

金属膜电阻是由金属合金粉沉积在瓷质基体上制成的，通过改变金属膜的厚度或长度得到不同的电阻值，见图 1-15。与碳膜电阻相比，金属膜电阻的稳定性更好、阻值范围更宽、精度高，而且耐高温，但价格较贵。因此，金属膜电阻常用于精密仪器仪表等电子产品中。

3. 绕线电阻

绕线电阻是用康铜丝或锰铜丝缠绕在绝缘骨架上制成，分固定和可变两种，见图 1-16。其主要特点是耐高温、精度高、噪声小、功率大，但高频特性差（因为其电感较大）。因此，绕线电阻常用于低频的精密仪器仪表等电子产品中。

图 1-15 金属膜电阻

图 1-16 绕线电阻

4. 热敏电阻

热敏电阻是阻值随温度变化而显著变化的敏感元件，见图 1-17。阻值随温度升高而减小的称为负温度系数热敏电阻（NTC 热敏电阻）；阻值随温度升高而增大的称为正温度系数热敏电阻（PTC 热敏电阻）。因此，热敏电阻在控制电路中可用于控制电流的大小和通断，常作为测温、控温、补偿、保护等电路的感温元件。

5. 光敏电阻

光敏电阻是阻值随外界光线强弱变化而显著变化的敏感元件，见图 1-18。当外界光线增强时，阻值逐渐减小；当外界光线减弱时，阻值逐渐增大。因此，光敏电阻常用于光电自动控制器、电子照相机、光电开关和光报警器等电路中。

图 1-17 热敏电阻

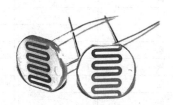

图 1-18 光敏电阻

三、电阻的识别

对于电阻的型号和规格,一般可从其表面标记直接读出阻值和精度,有时也可以从电阻上印刷的不同色环来判断它的阻值和精度。

1. 直标法

直标法是指将电阻的主要参数和技术性能指标直接印刷在电阻的表面上。这种方法主要用于功率比较大的电阻。例如电阻上印有"RJ7 100kΩ±5%",则表示阻值为100kΩ、允许偏差为±5%的精密金属膜电阻。

2. 文字符号法

文字符号法是用字母和数字符号有规律的组合来表示电阻的阻值。其规律是:用字母 R、k、M、G、T 来表示电阻值的数量级别,字母前面的数字表示阻值的整数倍数,字母后面的数字表示阻值的小数部分。

例如:R3 表示 0.3Ω,3k6 表示 3.6kΩ,8M2 表示 8.2MΩ。

3. 色标法

小功率电阻使用最为广泛的是色标法。色标法是指用不同颜色的色环表示电阻的阻值和允许偏差。普通电阻采用 4 环标示,见表1-2,精密电阻采用 5 环标示,见表1-3。

表1-2 普通电阻的色标法

色环颜色	第一色环 第一位数	第二色环 第二位数	第三色环 倍率	第四色环 误差
黑	0	0	10^0	—
棕	1	1	10^1	—
红	2	2	10^2	—
橙	3	3	10^3	—
黄	4	4	10^4	—
绿	5	5	10^5	—
蓝	6	6	10^6	—
紫	7	7	10^7	—
灰	8	8	10^8	—
白	9	9	10^9	—
金	—	—	10^{-1}	±5%
银	—	—	10^{-2}	±10%

表1-3 精密电阻的色标法

色环颜色	第一色环 第一位数	第二色环 第二位数	第三色环 第三位数	第四色环倍率	第五色环 误差
黑	0	0	0	10^0	
棕	1	1	1	10^1	±1%
红	2	2	2	10^2	±2%
橙	3	3	3	10^3	—
黄	4	4	4	10^4	—
绿	5	5	5	10^5	±0.5%
蓝	6	6	6	10^6	±0.25%
紫	7	7	7	10^7	±0.1%
灰	8	8	8	10^8	
白	9	9	9	10^9	
金	—	—	—	10^{-1}	±5%
银	—	—	—	10^{-2}	

例如，四色环电阻的颜色排列为红、紫、棕、金，则这只电阻阻值为270Ω，误差为±5%；颜色排列为棕、黑、红、金，则电阻阻值为1kΩ，误差为±5%。

例如，五色环电阻的颜色排列为黄、红、黑、黑、棕，则其阻值为 $420\times 1\Omega = 420\Omega$，误差为±1%；颜色排列为红、红、黑、棕、金，则其阻值为 $220\times 10\Omega = 2.2k\Omega$，误差为±5%。

四、万用表

万用表是一种具有多种用途和多个量程的直读式仪表，见图1-19。一般的万用表可以用来测量直流电流、直流电压、交流电压、交流电流和电阻等。万用表的使用注意事项如下。

(1) 测量前要调零 为了测量准确，在测量前必须观察表头指针是否指在零位上，若不在零位，则应调整表头下方的机械调零旋钮，使其指零，如果要测量的是导体的电阻值，则应当在使用前进行欧姆调零。欧姆调零是将转换开关旋至相应的电阻挡上，将两表笔短接，然后调节调零旋钮，使指针指零。每次换欧姆挡都要重复这一步骤。欧姆调零时间要短，以减少电池的消耗。如果调不到零位，则说明电池电压已经太低，应更换新电池。

图1-19 万用表

(2) 正确选择挡位 万用表挡位包括测量种类的选择和量程的选择。必须把转换开关转到标明与被测量的种类和量程相符的位置上。测量前，要根据测量的项目估算数值大小，把转换开关拨到合适的位置。为了使测量结果准确，测量电压和电流时，应使指针的偏转在满刻度的1/2～2/3左右，测量电阻时，应使被测电阻尽量接近标度尺的中心。如果事先无法估算被测量的大小，可在测量中从最大量程挡逐渐调小到合适的挡位。每次拿起表笔准备测量时，一定要再核对测量项目，检查量程是否拨对、拨准。

(3) 正确读数 万用表的标度盘上有多条标度尺，它们分别在测量不同对象时使用。例如：标有"DC"或"—"的标度尺是测量直流时用的；标有"AC"或"～"的标度尺是测量交流时用的；标有"Ω"的标度尺是测量电阻用的；等等。应明确在哪一条标度尺上读数，并应清楚标度尺上一个小格代表多大数值，读数时眼睛应位于指针正上方。对有弧形反射镜的表盘，当看到指针与镜中像重合时，读数最准确。对于电阻，表头的读数乘以倍率，就是所测电阻的电阻值。

(4) 测量直流时，应注意正负端的位置。测量直流电流时应把仪表串联在被测的电路中。测量单个电阻时，应当右手握持两表笔，左手拿住电阻器的中间处，将表笔接在电阻的两端；测量电路中的电阻时，则应先把电源切断进行测量。

(5) 测量完毕，应将转换开关拨到最高交流电压挡，防止下次测量时不慎损坏表头。长期不用的万用表，应将表内电池取出，以防电池因存放过久变质，漏出的电解液会腐蚀表内机件。

万用表在使用一段时间后，欧姆调零可能难以调整到位，此时应该怎么做？

第四节 直流电路分析方法

一、欧姆定律

1. 一段电路的欧姆定律

实践证明，一段不含源的电阻电路中，流过电路的电流 I 与电路两端的电压 U 成正比，与电路的电阻 R 成反比，这称为一段电路的欧姆定律。

U、I 为关联参考方向时，如图 1-20(a) 所示，欧姆定律的表达式为

$$U = IR \tag{1-10}$$

U、I 为非关联参考方向时，如图 1-20(b) 所示，欧姆定律的表达式为

$$U = -IR \tag{1-11}$$

2. 全电路欧姆定律

全电路指含有电源的闭合电路（如图 1-21 所示），E 为电源电动势，R_0 为电源内阻；R 为负载电阻；U 为电源端电压（或负载电阻两端的电压）。

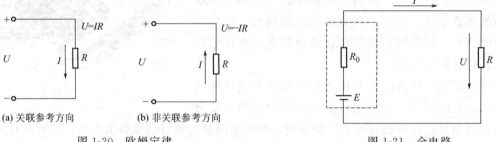

图 1-20 欧姆定律   图 1-21 全电路

全电路欧姆定律的内容是：电路中的电流 I 与电源电动势 E 成正比，与电路中所有电阻之和成反比，表达式为

$$I = \frac{E}{R + R_0} \tag{1-12}$$

【例 1-1】 已知电源电动势 $E=5\text{V}$，内阻 $R_0=1\Omega$，负载电阻 $R=4\Omega$，求电路中的电流和电源端电压。

解： 设电路中电流和电压的参考方向如图 1-21 所示。根据全电路欧姆定律，有

$$I = \frac{E}{R + R_0} = \frac{5}{4+1} = 1 \text{ (A)}$$

$$U = IR = 1 \times 4 = 4 \text{ (V)}$$

或

$$U = E - IR_0 = 5 - 1 \times 1 = 4 \text{ (V)}$$

二、电路的三种工作状态

在实际工作中，电路在不同的工作条件下会处于不同的工作状态，具有不同的特点。充分了解电路的不同工作状态和特点对正确使用各种电气设备是十分必要的。电路的工作状态常有通路（有载）、短路、断路（空载）三种。下面分别分析电路的三种工作状态。

（一）通路（有载）工作状态

在图 1-22 所示电路中，当开关 S 闭合时，负载与电源形成闭合回路，有电流 I 通过负载电阻 R_L，电路处于通路（有载）工作状态。此时，电流的大小为

$$I = \frac{E}{R_L + R_0} \tag{1-13}$$

负载电阻两端的电压为

$$U = IR_L = E - IR_0 \tag{1-14}$$

（二）短路工作状态

如图 1-23 所示电路中，当电源的两端 a 和 b 由于某种事故而直接相连时，电源被短路。此时，电流将不再流过负载 R_L，电路处于短路工作状态。

短路状态时，负载 R_L 上的电压 U 为零，电路中的电流称为短路电流，用 I_S 表示，大小为

$$I_S = \frac{E}{R_0} \tag{1-15}$$

由于电源内阻 R_0 很小，短路电流会很大，容易损坏电源和造成严重事故，所以应尽量避免。为了避免短路故障造成的损失，通常在电路中接入熔断器或自动空气开关，在电路出现短路故障时快速切断电源，以避免重大损失。

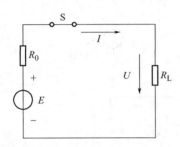
图 1-22 通路（有载）工作状态

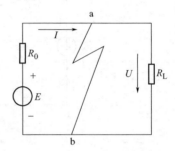
图 1-23 短路工作状态

? 思考

短路会产生什么后果？实际生活和生产中是如何防止短路的？

（三）断路（空载）工作状态

如图 1-24 所示的电路中，当开关 S 断开时，电源和负载未接通，电路处于断路（空载）工作状态。电路中的电流 $I=0$，电源的内阻压降 $IR_0=0$，这时电源的端电压（即空载电压）U_{oc} 等于电源电动势 E，即 $U_{oc}=E$。

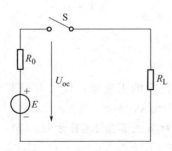
图 1-24 断路（空载）工作状态

三、基尔霍夫定律

在分析电路时，除了最基本的欧姆定律外，还有一个应用非常广泛的定律，就是基尔霍夫定律，该定律包括基尔霍夫电流定律（KCL）和基尔霍夫电压定律（KVL），为了便于学习，先介绍几个名词。

(一) 名词介绍

1. 支路

电路中的每一分支叫一条支路。一条支路流过一个电流，流过支路的电流，称为支路电流。含有电源的支路叫有源支路，不含电源的支路叫无源支路。图 1-25 中共有 3 条支路：aefb，ab，acdb。

2. 节点

电路中三条或三条以上支路的连接点，称为节点。图 1-25 中共有 2 个节点：a，b。

回路

电路中的任一闭合路径称为回路。图 1-25 中共有 3 个回路：aefba，acdba，acdbfea。

网孔

内部不含有支路的回路，称为网孔。图 1-25 中共有 2 个网孔：aefba，acdba。

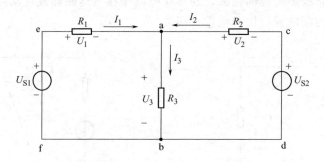

图 1-25 支路、节点、回路、网孔

(二) 基尔霍夫电流定律（KCL）

基尔霍夫电流定律又称为基尔霍夫第一定律，它说明了流过同一节点各支路电流之间的关系。

内容：在电路中，任一瞬时，流入电路中某一节点的电流之和等于流出该节点的电流之和，即

$$\sum I_入 = \sum I_出 \tag{1-16}$$

若规定流入节点的电流为正，则流出节点的电流为负，则基尔霍夫电流定律又可描述为：在任一瞬时，通过电路中任一节点电流的代数和恒等于零，即

$$\sum I = 0 \tag{1-17}$$

列 KCL 方程步骤：

(1) 规定各电流的参考方向；

(2) 列 KCL 方程；

(3) 把电流的数值（包括数值中的正负号）代入方程求未知电流。

【例 1-2】 已知图 1-25 中 $I_1 = 6A$，$I_2 = -1A$，求 I_3。

解：根据电流的参考方向，对节点 a 列 KCL 方程，有

$$I_3 = I_1 + I_2 = 6 + (-1) = 5 (A)$$

I_3 为正值，说明其实际方向与参考方向相同，即流出节点 a。

KCL 定律通常用于节点，但也可推广应用于电路中任意假定的闭合面。这个闭合面可称广义节点。在任意瞬间，通过任一闭合面的电流的代数和也恒等于零。

如图 1-26 所示，根据 KCL 定律，有

$$I_A + I_B + I_C = 0$$

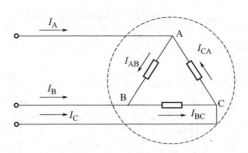

图 1-26 电路中的一个闭合面

? 思考

流经同一节点的电流之间有何关系？

（三）基尔霍夫电压定律（KVL）

基尔霍夫电压定律又称为基尔霍夫第二定律，它说明了同一回路中各部分电压之间的关系。

内容：电路中，在任一时刻，沿任一回路绕行一周，回路中各部分电压的代数和恒等于零，即

$$\sum U = 0 \tag{1-18}$$

规定：电压参考方向与回路绕行方向相同时，该电压取正；电压参考方向与回路绕行方向相反时，该电压取负。

列 KVL 方程步骤：

（1）规定电压的参考方向；

（2）确定回路绕行方向；

（3）列 KVL 方程；

（4）把电压的数值（包括数值中的正负号）代入方程求未知电压。如果有电流，电流参考方向与回路绕行方向一致时取正，否则取负。

【例 1-3】 图 1-25 中，已知电路中 $U_{S1}=10V$，$U_1=2V$ 求 U_3。

解：各电压参考方向如图 1-25 所示，在回路 abfea 中，取顺时针为回路绕行方向列 KVL 方程，有

$$-U_{S1}+U_1+U_3=0$$
$$U_3=U_{S1}-U_1=10-2=8 \text{ (V)}$$

U_3 为正值，说明其实际方向与参考方向相同。

【例 1-4】 在图 1-27 所示电路中，$U_{S1}=12V$，$U_{S2}=6V$，$R_1=R_3=10\Omega$，$R_2=R_4=5\Omega$，求回路中的电流。

解：设电流参考方向如图 1-26 所示，沿顺时针为回路绕行方向列 KVL 方程有

$$(R_1+R_2+R_3+R_4)I+U_{S1}-U_{S2}=0$$
$$I=\frac{U_{S2}-U_{S1}}{R_1+R_2+R_3+R_4}=\frac{6-12}{10+5+10+5}=-0.2 \text{ (A)}$$

I 为负值，说明其实际方向与参考方向相反。

基尔霍夫电压定律不仅适用于真实存在的闭合回路，而且也适用于假想的闭合回路。

例如，对图 1-28 所示的假想回路，顺时针绕行一周，按图中电流、电压的参考方向可列出

$$U+IR-U_{S1}=0$$
$$U=U_{S1}-IR$$

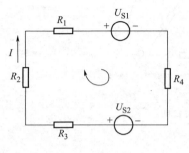

图 1-27 例 1-4 电路

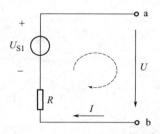

图 1-28 假想的闭合回路

?思考

使用基尔霍夫电压定律时,电压正、负取值的规律是什么?

四、用支路电流法分析复杂直流电路

支路电流法是以支路电流为未知量,直接应用 KCL 和 KVL,列出与支路电流数目相等的独立节点电流方程和回路电压方程,然后联立解出各支路电流的一种方法。可以根据要求,再进一步求出其他待求量。

对于有 n 个节点、b 条支路的电路,要求解支路电流,未知量共有 b 个,只要列出 b 个独立的电路方程,便可以求解这 b 个变量。支路电流法的解题步骤如下。

(1) 任意标定各支路电流的参考方向和网孔绕行方向。

(2) 用 KCL 定律列出节点电流方程。有 n 个节点,就可以列出 $n-1$ 个独立电流方程。

(3) 用 KVL 定律列出 $L=b-(n-1)$ 个独立电压方程(一般按网孔选取)。

(4) 代入已知数据求解方程组,确定各支路电流及方向。

(5) 根据电路要求,求出其他待求量。

【**例 1-5**】 如图 1-29 所示,已知 $U_{S1}=2V$,$U_{S2}=4V$,$R_1=2\Omega$,$R_2=1\Omega$。用支路电流法求 I_1、I_2、I_3。

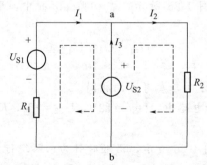

图 1-29 例 1-5 电路

解:电流 I_1、I_2、I_3 的参考方向和回路绕行方向如图 1-29 所示。利用 KCL、KVL 列方程,有

$$\begin{cases} I_1+I_3=I_2 \\ U_{S2}+I_1R_1-U_{S1}=0 \\ I_2R_2-U_{S2}=0 \end{cases}$$

代入数据，联立方程组，有

$$\begin{cases} I_1+I_3-I_2=0 \\ 4+2I_1-2=0 \\ I_2-4=0 \end{cases}$$

解方程组，得

$$I_1=-1\text{A}, \quad I_2=4\text{A}, \quad I_3=5\text{A}$$

小资料　　常用电工工具介绍1

1. 电器安全工具

（1）验电器　　验电器是用来检验导线、电器和电气设备是否带电的电工常用工具，分高压和低压验电器。

验电器的使用方法介绍如下。

低压验电器有笔式、旋具式和数显式等，正确的使用方法如图1-30所示。低压验电器电压测试范围是60～500V。

高压验电器由金属钩、氖管、绝缘棒、护环和握柄等组成。使用时，应特别注意：手握部位不得超过护环，还应戴好绝缘手套。高压验电器握法如图1-31所示。

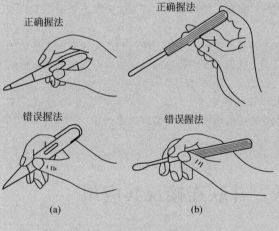
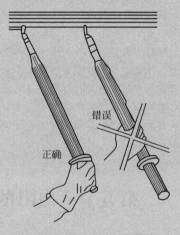

图1-30　低压验电器握法图　　　　　图1-31　高压验电器握法

使用高压验电器验电时，应一人测试，一人监护；测试人必须戴好符合耐压等级的绝缘手套；测试时要防止发生相间或对地短路事故；人体与带电体应保持足够的安全距离；在雪、雨、雾及恶劣天气情况下不宜使用。

（2）绝缘杆和绝缘夹钳　　绝缘杆主要用来操作跌开式熔断器的闭合与断开，安装和拆除临时接地线，以及进行有关带电测量、试验等。绝缘夹钳属于基本安全用具，主要用来拆除和安装高压熔断器等高压带电作业或检修。不同电压等级的绝缘部分和手握部分长度不一样，使用时不得用错。

（3）绝缘靴和绝缘手套　　绝缘靴和绝缘手套是操作者带电作业的辅助绝缘工具。

（4）绝缘垫和绝缘站台　　绝缘垫和绝缘站台放置于开关柜、配电屏、配电箱等所在的地面，保持操作者与地绝缘，减少触电的危险。

（5）携带型接地线　　携带型接地线供临时接地用，一般装设于被检修设备和线路区段的电源侧，主要用来防止突然误送电，还用来消除临近高压带电体的感应电，也可用来除去线路和设备电容的剩余静电电荷。

2. 手电钻

手电钻是一种手持式电动工具。电工常用的有普通手电钻和冲击钻。冲击钻具有普通电钻的钻孔功能和冲打砌块和砖墙的功能，靠转换开关进行选择。用冲击钻冲打墙孔时应使用专用的冲击钻头。

3. 导线连接用工具

导线连接是指导线与导线、导线与封端（接线鼻子）之间的连接。导体连接的方法有热连接和冷连接两类方法。

导线热连接是将被连接部分加热后，采用不同的辅助材料的连接方法，如电烙铁加热连接、喷灯加热连接等。

导线冷连接是采用机械力压接的连接方法，使用的主要工具是压接钳和压接枪等。

(1) 压接钳　压接钳主要供冷压连接较小截面的铜、铝导线、电话线的接头和封端。压接钳有两种主要类型，冷轧线钳（和一般钢丝钳外形相同）主要用于压接 $2.5\sim6mm^2$ 的小截面导线，长度为200mm；冷压接钳主要用于压接 $10\sim35mm^2$ 的较大截面导线，长度为400mm。这种压接钳携带方便，操作方法简便，工作可靠。

(2) 机械压接钳　机械压接钳主要用于压接截面为 $12\sim300mm^2$ 的铜、铝导线。

(3) 油压钳　油压钳主要用于工作面较狭窄的场所，如电缆芯线的压接。可以压接截面为 $12\sim240mm^2$ 的铝线和 $25\sim150mm^2$ 的铜线。

(4) 压接枪　压接枪是以压接弹爆炸为推力，对导体进行冷压连接的工具。压接枪配套使用黄、红、黑三种压接弹。对于铝芯电缆，$16\sim35mm^2$ 用黄色弹；$50\sim95mm^2$ 用红色弹；$120\sim240mm^2$ 用黑色弹。压接枪在爆压瞬时产生很大的冲击力，压接时间短，使用方便、省力、效率高，但施工成本较高。

(5) 喷灯　喷灯是一种利用火焰对工件进行加热的工具，由打气筒、油箱和汽化管路等组成，工作时，油与压缩空气混合喷雾燃烧，产生高温，用于大截面导线连接处的加固搪锡熔接、母线弯曲成型等。有煤油喷灯和汽油喷灯两种。

(6) 电烙铁　电烙铁主要用于元件引脚及小截面导线的焊接。对于一般焊点，选用20W或25W就可以满足要求；焊接较大元件时，可选用 $60\sim100W$ 的电烙铁；在金属框架上焊接，选用300W的电烙铁较合适。

第五节　电阻的串联、并联连接及其应用

一、电阻的串联、并联及混联

1. 电阻的串联

如图1-32(a)所示，将两个或两个以上的电阻首尾依次相连，组成一条无分支的电路，

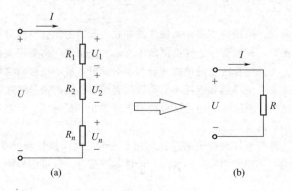

图1-32　电阻的串联

这种连接方式叫做电阻的串联。

电阻串联电路的特点如下所述。

(1) n 个电阻串联可等效为一个电阻，其值为串联电阻之和，即：$R=R_1+R_2+\cdots+R_n$。因此，图 1-32(a) 电路可用图 1-32(b) 来等效替代。

(2) 串联电路中，通过各电阻的电流相等：$I_1=I_2=I_3=\cdots=I_n$。

(3) 电路总电压等于各电阻两端电压的代数和：$U=U_1+U_2+\cdots+U_n$。

(4) 各串联电阻的电压只是总电压的一部分。串联电阻电路具备对总电压的分压作用，这一用途常称为分压电路。若有 n 个电阻串联，则第 k 个电阻上的电压 U_k 为

$$U_k = R_k I = \frac{R_k}{\sum_{k=1}^{n} R_k} U \tag{1-19}$$

若两个电阻串联时，如图 1-33 所示。

$$U_1 = \frac{R_1}{R_1+R_2} U$$

$$U_2 = \frac{R_2}{R_1+R_2} U \tag{1-20}$$

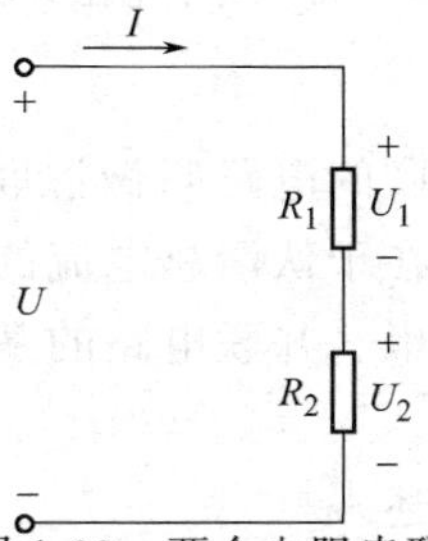

图 1-33 两个电阻串联

2. 电阻的并联

如图 1-34(a) 所示，将两个或两个以上的电阻的一端连在一起，另一端也连在一起，这种连接方式叫做电阻的并联。

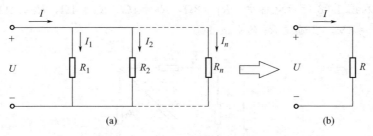

图 1-34 电阻的并联

电阻并联电路的特点如下所述。

(1) n 个电阻并联可等效为一个电阻，其值的倒数为各并联电阻倒数之和，即 $\frac{1}{R}=\frac{1}{R_1}+\frac{1}{R_2}+\cdots+\frac{1}{R_n}$，或各并联电导之和：$G=G_1+G_2+\cdots+G_n$。

(2) 并联电路中各电阻两端的电压相等：$U=U_1=U_2=\cdots=U_n$。

(3) 总电流等于各并联支路电流之和：$I=I_1+I_2+\cdots+I_n$。

（4）各并联电阻的电流只是总电流的一部分，并联电阻电路具备对总电流的分流作用，这一用途常称为分流电路。

$$I_k = \frac{U}{R_k} = \frac{R}{R_k}I \tag{1-21}$$

若两个电阻并联时，如图 1-35 所示。

$$R = \frac{R_1 R_2}{R_1 + R_2}$$

$$I_1 = \frac{R_2}{R_1 + R_2}I$$

$$I_2 = \frac{R_1}{R_1 + R_2}I \tag{1-22}$$

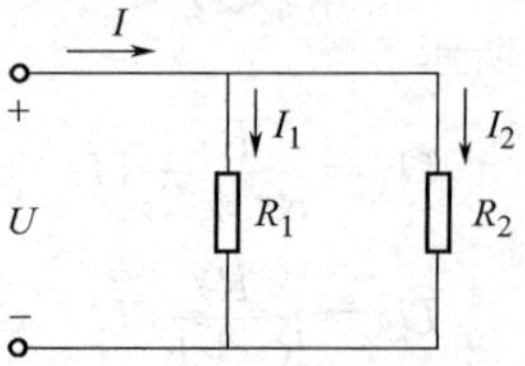

图 1-35 两个电阻并联

3. 电阻的混联

既有电阻的串联，又有电阻的并联的电路叫做混联电路。计算混联电路的等效电阻时，一般采用电阻逐步合并的方法，关键在于认清总电流的输入端与输出端及公共连接端点，由此来分清各电阻的连接关系，再根据串、并联电路的基本性质，对电路进行等效简化，画出等效电路图，最后计算电路的总电阻。

计算混联电路的一般方法如下所述。

（1）判断各电阻的连接方式，利用电阻的串联和并联公式逐步化简电路，求出混联电路的总电阻。

（2）根据总电压和总电阻，根据欧姆定律求总电流。

（3）根据各电阻的连接方式和总电压、总电流求通过各电阻的电流。

【**例 1-6**】 在图 1-36 所示电路中，$R_1 = 8\Omega$，$R_2 = 4\Omega$，$R_3 = 4\Omega$，$R_4 = 4\Omega$，$R_5 = 8\Omega$，求总电阻 R。若 $U = 8V$，求通过 R_5 的电流 I_5。

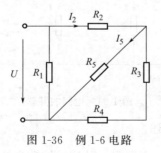

图 1-36 例 1-6 电路

解：（1）求总电阻 R

由图 1-40 可得：
$$R = \{[(R_3 + R_4)//R_5] + R_2\}//R_1$$
$$R_3 + R_4 = 8\Omega$$
$$(R_3 + R_4)//R_5 = 4\Omega$$
$$(R_3 + R_4)//R_5 + R_2 = 8\Omega$$

$$R = 4\Omega$$

（2）求电流 I_5

电流参考方向如图 1-36 所示。

$$I_2 = \frac{U}{(R_3+R_4)//R_5+R_2} = 1\text{A}$$

$$I_5 = I_2 \frac{R_3+R_4}{(R_3+R_4)+R_5} = 1 \times \frac{8}{16} = 0.5 \text{（A）}$$

【例 1-7】 如图 1-37 所示，其中 $R_1=10\Omega$，$R_2=5\Omega$，$R_3=2\Omega$，$R_4=3\Omega$，电源电压 $U=125\text{V}$，求电流 I_1、I_2、I_3 的值。

解：
$$R_{34} = R_3 + R_4 = 2+3 = 5 \text{（}\Omega\text{）}$$

$$R_{ab} = R_2//R_{34} = \frac{R_2 R_{34}}{R_2+R_{34}} = \frac{5 \times 5}{5+5} = 2.5 \text{（}\Omega\text{）}$$

$$R = R_1 + R_{ab} = 10 + 2.5 = 12.5 \text{（}\Omega\text{）}$$

$$I_1 = \frac{U}{R} = \frac{125}{12.5} = 10 \text{（A）}$$

$$I_2 = I_1 \frac{R_{34}}{R_2+R_{34}} = 10 \times \frac{5}{10} = 5 \text{（A）}$$

$$I_3 = I_1 - I_2 = 10 - 5 = 5 \text{（A）}$$

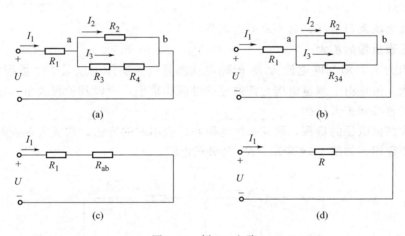

图 1-37 例 1-7 电路

二、电流表量程的扩大

磁电式仪表用作测量电流时，为磁电式电流表，只要被测电流不超过仪表所允许的电流值，便可以将磁电式仪表直接串接在被测电路中进行测量，当被测电路的电流流过仪表线圈时，仪表指针发生偏转，通过指针偏转的角度可以反映被测电流的大小。

但是，磁电式仪表的测量机构（表头）所允许的电流很小，最大量程只能是微安或毫安级。如果需要测量大电流，就需要扩大磁电式仪表的量程。

为了扩大磁电式仪表量程，可以用一个电阻与其并联，使大部分电流从并联电阻中分走，而磁电式仪表只流过其允许流过的电流。这个并联电阻叫分流电阻，用 R_S 表示。如图 1-38 所示，图中小圆圈内标一箭头表示测量机构，r_0 为其内阻。

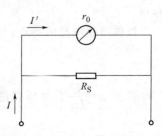

图 1-38 电流表扩大量程电路

并联分流电阻后，通过测量机构的电流 I' 为

$$I' = \frac{R_S}{R_S + r_0} I$$

电流表量程扩大倍数

$$n = \frac{I}{I'} = \frac{R_S + r_0}{R_S} = 1 + \frac{r_0}{R_S} \tag{1-23}$$

如果 n 已知，则分流电阻为

$$R_S = \frac{r_0}{n-1} \tag{1-24}$$

【例 1-8】 已知一个磁电式测量机构，其满偏电流 $I' = 100\mu A$，内阻 $r_0 = 400\Omega$，若将量程扩大为 0.5A，求分流电阻。

解：电流表量程扩大倍数为

$$n = \frac{I}{I'} = \frac{0.5}{100 \times 10^{-6}} = 5000$$

则分流电阻为

$$R_S = \frac{r_0}{n-1} = \frac{400}{5000-1} = 0.08 \; (\Omega)$$

思考

若要扩大电流表的量程，电路应如何连接？

三、电压表量程的扩大

一只内阻为 r_0，满刻度电流为 I_C 的磁电式测量仪表实际上就是一个量程为 $U_C = I_C r_0$ 的直流电压表。但是由于测量机构允许通过的电流非常小，所以其量程太小。如果需要测量更高的电压，就必须扩大量程。

为了扩大测量电压的量程，通常采用电阻与仪表串联的方法，构成大量程的电压表。串联电阻起分压作用，如图 1-39 所示，R_V 为分压电阻。

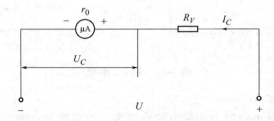

图 1-39 电压表扩大量程电路

设磁电式测量机构的额定电压 $U_C = I_C r_0$，串联合适的分压电阻 R_V 后，可使量程扩大为 U。

根据串联电路的特点，有

$$I_C = \frac{U_C}{r_0} = \frac{U}{r_0 + R_V}$$

若令 $m = \dfrac{U}{U_C}$ 为电压表量程扩大倍数，则

$$m = \frac{U}{U_C} = \frac{r_0 + R_V}{r_0} = 1 + \frac{R_V}{r_0}$$

整理后,得

$$R_V = (m-1)r_0 \quad (1\text{-}25)$$

【例1-9】 有一电磁式测量机构,内阻 $r_0=200\Omega$,其满偏电流 $I_C=500\mu A$,需要将其改装成量程为100V的电压表,应串联一个多大的电阻?

解:测量机构的额定电压

$$U_C = I_C r_0 = 500 \times 10^{-6} \times 200 = 0.1(V)$$

电压表量程扩大倍数为

$$m = \frac{U}{U_C} = \frac{100}{0.1} = 1000$$

则应串联的分压电阻为

$$R_V = (m-1)r_0 = (1000-1) \times 200 = 199800 \ (\Omega)$$

若要扩大电压表的量程,电路应如何连接?

四、电子自动平衡电桥

电子自动平衡电桥通常与热电阻配合使用。其精度较高,能自动记录,因而在工业上得到广泛应用。

电子自动平衡电桥可分为直流和交流两类。如果电桥是以交流电供电的称为交流电桥,如用直流电供电则称为直流电桥。

电子自动平衡电桥是由测量桥路、放大器、可逆电机、指示记录机构等组成,其方框图如图1-40所示。

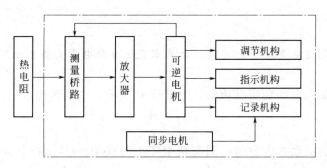

图1-40 电子自动平衡电桥方框图

电子自动平衡电桥工作原理如图1-41所示。

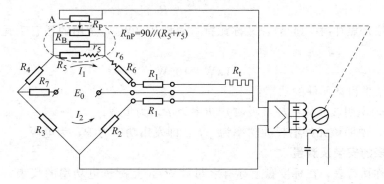

图1-41 电子自动平衡电桥的工作原理

滑动触点 R_{nP} 实际上是由三个元件构成（R_P、R_B、R_5+r_5），热电阻的连接采用三线制接法，并外接调整电阻（2.5Ω）。

当 R_t 增大时，桥路失去平衡，其不平衡电压由电桥的对角线引出，送至电子放大器进行放大，推动可逆电动机转动，使它带动滑线电阻上的滑动触点 A 移动，以改变上支路两个桥臂阻值的比例，最后使桥路达到新的平衡。同时，可逆电动机带动指针滑动，指示出相应的数值。

第六节 电 功 率

一、电功和电功率

（一）电功

电流流过负载时，负载将电能转换成其他形式的能量，如光能、热能、机械能等。把电能转换成其他形式的能叫做电流做功，简称电功，用字母 W 表示，表达式为

$$W = UIt \tag{1-26}$$

如果负载是纯电阻性的，其电阻为 R，由欧姆定律可推得

$$W = UIt = I^2Rt = \frac{U^2}{R}t \tag{1-27}$$

在国际单位制（SI）中 I 的单位是安培（A），U 的单位是伏特（V），t 的单位是秒（s），R 的单位是欧姆（Ω），W 的单位是焦耳，简称焦，用字母 J 表示。焦耳这个单位很小，用起来不方便，生活中常用"度"做电功的单位。"度"在工程技术中叫做千瓦时，符号是 kW·h。表示功率为 1kW 的用电器工作 1h，耗电量为 1 度电。1 度电为：

$$1kW \cdot h = 3.6 \times 10^6 J$$

思考

结合家庭中的电器功率及使用时间，估算家庭一月耗电量有多少度？

（二）电功率

电流在单位时间内做的功叫电功率，用字母 P 表示，其数学表达式为

$$P = \frac{W}{t} \tag{1-28}$$

若电流和电压为关联参考方向，则电功率还可写成 $P=UI$；若电流和电压为非关联参考方向，$P=-UI$。

如果负载是纯电阻，可写成

$$P = I^2R = \frac{U^2}{R} \tag{1-29}$$

功率的单位是焦耳/秒（J/s），又称瓦特，简称瓦（W），常用的还有千瓦（kW），换算关系为

$$1kW = 10^3 W$$

根据计算结果得某元件的功率：

(1) $P>0$，说明该元件消耗（吸收）功率为 P，为负载；

(2) $P<0$，说明该元件消耗的功率为 $-P$，即发出功率为 P，为电源。

二、功率表的安装及测量

功率表又称瓦特表，在标度盘上标有字母"W"，是测量电功率的仪表。它既可以测量直流功率，又可以测量交流功率。

（一）功率表的结构

无论直流电路还是交流电路，功率都与电路中电压和电流的乘积有关，要用一个表测量功率，该表就必须反映电压和电流的乘积，而电动系测量机构就可以满足这个要求，现代功率表大多数为电动系功率表。

电动系功率表有两个线圈，一个用来反映电压，一个用来反映电流，如图 1-42 所示。其固定线圈导线较粗，匝数较少，称为电流线圈，测量时，电流线圈应与被测电路相串联；其可动线圈导线较粗，匝数较多，并串有一定的分压电阻，称为电压线圈，电压线圈应与被测电路相并联。

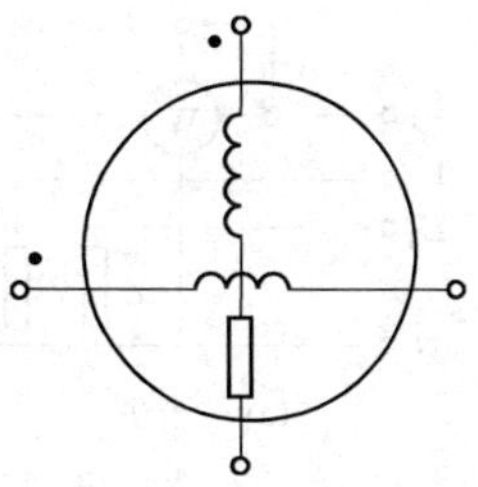

（二）功率表的选择

1. 功率表类型选择

测直流或单相负荷的功率可用单相功率表，测三相负荷的功率可用单相功率表也可用三相功率表。

图 1-42 功率表结构示意图

2. 功率表量程选择

应保证所选的电流、电压量程分别大于被测电路的工作电流、工作电压。

（三）功率表的使用

1. 测直流或单相电路的功率

接线时，电流线圈应与负载串联，电压线圈应与负载并联。功率表的电压线圈和电流线圈各有一个接线端钮标有"·"（或"＊"）记号。其中，标有"·"（或"＊"）的电流端应接到电源端。为了使测量结果更准确，通常有两种连接方式。

① 当负载电阻远大于功率表电流线圈电阻时，接线应如图 1-43(a) 所示，称为"前接法"，其测量结果较接近实际值。

② 当负载电阻远小于功率表电压线圈电阻时，接线应如图 1-43(b) 所示，称为"后接法"，其测量结果较接近于实际值。

若接线正确，而功率表反偏，将电流端钮换接即可。

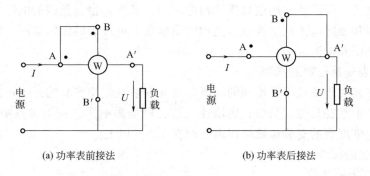

(a) 功率表前接法　　　　　(b) 功率表后接法

图 1-43 直流或单相功率的测量

2. 测三相电路的功率

（1）一表法　一表法仅适用于三相四线制系统中三相负载对称的三相功率测量，如图 1-44(a) 所示。此时，表中读数为单相功率 P_1，由于三相功率相等，因此，三相功率为 $P = 3P_1$。

（2）二表法　二表法适用于三相三线制系统中三相功率的测量。此时，不论负载是星形连接还是三角形连接，二表法都适用。其接线如图 1-44(b) 所示。三相功率等于两表读数之和，即 $P=P_1+P_2$。如功率表反偏，则需将这只功率表的电流线圈反接，并在计算总功率时应减去这只功率表的读数。

（3）三表法　三表法适用于不对称的三相四线制系统中三相功率的测量。其接线方式如图 1-44(c) 所示。三相功率等于各相功率表读数之和，即 $P=P_1+P_2+P_3$。

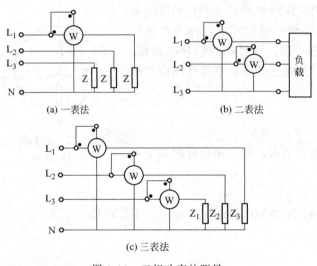

图 1-44　三相功率的测量

图 1-45　功率表

思考

功率表（图 1-45）在使用时有几种连接方式？各适用于什么条件？

三、电度表的安装及测量

电度表又称电能表，是用来测量负载消耗电能的仪表。

（一）电度表的选择

首先，根据被测电路是三相负载还是单相负载，选用三相或单相电度表。通常，居民用电选择单相电度表，工厂动力用电选择三相电度表。其次，根据负载的电压、电流数值，选择相应额定电压和额定电流的电度表。选用的原则是：电度表的额定电压、额定电流要等于或大于负载的电压和电流。

（二）电度表安装位置的选择

电度表应安装在干燥且不受震动的场所，通常安装在定型产品的开关柜内，装在电度表板或配电盘上。不宜在易燃、易爆、腐蚀性气体、磁场影响大、灰尘多且潮湿的场所安装。对于居民用电，电度表的安装位置应距离地面在 1.8m 以上。

（三）电度表的接线

1. 单相电度表的接线

单相电度表共有 4 个接线柱，从左到右按 1、2、3、4 编号。接线方法一般按号码 1、3 接电源进线，2、4 接出线，如图 1-46 所示，称为跳入式（最常用）。也有电度表接线方法按号码 1、2 接电源进线，3、4 接出线，称为顺入式。

对于一个具体的单相电度表，它的接线方法是确定的，在使用说明书上都有说明，一般在接线柱盖上印有接线图。

2. 三相电度表的接线

（1）三相三线制电度表的接线　三相三线制电度表共有 8 个接线柱，其中，1、4、6 是电源相线进线柱，3、5、8是相线出线柱，2、7两个接线柱可空着，如图1-47所示。

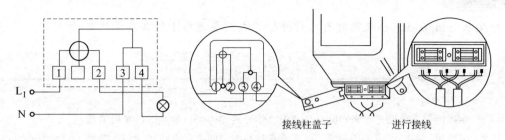

图1-46 单相电度表接线

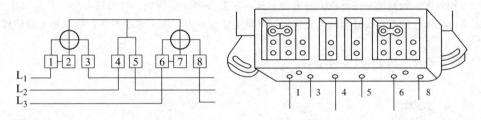

图1-47 三相三线制电度表接线

（2）三相四线制电度表的接线 三相四线制电度表共有11个接线柱，其中，1、4、7是电源相线进线柱，3、6、9是相线出线柱，10、11分别是电源中性线的进线柱和出线柱，2、5、8这三个接线柱可空着，如图1-48所示。

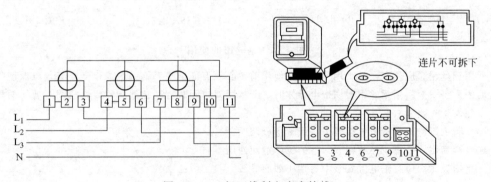

图1-48 三相四线制电度表接线

图1-49 电度表

思考

电度表（图1-49）在使用时有几种连接方式？各适用于什么条件？

 小资料　　　　常用电工工具介绍2

1. 电工钳和电工刀

（1）剥线钳　剥线钳是用来剥除小直径铜、铝导线端部表面绝缘层的专用工具。

（2）尖嘴钳　尖嘴钳的头部尖细，适合于在狭小的空间夹持较小的螺钉、垫圈、导线及将导线接头弯成一定的形状供安装时使用。带刃口的也能剪切小截面导线。

（3）钢丝钳　钢丝钳是一种钳夹和剪切工具，有钳头和钳柄组成。胶柄钳可用于低压带电作业。钳头上钳口用来弯绞或钳夹导线线头；齿口用来旋动螺母；刀口用来剪切导线；铡口用来铡切较硬的线材。

钢丝钳的使用方法如图1-50所示。

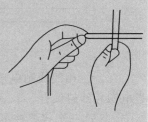

(a) 用刀口剥削导线绝缘层　　(b) 用齿口板旋螺母　　(c) 用刀口剪切导线　　(d) 用侧口铡切钢丝

图1-50　钢丝钳的使用

使用钢丝钳时应注意：电工用钢丝钳在使用前，必须保证绝缘手柄的绝缘性能良好，以保证带电作业时的人身安全；用钢丝钳剪切带电导体时，严禁用刀口同时剪切相线和零线，或同时剪切两根相线，以免发生短路事故。

（4）圆嘴钳　适宜于电气接线中将线端弯成圆圈。

（5）弯嘴钳　适宜于在狭窄和凹下的工作空间使用。

（6）斜口钳　适宜于电气安装中剪切小截面导线。

（7）铅印钳　用于电度表和其他电器压封铅印。

（8）紧线钳　（平口式、虎头式）架设电力、电信线路时，在线杆上紧线用。

（9）电工刀　电工刀是用来剖削导线绝缘层的工具。使用时，刀口应朝外部切削，切忌面向人体切削。剖削导线绝缘层时，应使刀面与导线成较小的锐角，以避免割伤线芯。电工刀刀柄无绝缘保护，不能接触或剖削带电导体及器件。电工刀使用后应随即将刀身折进刀柄，以免伤手。

2. 紧固旋具

（1）活动扳手　用于紧固螺栓、螺母，其扳口大小可以调整。

（2）一字形旋具　用于紧固、拆卸一字槽螺钉、木螺钉。

（3）十字形旋具　用于紧固、拆卸十字槽螺钉、木螺钉。

（4）套筒扳手　主要用于工作空间狭小、凹下螺栓、螺母的紧及拆卸。

（5）管子钳　紧固和安装金属穿线管、硬塑料管等。

螺丝刀的正确使用方法如图1-51所示。使用旋具时应注意：电工不可使用金属杆直通柄顶的旋具；用旋具拆卸或紧固带电螺栓时，手不得触及旋具的金属杆。

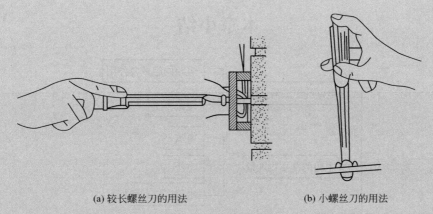

(a) 较长螺丝刀的用法　　　　(b) 小螺丝刀的用法

图 1-51　螺丝刀的使用

3. 拆卸器

拆卸器俗称拉具、拉码、拔轮器等，是拆卸皮带轮、联轴器及轴承的专用工具。有两爪和三爪两种。用拆卸器拆卸皮带轮的方法如图 1-52 所示。

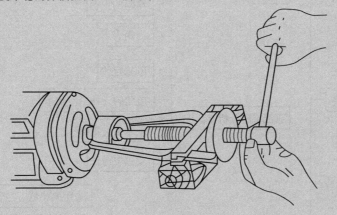

图 1-52　用拆卸器拆卸皮带轮

用拆卸器拆卸皮带轮（或联轴器）时，应首先将紧固螺栓或销子松脱，并摆正拆卸器，将丝杆对准电机轴的中心，两爪（或三爪）卡住皮带轮，利用手柄转动丝杆，慢慢拉出皮带轮。若拆卸困难，可用木锤敲击皮带轮外圆和丝杆顶端，也可注入煤油后再拉出。如果仍然拉不出来，可对皮带轮外表加热，在皮带轮受热膨胀而轴承尚未热透时，将皮带轮拉出来。切忌硬拉或用铁锤敲打。加热时可用喷灯或气焊枪，但温度不可过高，时间不能过长，以免造成皮带轮损坏。

4. 加工工具和检验工具

(1) 台虎钳　装置在工作台上，用于夹持工件。

(2) 手虎钳　用于夹持轻巧工件。

(3) 锉刀　用于将大截面导线、母线、接线鼻、电器元件的触点等锉光。

(4) 钢锯架、钢锯条　用于锯割金属件、大截面导线等。

(5) 管钳　用于加工穿线管。

(6) 管子割刀　用于切割穿线管。

(7) 钢尺　用于测量较短工件尺寸。

(8) 钢卷尺　用于测量较大设备尺寸和距离。

(9) 卡钳　与钢尺配合，用于测量孔径、厚度。

(10) 水平尺　用于测量电气设备安装水平程度。

本章小结

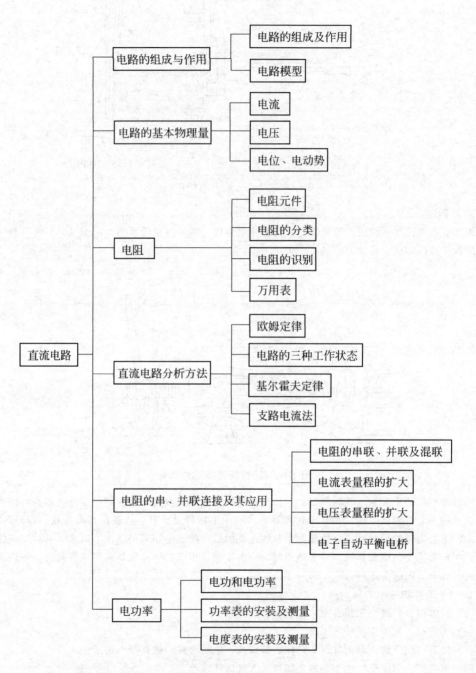

习题与思考题

1-1 简述电路的组成及其作用。
1-2 在题 1-2 图中,已知 $U_1=50\text{V}$,$U_2=-80\text{V}$。试确定电压的实际方向。
1-3 如题 1-3 图所示,按给定电压、电流参考方向,求元件端电压 U。
1-4 在题 1-4 图中,设电流的参考方向如图所示,若求得 $I=-5\text{A}$,试确定该电流的实际方向。

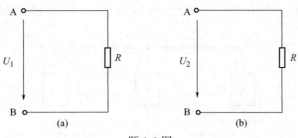

题 1-2 图

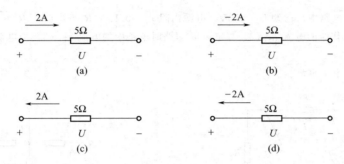

题 1-3 图

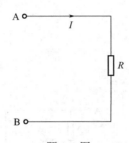

题 1-4 图

1-5 在某电路中，A、B、C 三点的电位分别为：$V_A=4V$，$V_B=6V$，$V_C=0V$，求 U_{BA} 为多少？

1-6 在题 1-6 图所示电路中，已知各支路电流、电阻和电动势，列出各支路电压 U 的表达式。

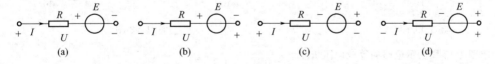

题 1-6 图

1-7 求题 1-7 图中各元件的功率，并判断它们分别是电源还是负载。

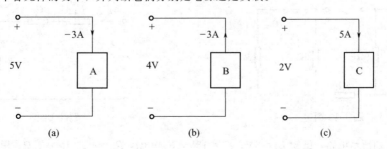

题 1-7 图

1-8 如题1-8图所示电路，已知 $I_1=-10A$，$I_2=-3A$，$I_3=7A$，$U=-3V$。试判断它们分别是电源还是负载。

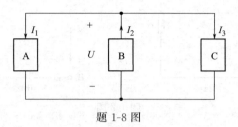

题1-8图

1-9 在题1-9图所示电路中，已知 $U_S=50V$，电源内阻 $r_0=0.1A$，$R_1=0.6A$，$R_2=0.3A$，$R=9Ω$，求：（1）电路正常工作时的电流 I；（2）当电阻 R 短路时电路中的电流 I；（3）当电源两端短路时电路中的电流 I。

1-10 计算题1-10图中 I 的大小。

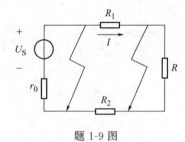

题1-9图

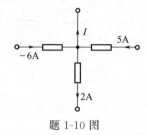

题1-10图

1-11 计算题1-11图中 I_1 和 I_2 的大小。

1-12 求题1-12图所示电路等效电阻 R_{AB}。

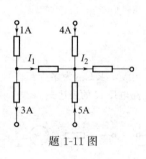

题1-11图

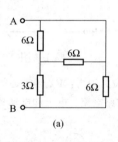

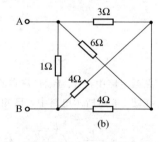

题1-12图

1-13 求题1-13图所示电路的等效电阻 R_{ab}。

1-14 在题1-14图中，已知 $R_1=4Ω$，$R_2=5Ω$，$R_3=1Ω$，$U=10V$。求：（1）电路的总电阻 R；（2）总电流 I；（3）U_1、U_2、U_3。

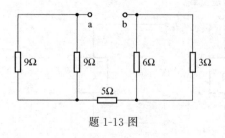

题1-13图

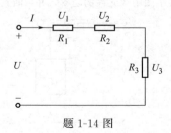

题1-14图

1-15 如题1-15图所示电路，已知 $E_1=8V$，$E_2=18V$，$R_1=3Ω$，$R_2=4Ω$，$R_3=12Ω$。用支路电流法计算各支路电流。

1-16 在题1-16图所示电路中，已知 $I_S=3A$，$R=4\Omega$，$U_S=5V$，求电流源端电压 U 和各元件的功率，并校验电路功率是否平衡。

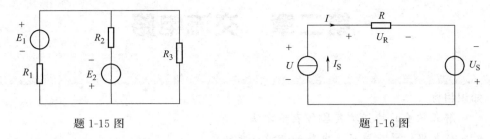

题 1-15 图　　　　　　　　　题 1-16 图

1-17 在题1-17图所示电路中，求 U_{AB}、I_1、U_{AC}。

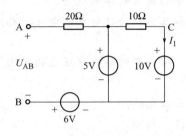

题 1-17 图

1-18 有一个标注"220V，1500W"的电炉，其电阻为多少？若接在220V的电源上，工作5h，消耗多少电能？

1-19 试问2度电可以供标有"220V、40W"的灯泡正常发光多长时间？

1-20 一台抽水用的电动机功率为3kW，每天运行6h，问一个月（按30天算）消耗多少电能？

1-21 有一个表头，量程是 $500\mu A$，内阻 r_0 为 $4k\Omega$，如果把它改装成一个量程为5A的电流表，应接入多大的电阻？串联还是并联？

1-22 有一个表头，量程是 $100\mu A$，内阻为 $1k\Omega$。如果把它改装成一个量程为30V的电压表，应接入多大的电阻？串联还是并联？

第二章 交流电路

知识目标
- 理解正弦量的特征及其各种表示方法。
- 熟练掌握计算正弦交流电路的相量分析法。
- 理解瞬时功率、无功功率和视在功率的概念。
- 掌握对称三相负载星形和三角形连接时相线电压、相线电流关系。
- 理解中性线的作用。
- 理解变压器的工作原理,掌握两种特殊变压器的用法。

能力目标
- 能用相量方式分析正弦交流电路。
- 能用示波器测量电压幅值、周期。
- 能用万用表检测判断电容、电感的性能。
- 能处理日光灯的常见故障。

交流电具有输配电容易、价格便宜等优点,其中尤以正弦电源供电的交流用电设备性能好、效率高,因而电力供电网供应的都是正弦交流电。学习正弦交流电的基本知识对学习电工技术十分重要。

第一节　正弦交流电的基本概念

按正弦规律变化的电动势、电压、电流总称为正弦交流电。由正弦交流电激励的电路称为正弦交流电路。正弦交流电的特征表现在变化的快慢、大小及初始值三个方面,它们分别可以由角频率(周期)、幅值及初相位来描述。所以说角频率(周期)、幅值及初相位是正弦交流电的三要素。

$$i = I_m \sin(\omega t + \varphi_i)$$
$$u = U_m \sin(\omega t + \varphi_u) \quad (2\text{-}1)$$
$$e = E_m \sin(\omega t + \varphi_e)$$

式中 I_m、U_m、E_m 称为正弦交流电的幅值或最大值;ω 称为角频率;φ_i,φ_u,φ_e 称为正弦交流电的初相位或初相角。正弦量可以用波形图来表示,如图 2-1 所示。

一、正弦交流电的周期、频率和角频率

1. 周期

正弦量变化一次所需的时间称为周期,用字母 T 表示,单位为秒(s)。正弦交流电流波形图如图

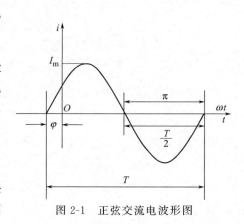

图 2-1　正弦交流电波形图

2-1 所示。

2. 频率

每秒内波形重复变化的次数称为频率，用字母 f 表示，单位是赫兹（Hz）。频率和周期互为倒数，即

$$f=\frac{1}{T} \tag{2-2}$$

我国电网所供给的交流电的频率是 50Hz，周期为 0.02s。有些国家的工频为 60Hz，例如美国和日本。工业上除广泛应用的工频交流电外，在其他领域还采用各种不同的频率。如有线通信频率：300～5000Hz；无线通信频率：30kHz～3×10^4MHz；高频加热设备频率：200～300kHz。

3. 角频率

交流电角度的变化率称为角频率，用字母 ω 表示，单位是弧度/秒（rad/s），即

$$\omega=\frac{2\pi}{T}=2\pi f \tag{2-3}$$

式(2-3) 表明，周期 T、频率 f 和角频率 ω 三者之间可以互相换算。它们都从不同的角度表示了正弦交流电的同一物理实质，即变化的快慢。

【例 2-1】 已知工频正弦量为 50Hz，试求其周期 T 和角频率。

解：
$$T=\frac{1}{f}=\frac{1}{50\mathrm{Hz}}=0.02 \text{（s）}$$

$$\omega=2\pi f=2\times3.14\times50=314 \text{（rad/s）}$$

即工频正弦量的周期为 0.02s，角频率为 314rad/s。

二、正弦交流电的瞬时值、最大值和有效值

1. 瞬时值

瞬时值指任一时刻交流电量的大小。例如 i，u 和 e，都用小写字母表示，它们都是时间的正弦函数。

2. 最大值

最大值指交流电量在一个周期中最大的瞬时值，它是交流电波形的振幅。如 I_m，U_m 和 E_m，通常用大写并加注下标 m 表示。

3. 有效值

引入有效值的概念是为了研究交流电量在一个周期中的平均效果。有效值的定义是：让正弦交流电和直流电分别通过两个阻值相等的电阻，如果在相同时间 T 内（T 可取为正弦交流电的周期），两个电阻消耗的能量相等，则把该直流电的大小称为交流电的有效值。交流电的有效值用大写英文字母 I、U、E 表示。正弦量的最大值等于有效值的 $\sqrt{2}$ 倍。

正弦电流、电压、电动势的有效值分别为

$$I=\frac{I_m}{\sqrt{2}}=0.707I_m \qquad U=\frac{U_m}{\sqrt{2}}=0.707U_m \qquad E=\frac{E_m}{\sqrt{2}}=0.707E_m \tag{2-4}$$

有效值是一个非常重要的概念，所有用电设备铭牌上标注的都是有效值。

【例 2-2】 有一正弦交流电压瞬时表达式为 $u=220\sqrt{2}\sin\omega t$（V），则此交流电压的有效值为多少？

解：根据题意可知：

$$U_m=220\sqrt{2}\mathrm{V}$$

根据式(2-4)易知：

$$U = \frac{U_m}{\sqrt{2}} = 220 \text{ (V)}$$

平时所说的交流电的数值如 380V 或 220V 都是有效值。用交流电压表和交流电流表测出来的数值也都是有效值。

三、正弦交流电的相位、初相位和相位差

1. 相位和初相位

正弦交流电的表达式中的"$\omega t + \varphi$"称为交流电的相位。$t=0$ 时，$\omega t + \varphi = \varphi$ 称为初相位，这是确定交流电量初始状态的物理量，如图 2-1 所示。

2. 相位差

相位差是指两个同频率的正弦电量在相位上的差值。由于讨论的是同频率正弦交流电，因此相位差实际上等于两个正弦电量的初相位之差，用 φ 表示。例如：

例如：

$$u = U_m \sin(\omega t + \varphi_1)$$
$$i = I_m \sin(\omega t + \varphi_2)$$

则式两个正弦量的相位差可表示为

$$\varphi = (\omega t + \varphi_1) - (\omega t + \varphi_2) = \varphi_1 - \varphi_2 \tag{2-5}$$

相位差 φ 有以下几种情况：

(1) $\varphi = 0°$，说明 u 与 i 相位相同，或者说 u 和 i 同相位，如图 2-2(a) 所示。

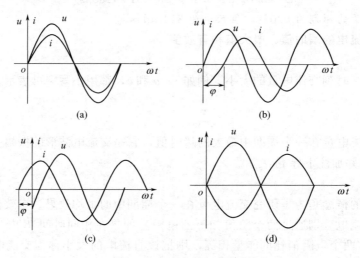

图 2-2 交流电的相位关系

(2) $\varphi > 0°$，u 比 i 先经过零值和正的最大值位置。说明 u 在相位上超前 i 一个 φ 角，如图 2-2(b) 所示。

(3) $\varphi < 0°$，i 比 u 先经过零值和正的最大值位置。说明 u 在相位上比 i 滞后 φ 角，如图 2-2(c) 所示。

(4) $\varphi = \pm 180°$，说明 u 和 i 相位相反，或者说 u 和 i 反相，如图 2-2(d) 所示。

【例 2-3】 电路中某元件电压电流的瞬时表达式分别为 $u = 220\sqrt{2}\sin(\omega t + 30°)$ V，$i = 6\sin(\omega t - 45°)$ A，则此元件电压电流相位关系如何？

解： 已知：$\varphi_u = 30°$，$\varphi_i = -45°$

$$\varphi = \varphi_u - \varphi_i = 30° - (-45°) = 75°$$

即电压相位超前电流 75°。

正弦交流电的三要素是什么？正弦量的最大值和有效值是否随时间变化的？它们的大小与频率、相位有没有关系？

第二节　正弦交流电的表示方法

一、利用波形图表示正弦交流电

用正弦函数图形表示正弦交流电的方法称为波形图法。如图 2-1 所示，这种方法比较直观，从图形可确定正弦交流电的幅值、周期，初相位及各个时刻的大概值。

二、利用三角函数表示正弦交流电

除了用函数图形表示正弦交流电外，也可以直接用三角函数表示。例如：

$$i = I_m \sin(\omega t + \varphi_i) \tag{2-6}$$

这种表示方法可以计算出每个时刻的准确数值，并且可根据参考方向判定出实际电流的方向。这种表示方式也叫做瞬时表达式。

【**例 2-4**】 已知图 2-3 中正弦交流电流 $i = 1.4\sin(100\pi t + 60°)\mathrm{A}$，求 $t = 15\mathrm{ms}$ 时电流的大小和实际方向。

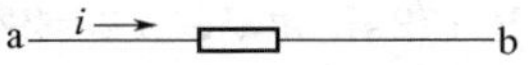

图 2-3

解：求 $t = 15\mathrm{ms}$ 时电流 i 的瞬时值

$$i = 1.4\sin(100\pi \times 15 \times 10^{-3} + 60°)\mathrm{A}$$
$$= -0.7 \; (\mathrm{A})$$

因为 $i = -0.7\mathrm{A}$ 小于零，所以 $t = 15\mathrm{ms}$ 这一瞬间，电流的实际方向与参考方向相反，即电流实际由 b 流向 a。

三、利用相量图表示正弦交流电

上面采用了三角函数形式和波形图来表示正弦交流电，但用这两种方法来分析和计算交流电路都很不方便。如果将正弦交流电用旋转矢量来表示，可使分析过程简单得多。

下面讨论正弦量的旋转矢量表示方法。

在图 2-4 中，图 (a) 是在直角坐标系中画有"矢量 U"，图 (b) 是正弦电压 u 的波形图。图中两个横坐标对齐，"矢量 U"的长度与正弦量的最大值 U_m 相等，"矢量 U"对 x 轴的夹角与正弦量的初相 φ 相等。现在"矢量 U"以图示的位置为起点，以角速度 ω 逆时针旋转，旋转中的"矢量 U"在 y 轴的投影是变化的。在任意选定的时间 t_1 内，"矢量 U"转过的角度为 ωt_1，与横轴的夹角变为 $(\omega t_1 + \varphi)$，它在纵轴的投影等于 $U_m \sin(\omega t_1 + \varphi)$，刚好等于正弦电压在 t_1 的瞬时值。总之，在任意时刻，以角速度 ω 旋转着的"矢量 U"在纵轴的投影，都与正弦波在该时刻的瞬时值保持一一相等的对应关系。像这样旋转着的矢量称为旋转矢量。它不仅能表示正弦量的瞬时值，也能表示正弦量的三要素，所以也是正弦量的一种表示方法。

在线性电路中，同一电路，所有正弦量都是同频率的。如果把同一电路的正弦量都用旋转矢量表示，并画在一张图中，由于这些旋转矢量旋转的速度和方向都相同，它们在任意瞬

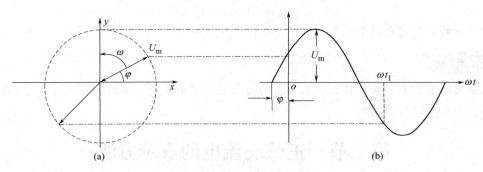

图 2-4 正弦量的旋转矢量表示

间的相对位置都是固定不变的，这样就没有必要考虑这些矢量是怎样旋转的，只要画出它们在任意一个时刻的位置就可以了，而这些时刻，尤以初始时刻最具有特征，于是规定：在直角坐标上画一个矢量，它与横轴的夹角等于正弦量的初相位，它的长度等于这个正弦量的有效值，这个矢量称为相量。同时约定：

(1) 相量从起始位置开始以正弦量的角频率 ω 逆时针旋转，但在图中不必画出。

(2) 相量画在直角坐标中，为了简便，坐标轴可以省略不画。

(3) 相量用大写字母头上加一点表示，如 $\dot{U}$、$\dot{I}$。

相同频率的几个相量可以画在同一张图中，这种图称为相量图。不同频率的相量，不能画在同一张图中。

【例 2-5】 已知三个电压 $u_1 = 220\sqrt{2}\sin\omega t \text{V}$，$u_2 = 220\sqrt{2}\sin(\omega t - 120°)$ V，$u_3 = 220\sqrt{2}\sin(\omega t + 120°)$V，试画出它们的相量图。

解： 按照相量图法的规定：三个相量用 $\dot{U}_1$、$\dot{U}_2$、$\dot{U}_3$ 表示。u_1 初相为零，$\dot{U}_1$ 画在水平位置；u_2 初相为 $-120°$，$\dot{U}_2$ 画在下倾 120°角度；u_3 初相为 120°，$\dot{U}_3$ 画在上倾 120°角度。三个相量的长度都等于 220V，按一定比例画出，如图 2-5 所示。

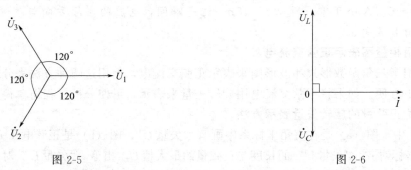

图 2-5   图 2-6

【例 2-6】 已知相量图如图 2-6 所示，已知 $U_L = 200\text{V}$，$U_C = 100\text{V}$，$I = 3\text{A}$，试写出各相量所代表的正弦量的瞬时表达式。

解： 按相量图法的规定：

(1) $\dot{I}$ 的初相位为零，$\dot{U}_L$ 的初相位为 90°，$\dot{U}_C$ 的初相位为 $-90°$；

(2) 正弦量的有效值等于相量长度：

$$U_L = 200\text{V}, \quad U_C = 100\text{V}, \quad I = 3\text{A};$$

(3) 三个正弦量角频率相同，用 ω 表示。

(4) 根据正弦量的三要素写出瞬时表达式：

$$u_L = 200\sqrt{2}\sin(\omega t + 90°)\text{V}$$

$$u_C = 100\sqrt{2}\sin(\omega t - 90°)\text{V}$$

$$i = 3\sqrt{2}\sin\omega t\,\text{A}$$

在正弦交流电的三种表示方法中可分别读出哪些参数？

 示波器的使用

示波器是用来测量交流电或脉冲电流波的形状的仪器，它的优点是能把非常抽象的、看不见的周期性变化的信号及瞬变的脉冲信号在显示屏上描绘出具体的图像波形（变化规律和幅值的大小），以供观察、研究和分析；利用换能装置，还可以把声、光、热、磁、力、振动、速度等非电量的自然变化过程，变成电信号，以波形显示出来；示波器信号输入端阻抗很高，因此对被测电路影响极小。随着应用领域的扩展，电子示波器的种类也越来越多，但用法大同小异，本节以 YB43020 型双踪示波器为例介绍示波器的结构和使用方法。

一、示波器的结构原理

示波器由示波管、y 轴偏转系统、x 轴偏转系统、扫描系统及同步系统、电源等部分组成。其结构如图 2-7 所示。示波管的外壳为一圆筒状的玻璃管，管颈前半部细长，后半部成漏斗形，最后是圆形或矩形的荧光显示屏。玻璃管内抽成真空，管内安装了电子枪和偏转系统。电子枪向屏幕发射电子，发射的电子经聚焦形成电子束，并打到屏幕上。屏幕的内表面涂有荧光物质，这样电子束打中的点就会发出光来。在被测信号的作用下，电子束就好像一支笔的笔尖，可以在屏面上描绘出被测信号的瞬时值的变化线。利用示波器能观察各种不同电信号幅度随时间变化的波形曲线，还可以用它测试各种不同信号的电量，如电压、电流、频率、相位差、调幅度等。

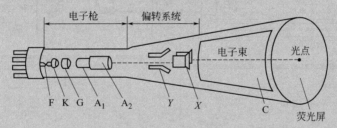

图 2-7 示波器结构图

F—灯丝；K—阴极；G—控制栅极；A_1—第一阳极；A_2—第二阳极；
Y—Y 轴偏转板；X—X 轴偏转板；C—导电层

二、YB43020 示波器的主要技术指标（表 2-1）

表 2-1 主要技术指标

项 目		技 术 指 标
垂直系统	偏转系数	5mV/div～10V/div,按 1-2-5 步进,共 11 挡,
	频宽	AC:10Hz～20MHz(－3dB)
		DC:0～20MHz(－3dB)
	输入阻抗	直接 1MΩ±3%
		经探极 10MΩ±5%
	最大输入电压	400V(DC+AC 峰值)
	工作方式	CH_1、CH_2、交替、断续、叠加

续表

项 目		技 术 指 标
水平系统	扫描方式	自动、触发、锁定、单次
	扫描时间系数	$0.1\mu s/div \sim 0.2s/div \pm 5\%$，按 1—2—5 步进，共 20 挡
X-Y 方式	信号输入	X 轴：CH_1 Y 轴：CH_2
	频率响应	AC：$10Hz \sim 1MHz(-3dB)$
		DC：$0 \sim 1MHz(-3dB)$
触发系统	触发源	CH_1、CH_2、交替、电源、外
	耦合	AC/DC(外)常态，TV-V、TV-H
	最大安全输入电压	400V(DC＋AC 峰值)
校正信号	波形	方波
	幅度	$0.5V(p-p) \pm 1\%$
	频率	$1kHz \pm 1\%$

三、面板装置图及面板控制件作用

面板装置图如图 2-8 所示，面板控制件作用见表 2-2。

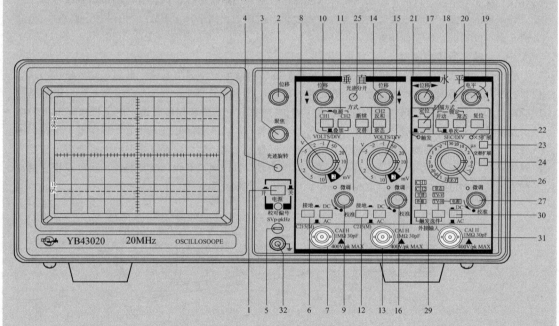

图 2-8 示波器面板装置图

表 2-2 控制件的作用

序号	控制件名称	控制件作用
1	电源开关(POWER)	按入此开关，仪器电源接通，指示灯亮
2	亮度(INTENSITY)	光迹亮度调节，顺时针旋转光迹增亮
3	聚焦(FOCUS)	用以调节示波管电子束的焦点，使显示的光点成为细而清晰的圆点
4	光迹旋转(TRACE ROTATION)	调节光迹与水平线平行。
5	探极校准信号(PROBE ADJUST)	此端口输出幅度为 0.5V 频率为 1kHz 的方波信号，用以校准 Y 轴偏转系数和扫描时间系数
6	耦合方式(AC GND DC)	垂直通道 1 的输入耦合方式选择，AC：信号中的直流分量被隔开，用以观察信号的交流成分；DC：信号与仪器通道直接耦合，当需要观察信号的直流分量或被测信号的频率较低时应选用此方式，GND 输入端处于接地状态，用以确定输入端为零电位时光迹所在位置

续表

序号	控制件名称	控制件作用
7	通道1输入插座 $CH_1(X)$	双功能端口,在常规使用时,此端口作为垂直通道1的输入口,当仪器工作在 X-Y 方式时此端口作为水平轴信号输入口
8	通道1灵敏度选择开关(VOLTS/DIV)	选择垂直轴的偏转系数,从 $2mV/div \sim 10V/div$ 分12个挡级调整,可根据被测信号的电压幅度选择合适的挡级
9	微调(VARIABLE)	用以连续调节垂直轴的 CH_1 偏转系数,调节范围≥2.5倍,该旋钮逆时针旋足时为校准位置,此时可根据"VOLTS/DIV"开关度盘位置和屏幕显示幅度读取该信号的电压值
10	垂直位移(POSITION)	用以调节光迹在 CH_1 垂直方向的位置
11	垂直方式	选择垂直系统的工作方式 CH_1:只显示 CH_1 通道的信号 CH_2:只显示 CH_2 通道的信号 交替:用于同时观察两路信号,此时两路信号交替显示,该方式适合于在扫描速率较快时使用 断续:两路信号断续工作,适合于在扫描速率较慢时同时观察两路信号 叠加:用于显示两路信号相加的结果,当 CH_2 极性开关被按入时,则两信号相减 CH_2 反相:此按键未按入时,CH_2 的信号为常态显示,按入此键时,CH_2 的信号被反相
12	耦合方式(AC GND DC)	作用于 CH_2,功能同控制件(6)
13	通道2输入插座	垂直通道2的输入端口,在 X-Y 方式时,作为 Y 轴输入口
14	垂直位移(POSITION)	以调节光迹在垂直方向的位置
15	通道2灵敏度选择开关	功能同(8)
16	微调	功能同(9)
17	水平位移(POSITION)	用以调节光迹在水平方向的位置
18	极性(SLOPE)	用以选择被测信号在上升沿或下降沿触发扫描
19	电平(LEVEL)	用以调节被测信号在变化至某一电平时触发扫描
20	扫描方式(SWEEPMODE)	选择产生扫描的方式 自动(AUTO):当无触发信号输入时,屏幕上显示扫描光迹,一旦有触发信号输入,电路自动转换为触发扫描状态,调节电平可使波形稳定地显示在屏幕上,此方式适合观察频率在 50Hz 以上的信号 常态(NORM):无信号输入时,屏幕上无光迹显示,有信号输入时,且触发电平旋钮在合适位置上,电路被触发扫描,当被测信号频率低于 50Hz 时,必须选择该方式 锁定:仪器工作在锁定状态后,无需调节电平即可使波形稳定地显示在屏幕上 单次:用于产生单次扫描,进入单次状态后,按动复位键,电路工作在单次扫描方式,扫描电路处于待机状态,当触发信号输入时,扫描只产生一次,下次扫描需再次按动复位按键
21	触发指示	该指示灯具有两种功能指示。当仪器工作在非单次扫描方式时,该灯亮表示扫描电路工作在被触发状态,当仪器工作在单次扫描方式时,该灯亮表示扫描电路在准备状态,此时若有信号输入将产生一次扫描,指示灯随之熄灭
22	扫描扩展指示	在按入"×5"扩展或"交替扩展"后指示灯亮
23	×5 扩展	按入后扫描速度扩展5倍
24	交替扩展扫描	按入后,可同时显示原扫描时间和被扩展×5后的扫描时间(注:在扫描速度慢时,可能出现交替闪烁)

续表

序号	控制件名称	控制件作用
25	光迹分离	用于调节主扫描和扩展×5扫描后的扫描线的相对位置
26	扫描速率选择开关	根据被测信号的频率高低,选择合适的挡级。当扫描"微调"置校准位置时,可根据度盘的位置和波形在水平轴的距离读出被测信号的时间参数
27	微调	用于连续调节扫描速率,调节范围≥2.5倍。逆时针旋足为校准位置
28	慢扫描开关	用于观察低频脉冲信号
29	触发源(TRIGGERSOURCE)	用于选择不同的触发源
30	AC/DC	外触发信号的耦合方式,当选择外触发源,且信号频率很低时,应将开关置DC位置
31	外触发输入插座	当选择外触发方式时,触发信号由此端口输入
32	接地端	机壳接地端

四、示波器使用方法

1. 安全检查

(1) 使用前注意先检查"电源转换开关"是否与市电源相符合。

(2) 工作环境和电源电压应满足技术指标中给定的要求。

(3) 初次使用或久藏后再用,应先放置通风干燥处几小时后通电1~2h再使用。

(4) 使用时不要将机器的散热孔堵塞,长时间连续使用要注意机器的通风情况是否良好,防止机内温度升高而影响使用寿命。

2. 仪器工作状态的检查

初次使用时可按下述方法检查示波器的一般工作状态是否正常。

(1) 主机的检查　把各有关控制件置于表2-3所列作用位置。

① 接通电源,电源指示灯亮。稍等预热,屏幕中出现光迹,分别调节亮度和聚焦旋钮,使光迹亮度适中、清晰。

② 通过连接电缆将探极校准信号输入至 CH_1 通道,调节电平旋钮使波形稳定,分别调节Y轴和X轴的移位,使波形与图2-9中的"补偿适中"相吻合,用同样的方法分别检查 CH_2 通道。

表2-3　示波器控制件位置及作用

控制件名称	作用位置	控制件名称	作用位置
亮度(INTENSITV)	居中	输入耦合	DC
聚焦(FOCUS)	居中	扫描方式(SWEEPMODE)	自动
位移(三只)(POSITION)	居中	触发极性(SLOPE)	╱
垂直方式(MODE)	CH1	扫描速率(SEC/DIV)	0.5ms
电压衰减(VOLTS/DIV)	0.1V	触发源(TRIGGER SOURCE)	CH1
微调(三只)(VIRIABLE)	逆时针旋足	触发耦合方式(COUPLING)	AC常态

(2) 探头的检查　探头分别接入两Y轴输入接口,将VOLTS/DIV开关调至10mV,探头衰减置×10挡,屏幕中应显示补偿适中波形,如图2-9所示,如波形有过冲或下塌现象,可用高频螺旋调整探极补偿元件(见图2-10),使波形最佳。

做完以上工作,证明本机工作状态基本正常,可以进行测试。

3. 电压、时间的测试

(1) 电压测量　在测量时一般把"VOLTS/DIV"开关的微调装置以逆时针方向旋至满度的校准位置,这样可以按"VOLTS/DIV"的指示值直接计算被测信号的电压幅值。由于被测信号一般都含有

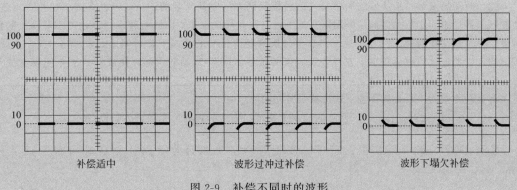

图 2-9 补偿不同时的波形

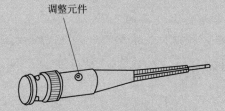

图 2-10 高频螺旋调整探极补偿元件

交流和直流两种成分,因此在测试时应根据下述方法操作。

① 交流电压的测量 当只需测量被测信号的交流成分时,应将 Y 输入耦合方式开关置"AC",调节"VOLTS/DIV"开关,使波形在屏幕中的显示幅度适中,调节"电平旋钮"波形稳定,分别调节 Y 轴和 X 轴位移,使波形显示值方便读取,如图 2-11 所示根据"VOLTS/DIV"的指示值和波形在垂直方向显示的坐标(DIV),按下式读取:

$$V_{P\text{-}P}=V/\text{DIV}\times H(\text{DIV})$$

V 有效值为:

$$V=\frac{V_{P\text{-}P}}{2\sqrt{2}}$$

② 直流电压的测量 当需测量被测信号的直流或含直流成分的电压时,应先将 Y 耦合方式开关置"GND"位置,调节 Y 轴移位使扫描基线在一个合适的位置上,再将耦合方式开关转换到"DC"位置,调节电平使波形同步。根据波形偏移原扫描基线的垂直距离,用上述方法读取该信号的各个电压值。

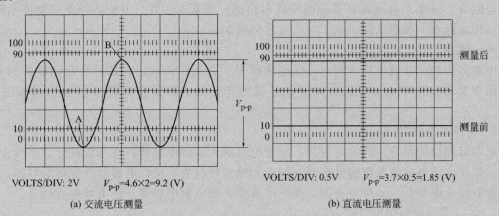

图 2-11 交流电压和直流电压测量

(2) 时间的测量　某信号的周期或该信号任意两点间时间参数的测量，可首先按上述操作方法，使波形获得稳定同步后根据该信号周期或需测量的两点间在水平方向的距离乘 "SEC/DIV" 开关的指示值获得。当需要观察该信号的某一细节（如快跳变信号的上升或下降时间）时，可将 "×5 扩展" 按键按入，使显示的距离在水平方向等到 5 倍的扩展，调节 X 轴的位移，使波形处于方便观察的位置，此时测得的时间值应除以 5。

测量两点间的水平距离，按下式计算出时间间隔。

$$时间间隔(s) = \frac{两点间的水平距离(格) \times 扫描时间系数(时间/格)}{水平扩展系数}$$

【例 2-7】　在图 2-12 中，测得 AB 两点的水平距离为 8 格，扫描时间系数设置为 2ms/格，水平扩展为 ×1，则

$$时间间隔(s) = \frac{8(格) \times 2ms/格}{1} = 16ms$$

【例 2-8】　在图 2-13 中波形上升沿的 10% 处（A）至 90% 处（B）的水平距离为 1.8 格，扫速时间置 1μs/格，扫描扩展系数为 ×5，根据公式计算出：

$$上升时间 = \frac{1.8(格) \times 1\mu s/格}{5} = 0.36\mu s$$

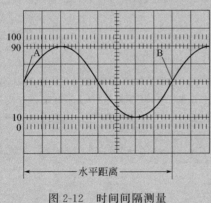

图 2-12　时间间隔测量

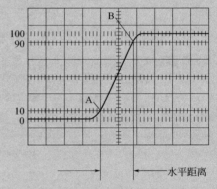

图 2-13　上升时间测量

第三节　基本交流电路

电阻 R、电感 L 和电容 C 是正弦交流电路的三个基本参数。分析各种正弦交流电路时，必须首先掌握单一参数电路中电压与电流之间的关系。

一、电容

电容器由两个金属电极中间夹一层绝缘材料（介质）构成，它是一种存储电能的元件，在电路中具有交流耦合、旁路、滤波和补偿等作用。电容器图形符号和外形图如图 2-14 所示。

1. 电容器的分类

电容器按结构可分为固定电容器、可变电容器和微调电容器；按介质可分为空气介质电容器、固体介质电容器及电解电容器；按有无极性可分为有极性电容器及电解电容器。常用的电容有瓷介电容器、云母电容器、涤纶电容器、铝电解电容器、钽电解电容器等。

2. 电容器容量的识别方法

电容器容量的标识方法，分直标法、色标法和数标法 3 种。电容的基本单位用法拉

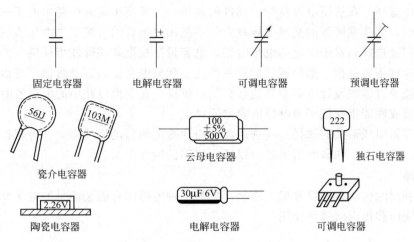

图 2-14 电容器图形符号和外形图

（F）表示，其他单位还有：毫法（mF）、微法（μF）、皮法（pF）。其中：$1mF=10^{-3}F$，$1μF=10^{-6}F$，$1pF=10^{-12}F$。

（1）直标法　直标法是将电容器的容量、耐压（电容长期可靠地工作，它能承受的最大直流电压，就是电容的耐压，也叫做电容的直流工作电压）及误差直接标于电容器的外壳上，其中误差一般用字母表示。如 47μL100，表示电容容量为 47μF，100V 为额定工作电压，L 表示误差为 ±15%。表示误差的字母有 F、G、J、K、L、M，分别表示误差为 ±1%、±2%、±5%、±10%、±15%、±20%。

（2）数码法　数码法一般用三位数字表示容量大小，单位为 pF。前两位表示有效数字，第三位数字是倍率。如：102 表示 $10×10^2$ pF。如：一瓷片电容为 104J 表示容量为 $10×10^4$ pF、误差为 ±5%。

（3）色标法　色标法是与电阻色环表示方法类似，颜色所代表的数字与电阻色环完全一致，单位为 pF。

3. 电容器的检测

电容器在使用前应对其漏电情况进行检测。容量在 1～100μF 的电容用 R×1k 挡检测；容量大于 100μF 用 R×10 挡检测。具体方法如下：将万用表两表笔分别接在电容的两端，指针应先向右摆动，然后回到"∞"位置上，说明漏电电阻大，电容性能好；若指针离"∞"位置较远，说明漏电电阻小，电容性能差；若指针在"0"位置处不动，说明电容内部短路。对于 5000pF 以下的小容量电容器，由于电容小，充电时间快、充电电流小，用万用表的高阻值挡也看不出指针摆动，可借助电容表直接测量。

4. 电容器的选用

对电路中电容元件的选用应该考虑以下几个因素。

（1）不同种类的电容适用于不同的电路　瓷介电容器的主要特点是介质损耗较低，电容量对温度、频率、电压和时间的稳定性都比较高，常用于高频电路及对电容器要求较高的场合；云母电容器绝缘性能高、损耗小，温度和频率特性稳定，但抗潮性能差，适用于直流、交流和脉冲电路；金属化纸质电容器的特点是具有自愈作用，当介质发生局部击穿后，经自愈作用，电器性能可恢复击穿前的状态，但绝缘性能较差，常用于自动化仪表和家用电器中；涤纶电容器电容量及耐压范围宽，但电参数不稳定，其中容量在温度超过 100℃ 以后随温度升高急剧增加，不宜做功率交流电容器。

(2) 耐压选择 在选用电容器时,元件的耐压一定要高于实际电路中的工作电压。如果在交流电路中,要注意所加的交流电压最大值不能超过电容的直流工作电压值(即耐压)。

(3) 电容量选择 对于一定的电子电路,电容量是根据某些性能指标确定的,在确定容量时要根据标称系列选择。如果通过标称系列找不到该电容器的容量数值,可以通过串并联的方法解决或通过修改设计方案中其他参数加以解决。在更换电路中的电容器时最好选用原参数的电容器或性能指标优于原电路电容器元件。

(4) 电容器引线形式的选择 在选用时还应注意电容器的引线形式。可根据实际需要选择焊片引出、接线引出和螺丝引出等,以适应线路的插孔要求。

二、电感

电感是利用漆包线在绝缘骨架上绕制而成的一种能够储存磁场能量的电子元件。在电路中有阻流、变压和传送信号等作用。

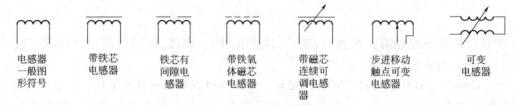

图 2-15 电感器常用的图形符号

1. 电感的分类

电感器种类很多,分类方法也不相同。按电感线圈线芯分,有空心线圈和带磁芯线圈;按绕制方式分,有单层线圈、多层线圈和蜂房式线圈;按电感量变化情况分,有固定电感器、可变电感器和微调电感器等。电感器常用的图形符号见图 2-15。

常见的电感器有固定电感器(色码电感)、扼流圈、片式电感器、铁粉芯或铁氧体芯线圈等。各种电感器都具有不同的特点和用途。固定电感器将导线绕在磁芯上,用塑料封装或用环氧树脂包封而成。这种电感器体积小、重量轻、结构牢固、安装方便。它们主要用作高频滤波电感、回路电感等。

固定电感器有固定卧式(LG$_1$ 型)和立式(LG$_2$ 型)两种,其电感量一般在 0.1~3000μH,适用频率一般在 10kHz~200MHz 之间,其外形如图 2-16 所示。

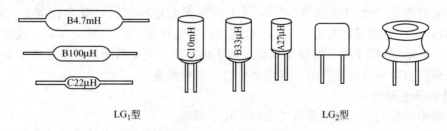

图 2-16 固定电感器的外形

铁粉芯或铁氧体芯线圈是在线圈中加入一种特制材料(铁粉芯或铁氧体)做成。铁粉芯线圈如图 2-17 所示。

不同的频率采用不同的磁芯。利用螺纹的旋动,铁粉芯线圈可调节磁芯与线圈的相对位置,从而也改变了这种线圈的电感量。它常用在收音机中的振荡电路及中频调谐回路中。

扼流圈可分为低频扼流圈和高频扼流圈,如图 2-17 所示。

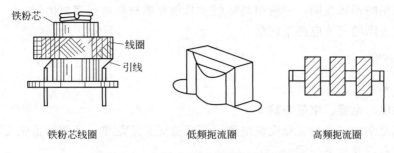

图 2-17 铁粉芯线圈和扼流圈外形图

2. 电感量的标志方法

(1) 直标法 直标法是指在小型固定电感器的外壳上直接用文字标出电感器的主要参数，如电感量、误差值、最大工作电流等。其中，最大工作电流常用字母 A、B、C、D、E 等标注，字母与电流的对应关系如表 2-4 所示。

表 2-4 小型固定电感器的工作电流与字母的关系

字母	A	B	C	D	E
最大工作电流/mA	50	150	300	700	1600

(2) 数码表示法 标称电感值一般用三位数字表示，单位为 μH。前两位表示有效数字，第三位数字是倍率，小数点用 R 表示。如：222 表示 $22 \times 10^2 \mu H$；R68 表示 $0.68 \mu H$。

(3) 色码表示法 这种表示法与电阻器的色标法相似，色码一般有四种颜色，前两种为有效数字，第三种颜色是倍率，单位为微亨，第四位为误差位。

3. 电感器检测方法

电感器的电感量一般可通过高频 Q 表或电感表进行测量，若不具备上述两种仪表，可用万用表测量线圈的直流电阻来判断好坏。具体方法是：将万用表置于 $R \times 1$ 挡，红、黑表笔各接电感器的任一引出端，此时指针应正偏。根据测出的电阻值的大小，可具体分下述三种情况进行鉴别。

① 被测电感器电阻为零。其内部有短路性故障。注意操作时一定要将万用表调零，反复测试几次。

② 若被测电感器电阻为无穷大。说明电感器的绕组或引出脚与绕组接点处发生了断路故障。

③ 若检测的电阻与原确定或标称电阻相差不大，则可认为电感器正常。

4. 电感使用安装注意事项

(1) 首先检查电感量是否符合要求。

(2) 选用线圈时必须考虑机械结构是否牢固，不应有线圈松脱、引线接点活动等。

(3) 线圈中使用过程中需要微调的，应考虑微调方法。例如，单层线圈可采用移开靠端点的几圈线圈的方法进行微调，即先在线圈的一端绕上 3～4 圈，微调时移动其位置可以改变电感量；多层线圈的微调，可以移动一个分段的相对距离来实现，可移动分段的圈数应为总圈数的 20%～30%；具有磁芯的线圈，可以通过调节磁芯在线圈管中的位置，实现电感量的微调。

(4) 使用线圈应注意保持原线圈的电感量。线圈使用中，不要随便改变线圈的形状、大小和线圈的距离。否则会影响线圈原来的电感量，尤其是频率高，圈数少的电感。所以，目前电视机中采用的调频线圈,一般用高频蜡或其他介质材料进行密封固定。

(5) 可调线圈的安装应便于调整。

思考

分析电容和电感元件的区别?

三、纯电阻、电容、电感电路

为了研究复杂的多参数正弦交流电路,有必要先弄清楚单一参数的正弦交流电路中的电压和电流的关系以及功率问题。

(一) 纯电阻电路

负载为纯电阻元件的电路,称为纯电阻电路,如图2-18所示。在日常生活中接触到的白炽灯、电炉、热得快等都属于电阻性负载,它们与交流电源连接组成的就是纯电阻电路。

1. 电压和电流的关系

在电阻元件两端加上正弦交流电压:$u=U_m\sin\omega t$

对于电阻来说,瞬时电压和瞬时电流之间符合欧姆定律,若按图2-18所示参考方向,电路中的电流。

$$i=\frac{u}{R}=\frac{U_m}{R}\sin\omega t \qquad (2-7)$$

由式(2-7)可知,电阻元件上电压和电流的量值关系为:

(1) 频率相同,同为 ω。

(2) 初相位相等,两者同相。

(3) 电压、电流有效值关系服从欧姆定律 $U=IR$。

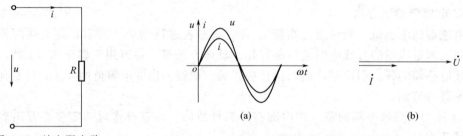

图 2-18 纯电阻电路　　　　图 2-19 纯电阻电路波形图和相量图

电阻的电压和电流关系还体现在波形图2-19(a) 和相量图2-19(b) 中,如图所示电压和电流出现最大值的时间相同,过零点的时间相同。不论计时起点如何选择,这个特点总是不变的。

2. 功率问题

① 瞬时功率　在任意时刻,电压的瞬时值 u 和电流的瞬时值 i 的乘积,称为瞬时功率,用小写字母 p 表示,则

$$p=ui=U_m I_m \sin^2\omega t \geqslant 0$$

说明电阻只要有电流就消耗能量,将电能转化为热能,电阻是耗能元件。

② 平均功率　由于瞬时功率是随时间周期性变化的,因此电工技术上取它在一个周期内的平均值来表示交流电功率的大小,称之为平均功率,也称为有功功率。平均功率用大写字母 P 表示。

$$P=\frac{1}{T}\int_0^T p\,dt=\frac{1}{T}\int_0^T U_m I_m \sin^2\omega t\,dt=\frac{1}{T}\int_0^T \frac{1}{2}U_m I_m(1-\cos2\omega t)dt=\frac{1}{2}U_m I_m=UI$$

即纯电阻元件的平均功率:

$$P = UI = I^2 R = \frac{U^2}{R} \qquad (2\text{-}8)$$

(二) 纯电感电路

负载为纯电感元件的电路,称为纯电感电路,如图 2-20 所示的电感线圈。若忽略其自身电阻,接通交流电源,则成为纯电感电路。

1. 电压和电流的关系

对于电感来说,电压和电流之间满足关系式:$u = L\dfrac{\mathrm{d}i}{\mathrm{d}t}$

设电感电路中流过的电流 $i = I_\mathrm{m}\sin\omega t$

$$u = L\frac{\mathrm{d}i}{\mathrm{d}t} = L\frac{\mathrm{d}}{\mathrm{d}t}(I_\mathrm{m}\sin\omega t) = \omega L I_\mathrm{m}\cos\omega t = U_\mathrm{m}\sin(\omega t + 90°) \qquad (2\text{-}9)$$

由此可知,电感元件上电压和电流的量值关系为:
(1) 电压、电流同频率。
(2) 相位关系为 u 超前 i 90°。
(3) 电压、电流的有效值关系为:$U = I\omega L$。

电感电压 u 与电流 i 的波形图如图 2-21(a) 所示,相量图如图 2-21(b) 所示。

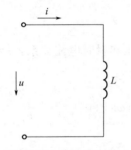

图 2-20 纯电感电路

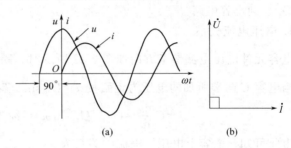

图 2-21 纯电感电路的波形图和相量图

若令 $X_\mathrm{L} = \omega L$,则有:

$$\frac{U}{I} = X_L \qquad (2\text{-}10)$$

式(2-10) 称为电感元件的欧姆定律。X_L 称为感抗,单位为 Ω。必须指出:该定律形式上与电阻元件欧姆定律相似,但在本质上完全不同。电感元件的欧姆定律只适用于电压电流的有效值之比,而对于它们的瞬时值完全不适用。

当电感的电压一定时,感抗越大,通过电感的电流越小。可见,感抗具有限制电流的作用。感抗的大小与电感 L 和频率 f 成正比,$X_L = \omega L = 2\pi f L$,当 L 一定时,频率 f 越高,X_L 越大;频率 f 越低,X_L 越小;当 f 减少为零即为直流时,$X_L = 0$,即电感对直流可视为短路。由此可见,电感具有"通直流,阻交流"和"通低频,阻高频"的作用。

2. 功率问题

① 瞬时功率

$$p = ui = U_\mathrm{m} I_\mathrm{m}\sin\omega t\cos\omega t = \frac{1}{2}U_\mathrm{m} I_\mathrm{m}\sin 2\omega t = UI\sin 2\omega t$$

② 平均功率

$$P = \frac{1}{T}\int_0^T p\,\mathrm{d}t = \frac{1}{T}\int_0^T UI\sin 2\omega t\,\mathrm{d}t = 0 \qquad (2\text{-}11)$$

上式表明在正弦交流电路中电感元件和电源之间只是进行能量的交换。在一个周期内,电感元件从电源吸收的能量等于它归还给电源的能量，因此并不消耗能量。不同电感元件与外界交换能量的速率是不同的，为了能够计量，定义电感元件瞬时功率的最大值为电感元件的无功功率（也就是交换能量的最大速率），用符号 Q 表示。

$$Q_L = UI = I^2 X_L = \frac{U^2}{X_L} \tag{2-12}$$

无功功率与有功功率具有相同的量纲，但无功功率不是消耗电能的速率，而是交换能量的最大速率。为与有功功率相区别，无功功率的单位用 var（乏）表示。

【例 2-9】 已知单一电感元件电路中，$L=100\text{mH}$，$i=7\sqrt{2}\sin314t\text{A}$，求 u 和无功功率。

解： 依题意，可知

$$X_L = \omega L = 314 \times 100 \times 10^{-3} = 31.4 \ (\Omega)$$

$$U = IX_L = 7 \times 31.4 = 220 \ (\text{V})$$

又因为电压超前电流 90°

故

$$u = 220\sqrt{2}\sin(314t + 90°)A$$

无功功率

$$Q = UI = 220 \times 7 = 1540 \ (\text{var})$$

（三）纯电容电路

1. 电压电流关系

电容元件电压电流参考方向如图 2-22 所示时，瞬时电压和瞬时电流关系：$i = C\dfrac{du}{dt}$

当电容 C 两端所加的电压为正弦量 $u = U_m \sin\omega t$ 时，

$$i = C\frac{du}{dt} = C\frac{d}{dt}(U_m\sin\omega t) = \omega C U_m \sin(\omega t + 90°) \tag{2-13}$$

由此可知，电容上电压、电流的关系为：

（1）电压电流频率相同。

（2）电流的相位超前电压 90°。

（3）电压电流的量值关系为：$U = I = \dfrac{1}{\omega C}$。

电容上电压、电流的波形图如图 2-23(a) 所示，相量图如图 2-23(b) 所示。

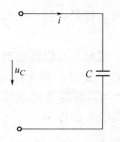

图 2-22 纯电容电路

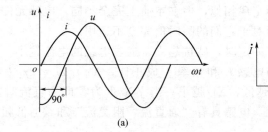

图 2-23 纯电容电路的波形图和相量图

若令 $X_C = \dfrac{1}{\omega C}$，则有

$$\frac{U}{I} = X_C \tag{2-14}$$

式 (2-14) 称为电容元件的欧姆定律。同样，它只适用于正弦交流电压与电流的有效值。X_C 称为容抗，单位为 Ω。

当电容的电压一定时，容抗越大，通过电容的电流越小。可见，容抗也具有限制电流的作用。容抗的大小与电容 C 和频率 f 成反比。当 $f=0$ 时，$X_C \to \infty$，说明电容元件在直流中相当于断路；而 $f \to \infty$ 时，$X_C = 0$，说明电容元件在高频交流中，相当于短路。也就是说，电容元件具有"隔直流，通交流"和"通高频，阻低频"的特性。

2. 功率问题

（1）瞬时功率

$$p = ui = U_m I_m \sin\omega t \cos\omega t = \frac{1}{2} U_m I_m \sin2\omega t = UI \sin2\omega t$$

（2）平均功率

$$P = \frac{1}{T}\int_0^T p\,dt = \frac{1}{T}\int_0^T UI\sin2\omega t\,dt = 0 \tag{2-15}$$

上式表明在正弦交流电路中电容元件与电感一样，和电源之间只是进行能量的交换，而不消耗电能。所以理想电容也有无功功率，根据无功功率的定义，可知

$$Q_C = UI = I^2 X_C = \frac{U^2}{X_C} \tag{2-16}$$

使用上式时应注意，式中的 U 和 I 是电容元件上电压、电流的有效值。

【例 2-10】 把一个电容元件接到电路上，已知 $C=8\mu F$，$U=40V$，试求：

（1）$f=50Hz$ 时，容抗和电容电流；

（2）$f=500Hz$ 时，容抗和电容电流。

解：（1）当 $f=50Hz$ 时，

$$X_C = \frac{1}{\omega C} = \frac{1}{2\pi f C} = \frac{1}{2\pi \times 50 \times 8 \times 10^{-6}} = 398 \ (\Omega)$$

$$I = \frac{U}{X_C} = \frac{40}{398} = 0.101 \ (A)$$

（2）当 $f=500Hz$ 时，频率增大为原来的 10 倍，容抗减少到原值的 $\frac{1}{10}$。在电压不变的情况下，电流增大到原来的 10 倍，即

$$I = 10 \times 0.101 \approx 1 \ (A)$$

? 思考

总结纯电阻、电容、电感电路中电压、电流之间的关系，并进行比较？

四、日光灯电路

日光灯具有发光效率高、寿命长、光色柔和等优点，广泛应用于办公室和家庭。

（一）日光灯工作原理及各元件使用注意事项

1. 工作原理

日光灯接线图如图 2-24 所示，它由灯管、启辉器、镇流器、电容等组成。日光灯的灯管充有氩气和汞蒸气，灯管内壁涂有荧光粉；启辉器是个充有氖气的玻璃泡，其中装有一个静触片和一个弯成 U 形的双金属片；镇流器是一个铁芯线圈。当开关接通的时候，电源电压立即通过镇流器和灯管灯丝加到启辉器的两极。220V 的电压立即使启辉器的惰性气体电离，产生辉光放电。辉光放电的热量使双金属片受热膨胀，两极接触。电流通过镇流器、启辉器触

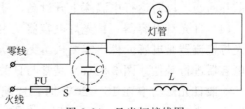

图 2-24 日光灯接线图

极和两端灯丝构成通路。灯丝很快被电流加热，发射出大量电子。这时，由于启辉器两极闭合，两极间电压为零，辉光放电消失，管内温度降低；双金属片自动复位，两极断开。在两极断开的瞬间，电路电流突然切断，镇流器产生很大的自感电动势，与电源电压叠加后作用于灯管两端。灯丝受热时发射出来的大量电子，在灯管两端高电压作用下，以极大的速度由低电势端向高电势端运动。在加速运动的过程中，碰撞管内氩气分子，使之迅速电离。氩气电离生热，热量使水银产生蒸气，随之汞蒸气也被电离，并发出强烈的紫外线。在紫外线的激发下，管壁内的荧光粉发出近乎白色的可见光。日光灯正常发光后，由于交流电不断通过镇流器的线圈，线圈中产生自感电动势，自感电动势阻碍线圈中的电流变化，这时镇流器起降压限流的作用，使电流稳定在灯管的额定电流范围内，灯管两端电压也稳定在额定工作电压范围内。由于这个电压低于启辉器的电离电压，所以并联在两端的启辉器也就不再起作用了。并联在火线和零线之间的电容与日光灯的发光没有联系，仅仅起到补偿镇流器无功功率的作用。

2. 元件及其使用注意事项

(1) 灯管　普通日光灯管规格参数：常用的日光灯规格有 T8、T5、T4 灯管。"T"，代表 "Tube"，表示管状的，T 后面的数字表示灯管直径。T8 就是有 8 个 "T"，一个 "T" 就是 1/8in。1in 等于 25.4mm。那么每一个 "T" 就是 25.4÷8＝3.175（mm）。例如：T8 灯管的直径为 8×（25.4/8）＝25.4（mm）；T12 灯管的直径就是 12×（25.4/8）＝38.1（mm）。理论上越细的灯管效率越高，相同的瓦数发光越多。并且在实际使用中，细的灯管隐蔽性好，使用更为灵活。所以现在使用 T4、T5 的较多。但是越细的灯管启动越困难，当发展到 T5 时，就必须要电子镇流器来启动。

(2) 启辉器　启辉器又叫日光灯继电器，它的结构如图 2-25(a) 所示。使用启辉器应注意启辉器要与日光灯管功率配套；安装启辉器时，注意使启辉器与启辉器座接触良好；启辉器如果出现短路，会使日光灯产生两头发光中间不亮的异常状态，启辉器应更换；如启辉器断路，使日光灯不能发光，也要及时更换。

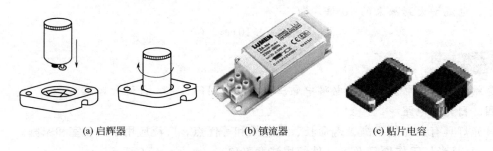

(a) 启辉器　　　(b) 镇流器　　　(c) 贴片电容

图 2-25　日光灯元件示意

(3) 镇流器　镇流器又称限流器，主要由铁芯和电感线圈组成，外形如图 2-25(b) 所示。使用日光灯镇流器时，应注意：镇流器的规格必须与日光灯管配套；镇流器的安装应考虑散热问题，以防运行中温度上升过高，缩短寿命。

(4) 日光灯电容器　日光灯电容器是用来补偿日光灯镇流器所需要的无功功率的。由于日光灯镇流器是电感元件，需要供给无功功率，引起功率因数降低。为了改善功率因数，需加电容器进行补偿，图 2-25(c) 是常与日关灯配套使用的贴片电容。

一般日光灯功率在 15～20W 时，选配电容器容量为 $2.5\mu F$；用 30W 日光灯时可选用 $3.7\mu F$；用 40W 日光灯时．可选用 $4.7\mu F$。日光灯电容器的耐压均为 400V。

3. 日光灯常见故障及检修

(1) 日光灯不发光 可能是接触不良、启辉器损坏或日光灯灯丝已断、镇流器开路引起的。处理方法：属接触不良时，可转动灯管，压紧灯管与灯座之间的接触，转动启辉器使线路接触良好。如属启辉器损坏，可取下启辉器用一根导线的两金属头同时接触启辉器底座的两弹簧片，取开后日光灯发亮，此现象属启辉器损坏，应更换启辉器。如是日光灯管灯丝断路或镇流器断路，可用万用表检查通断情况，根据检查情况进行更换。

(2) 灯管两端发光，不能正常工作 这种情况是启辉器损坏、电压过低、灯管陈旧或气温过低等原因引起的。处理办法：更换启辉器，更换陈旧的灯管。如果是电压过低，不需处理。气温过低时，可加保护罩提高温度。

(3) 灯光闪烁 是新灯管属质量不好或旧灯管陈旧引起。

(4) 灯管亮度降低 是灯管陈旧或电压偏低引起的。

(5) 灯管发光后在管内旋转或灯管内两端出现黑斑。

光在管内旋转是某些新灯管出现的暂时现象，开几次以后即可消失。灯管内两端出现黑斑是管内水银凝结造成的，启动后可以蒸发消除。

(6) 噪声大 是镇流器质量差、硅钢片振动造成的。处理方法：夹紧铁芯或更换镇流器。

(7) 镇流器过热、冒烟 可能是镇流器内部匝间短路或散热不好。处理方法：更换镇流器。

(8) 打开日光灯，灯管闪亮后，立即熄灭 可能是安装日光灯线路错误。检查灯管，若灯管灯丝烧坏，应继续检查线路，重新连接，更换新灯管再接通电源。

(二) 日光灯电路的测算

日光灯亮灯后，启辉器不再起作用，真正起作用的是镇流器和灯管，镇流器的电阻不大，可看成纯电感，灯管可看成是纯电阻，日光灯电路可等效为 RL 串联支路，如图 2-26 所示。

1. 电压与电流关系

在分析电路时，往往要先确定一个参考正弦量。所谓的参考正弦量是指电路中所有正弦量的相位都以它为基准，为了分析方便，一般令参考相量的初相位为零。串联电路各元件上流过的电流相同，因此选电流为参考正弦量较为合适。

在如图 2-26 所示的参考方向下，设

$$i=\sqrt{2}I\sin\omega t$$

已知电流的有效值为 I，初相位 φ_i 为零，引用第三节的结论，可以得出：

电阻元件：

$$U_R=IR, \varphi_{uR}=\varphi_i=0$$

$$u_R=\sqrt{2}U_R\sin\omega t=\sqrt{2}IR\sin\omega t$$

电感元件：

$$U_L=IX_L, \varphi_{uL}=\varphi_i+90°=90°$$

$$u_L=\sqrt{2}U_L\sin(\omega t+90°)=\sqrt{2}IX_L\sin(\omega t+90°)$$

将正弦量 i、u_R、u_L 用相量表示，画出相量图。按正弦量的相量表示规则，先画参考正弦量的相量 $\dot{I}$，又称为参考相量。而后画出电阻电压和电感电压的相量 $\dot{U}_R$，$\dot{U}_L$。如图 2-27 (a) 所示。

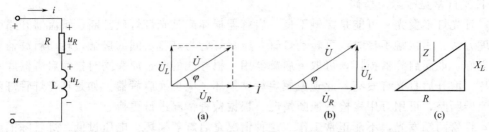

图 2-26 RL 串联电路　　　　图 2-27 RL 串联电路相量图

在 RL 串联电路中，由于 $u=u_L+u_R$，因此可以在相量图上，利用矢量相加的平行四边形法则求出 $\dot{U}$。因为平行四边形对边长度相等且平行，因而可以把相量 $\dot{U}_L$ 平移到相量 $\dot{U}_R$ 的末端，构成由电压相量组成的三角形，如图 2-27(b) 所示，称为电压三角形。电压三角形反映了各个正弦电压有效值及相位之间的关系。相量 $\dot{U}_R$ 的长度等于电阻电压有效值，$U_R=IR$；相量 $\dot{U}_L$ 的长度等于电感电压有效值，$U_L=IX_L$；总电压 u 的有效值等于相量 $\dot{U}$ 的长度。根据勾股定律，总电压与各分电压有效值关系为：

$$U=\sqrt{U_R^2+U_L^2}=I\sqrt{R^2+X_L^2} \tag{2-17}$$

令 $|Z|=\sqrt{R^2+X_L^2}$，则

$$U=I|Z|$$

图 2-27(a) 中：总电压相量 $\dot{U}$ 与电阻电压相量 $\dot{U}_R$ 的夹角 φ 是总电压 u 与电阻电压 u_R 的相位差，也是总电压 u 与总电流 i 的相位差。用下式计算：

$$\varphi=\varphi_u-\varphi_i=\arctan\frac{U_L}{U_R}=\arctan\frac{X_L}{R} \tag{2-18}$$

至此可以得到电路总电压

$$u=\sqrt{2}U\sin(\omega t+\varphi)=\sqrt{2}I|Z|\sin\left(\omega t+\arctan\frac{X_L}{R}\right)$$

在 RL 串联电路中，总电压 u 的相位总是超前总电流 i 的。凡电压超前于电流的电路称为感性电路。RL 电路是感性电路。

2. 阻抗模和阻抗三角形

$|Z|$ 称为阻抗模，它定义为

$$|Z|=\frac{U}{I}=\sqrt{R^2+X_L^2} \tag{2-19}$$

单位为 Ω。阻抗模 $|Z|$ 反映了 RL 串联电路中总电压和电流有效值之间的关系，它与电路元件参数 R、L，以及电源频率 f 有关，与电压、电流无关。

观察如图 2-27(b) 所示的电压三角形，三角形边长分别是 $U_R=IR$，$U_L=IX_L$，$U=I|Z|$，都除以因子 I，得到一个新三角形，它的边长分别为 R、L、$|Z|$。这种由阻抗模构成的三角形称为阻抗三角形，如图 2-27(c) 所示。阻抗三角形与电压三角形不同的是，电压三角形是相量三角形，反映了正弦电压 u_R、u_L 和 u 之间的大小和相位关系，阻抗三角形不是相量三角形，它只反映电阻 R、感抗 X_L 和阻抗模 $|Z|$ 之间的数值关系。

阻抗三角形中，阻抗模 $|Z|$ 与电阻 R 之间的夹角 φ 称为阻抗角，它也是总电压相量 $\dot{U}$ 与电阻电压相量 $\dot{U}_R$ 的夹角，同时也是总电压与总电流的相位差角。阻抗 φ 的大小与电路参

数和频率有关。RL 串联电路中，φ 的变化范围为 $0<\varphi<90°$。

【例 2-11】 在图 2-28 所示电路中，电压表 V_1 的示数是 3V，电压表 V_2 的示数是 4V，则电压表 V 的读数。

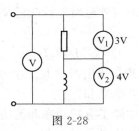

图 2-28

解： 电压表的读数是有效值。

由式(2-17) 可得电压表 V 的读数：

$$U=\sqrt{U_R^2+U_L^2}=\sqrt{3^2+4^2}=5 \text{（V）}$$

【例 2-12】 在 RL 串联电路中，已知 $R=40\Omega$，$L=200\text{mH}$，正弦交流电源电路 $U=220\text{V}$，$f=50\text{Hz}$，求：

(1) 电路中的电流值；
(2) 电源电压与电流相位差 φ；
(3) 电阻和电感各自的电压。

解：（1） $X_L=2\pi fL=2\times 3.14\times 50\times 200\times 10^{-3}=62.8$ （Ω）

$$|Z|=\sqrt{R^2+X_L^2}=\sqrt{40^2+62.8^2}=74.5 \text{（Ω）}$$

$$I=\frac{U}{|Z|}=\frac{220}{74.5}=3 \text{（A）}$$

(2) 电压电流的相位差角也是电路的阻抗角，由阻抗三角形，得：

$$\varphi=\arctan\frac{X_L}{R}=\arctan\frac{62.8}{40}=57.5°$$

(3) 由元件电压与电流关系得：

$$U_R=IR=3\times 40=120 \text{（V）}$$
$$U_L=IX_L=3\times 62.8=188 \text{（V）}$$

3. 正弦交流电路的功率

RL 串联电路总电压与电流总是存在相位差。若令电流的初相位为零，则电压的初相位为 φ。电压电流可分别表示为：

$$i=\sqrt{2}I\sin\omega t$$
$$u=\sqrt{2}U\sin(\omega t+\varphi)$$

若采用图 2-26 所示的参考方向：

(1) 瞬时功率 $p=ui=\sqrt{2}U\sin(\omega t+\varphi)\times\sqrt{2}I\sin\omega t=UI[\cos\varphi-\cos(2\omega t+\varphi)]$

(2) 平均功率（也叫有功功率）

$$P=\frac{1}{T}\int_0^T p\text{d}t=\frac{1}{T}\int_0^T UI[\cos\varphi-\cos(2\omega t+\varphi)]\text{d}t$$
$$=UI\cos\varphi$$

在 RL 串联电路中，由相量图可知：$U\cos\varphi=U_R$

$$P=UI\cos\varphi=U_R I=I^2 R \tag{2-20}$$

即在电路中,只有电阻元件是消耗能量的,因而电路的有功功率等于电阻元件所消耗的有功功率。当电路中含有多个电阻时,电路总的有功功率也等于每个电阻所消耗的有功功率之和。

(3) 无功功率 无功功率是负载与外电路进行能量交换的最大速率。在 RL 电路中,只有电感与外界进行能量交换,所以

$$Q=U_L I=UI\sin\varphi \tag{2-21}$$

无功功率单位是 var(乏)。同理,当电路含有多个电感时(电路无电容时),电路总的无功功率也等于所有电感元件无功功率之和。

(4) 视在功率 正弦交流电路中除了有功功率和无功功率以外,还有视在功率。视在功率用 S 表示,它等于电路电压、电流有效值的乘积。

$$S=UI \tag{2-22}$$

视在功率的单位用伏安(V·A),用于区别有功功率和无功功率。视在功率反映了电路可能消耗或提供的最大有功功率。通常对于一台变压器来讲其铭牌上所标的额定容量 S_N 就是额定视在功率,$S_N=U_N I_N$。

(5) 功率因数 电路中有功功率与视在功率的比值 λ,称之为功率因数。

$$\lambda=\frac{P}{S}=\cos\varphi \tag{2-23}$$

φ 为功率因数角,也是电路中电压电流的相位差角,也是电路的阻抗角。可见功率因数与电路元件的性质有关。

功率因数用来衡量对电源的应用程度。按供电规则规定高压供电用户必须保证功率因数在 0.95 以上,其他用户保证在 0.9 以上,否则将被罚款。日光灯电路因为存在镇流器这样的感性元件,总电压总是超前总电流,日光灯电路的功率因数一般在 0.5 左右。为减少日光灯电路电压电流的相位差提高电路的功率因数,同时又要考虑不影响日光灯的正常工作,通常会给日光灯电路并联上一个电容。因为电容的性质与电感相反,容性电路电流会超前电压。感性负载并上一个合适的电容能够提高整个电路的功率因数。

【例 2-13】 把一个 RL 串联电路接于 220V 的工频电源上,已知电阻 $R=300\Omega$,纯电感 $X_L=400\Omega$。求电路的总电流、有功功率、视在功率和功率因数。

解:电路的总电流为

$$I=\frac{U}{|Z|}=\frac{U}{\sqrt{R^2+X_L^2}}=\frac{220}{\sqrt{300^2+400^2}}=0.44 \text{ (A)}$$

$$\varphi=\arctan\frac{X_L}{R}=\arctan\frac{4}{3}=53°$$

功率因数:

$$\cos\varphi=\cos53°=0.6$$
$$P=UI\cos\varphi=220\times 0.44\times\cos53°=58 \text{ (W)}$$
$$S=UI=220\times 0.44=96.8 \text{ (V·A)}$$

思考

日常生活中常遇到日光灯不能启动或不能发光的情况,请分析产生这种情况的可能性的原因?

小资料　交流电路的实际器件

在电路模型中，所有理想元件都是单一参数的元件，电阻参数只反映电路器件消耗电能的特性；电容参数只反映电路器件储存电场能量的特性；电感参数只反映电路器件储存磁场能量的特性。而实际的电路器件，电磁现象较为复杂，在不同的条件下，会呈现多种电磁现象，一般要用多个理想元件的组合来模拟。

一、交流电阻

同一导体，通过交流电时的电阻值，比通过直流电时的电阻值大。导体电阻增加的原因是导体在交流电的作用下，伴随发生了电磁感应现象。越靠近导体中心处感应电动势越大，越会阻碍电流通过。因而导体中心处电流密度变小。导体表面附近，电流密度却增加，这种现象称为趋肤效应。交流电的频率越高，趋肤效应越显著，甚至会使导体中心处电流密度几乎等于零，电子大部分甚至全部集中在导体表面流动，相当于减少了导体的有效截面积，导体的交流电的电阻值自然会变大。

在工频电路中，直径小于 1cm 的铜导线可以忽略趋肤效应。对截面积较大的铜导线或高频电路中的导线，必须考虑这种影响。如发电厂中的大电流母线常做成槽形或空心菱形，高压输电线要使用多股绞线，高频通信线路中使用的空心镀银馈线等，都是考虑趋肤效应的影响而采取的措施。

二、频率对线圈模型的影响

一个空心线圈，在通以直流电流时，相当于一个电阻；在通以低频电流时，相当于一个电感和电阻串联；在高频时，线圈各匝存在的分布电容的影响就不能忽视，因此，高频时空心线圈的电路模型如图 2-29 所示。

三、电容元件的损耗与模型

理想的电容元件忽略了能量损耗，但实际电容器通电时总存在一些能量损耗。一方面是由于介质绝缘电阻不可能为无穷大，总有一点漏电流，另一方面是由于介质在交流电作用下，不断交变极化而引起介质损耗。考虑这两种损耗，实际电容器是用电阻 R 与电容 C 并联的电路模型来模拟，如图 2-30 所示。

电容器的损耗，受电源频率和环境条件影响。频率升高，环境温度升高，都会加大损耗。被损耗的能量最终要转化为热量，致使电容器升温，严重时会烧坏电容器，一般情况下也会降低电容器的寿命，使电路工作状态发生变化。

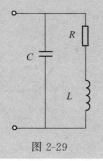

图 2-29

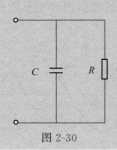

图 2-30

第四节　三相正弦交流电路

现代电力系统中电能的生产、输送与分配几乎全都采用了三相制，即采用三个频率相同而相位不同的电压源（或电动势）向用电设备供电。

三相制有许多优点。例如：三相交流电易于获得；广泛应用于电力拖动的三相交流电动机结构简单、性能好、可靠性高；三相交流电的远距离输电比较经济等。

一、三相交流电源

三相电源是指由三个频率相同、幅值相同、相位互差120°的交流电压源按一定方式连接而成的对称电源。最常见的三相电源是三相交流发电机，图2-31是其原理图，其主要组成部分是定子（电枢）和转子（磁极）。

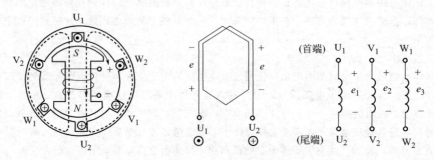

图2-31 三相交流电源原理

定子铁芯的内圆周表面有六个凹槽，用来放置三相绕组。每相绕组完全相同，其始端用 U_1、V_1、W_1 表示，对应的末端则用 U_2、V_2、W_2 表示。每个绕组的两端放在相应的凹槽内，要求绕组的始端之间或末端之间彼此相隔120°。

转子铁芯上绕有励磁绕组，用直流励磁。当励磁绕组通电时，转子绕组产生磁场，所以转子也叫磁极。定子与转子之间有一定的间隙，若其极面的形状和励磁绕组的布置恰当，可使气隙中的磁感应强度按正弦规律分布。当转子磁场在空间按正弦规律分布、转子恒速旋转时，三相绕组中将分别感应出正弦电动势，它们的频率相同、振幅相等，相位上互差120°。

这样就使得三相绕组的首端和末端之间有了电压。规定三相电压的正方向从绕组的首端指向末端。三相电压的瞬时值可表示为：

$$u_1 = \sqrt{2}U\sin\omega t$$
$$u_2 = \sqrt{2}U\sin(\omega t - 120°)$$
$$u_3 = \sqrt{2}U\sin(\omega t - 240°) = \sqrt{2}U\sin(\omega t + 120°)$$

三相电压的波形图和相量图分别如图2-32(a)，图2-32(b)所示。

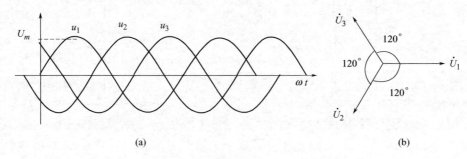

图2-32 三相交流电波形图和相量图

显然，在任何瞬时对称三相电源的电压瞬时值之和为零。

即
$$u_1 + u_2 + u_3 = 0$$

发电机三相绕组一般接成星形（Y形）。所谓星形连接方式就是将三相绕组的末端（负极性端）U_2，V_2，W_2 接到一起，该连接点称为中性点或零点，用 N 表示。而由三相绕组的始端（正极性端）U_1，V_1，W_1 向外引出三条相线（也叫火线）。如图2-33所示。

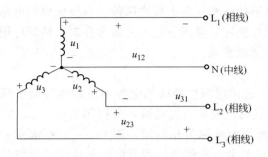
图2-33 三相四线制连接

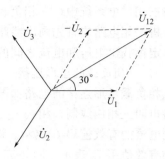
图2-34 三相电源的相量图

这种从电源引出四根线的供电方式称为三相四线制。在三相四线制中，相线与中线之间的电压 u_1、u_2、u_3 称为相电压。习惯上相电压的参考方向是从相线指向中线。任意两根相线之间的电压称为线电压 u_{12}、u_{23}、u_{31}，参考方向的标示方法如图2-33所示。由基尔霍夫电压定律可知：

$$u_{12}=u_1-u_2$$
$$u_{23}=u_2-u_3$$
$$u_{31}=u_3-u_1$$

根据如图2-34所示的相量图可得出：

$$U_{12}=2U_1\cos30°=\sqrt{3}U_1$$

同理：$U_{23}=\sqrt{3}U_2$，$U_{31}=\sqrt{3}U_3$

即 $$U_l=\sqrt{3}U_P \tag{2-24}$$

$\dot{U}_{12}$ 的相位超前 $\dot{U}_1$ 30°；$\dot{U}_{23}$ 的相位超前 $\dot{U}_2$ 30°；$\dot{U}_{31}$ 的相位超前 $\dot{U}_3$ 30°。

以上分析表明：当三个相电压对称时，三个线电压也是对称的；在如图2-38所示的参考方向下，线电压在相位上分别超前于相应的相电压30°；线电压的有效值等于相电压有效值的 $\sqrt{3}$ 倍。

星形连接的三相电源，有时只引出三根相线，不引出零线，这种供电方式称为三相三线制。它只能提供线电压，主要在高压输电时采用。

【例2-14】 已知三相交流电源相电压为220V，求线电压。

解：线电压 $U_l=\sqrt{3}U_P=\sqrt{3}\times220=380$（V）

由此可见，日常所用的220V电压是指相电压，即火线和中线之间的电压。380V电压是指火线和火线之间的电压，即线电压。所以，三相四线制供电方式可提供两种电压。

思考

为什么家庭照明等生活用电线路一般是2根线供电，配电站出来到用户之间是4根线输电，配电站到上一级变电站或发电厂之间的线路是3根线输电？

二、三相交流负载

三相负载可分为三相对称负载和三相不对称负载，如果各相负载的阻抗模和阻抗角完全相同，称为对称三相负载，即：

$$R_1=R_2=R_3$$
$$X_1=X_2=X_3$$

例如三相电动机、三相电阻炉是三相对称负载，而通常照明电路是不对称负载。

在三相供电系统中,三相负载的接法有星形接法和三角形接法两种。与分析单相电路一样,分析三相电路应首先画出线路图,按习惯标法标好电压、电流的参考方向,然后应用电路基本定律找出电压和电流之间的关系,再求其他参数。

(一)三相负载的星形连接

三相负载星形连接的电路如图 2-35 所示,这种用四根导线把电源和负载连接起来的三相电路也叫三相四线制。相线 L_1、L_2、L_3 流过的电流称为线电流,分别用 i_{L1}、i_{L2}、i_{L3} 表示。线电流的有效值用 I_l 表示。流过每相负载的电流称为相电流,用 i_1、i_2、i_3 表示。相电流的有效值用 I_p 表示。图 2-35 电流、电压的参考方向都是采用习惯标示法,若无特殊说明,均默认为此标示法。

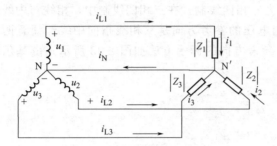

图 2-35 三相负载的星形连接

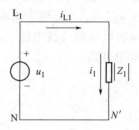

图 2-36 等效电路

由图 2-36 可知三相四线制每相负载与电源构成一个单独回路,任何一相负载的工作不受其他两相的影响。一相电路中电压、电流可用图 2-36 所示的等效电路来计算。

由各相等效电路,可求得电流的有效值。

$$I_{L1}=I_1=\frac{U_1}{|Z_1|}=\frac{U_1}{\sqrt{R_1^2+X_1^2}}, \quad \varphi_{i1}=\varphi_{u1}-\arctan\frac{X_1}{R_1}$$

$$I_{L2}=I_2=\frac{U_2}{|Z_2|}=\frac{U_2}{\sqrt{R_2^2+X_2^2}}, \quad \varphi_{i2}=\varphi_{u2}-\arctan\frac{X_2}{R_2} \qquad (2-25)$$

$$I_{L3}=I_3=\frac{U_3}{|Z_3|}=\frac{U_3}{\sqrt{R_3^2+X_3^2}}, \quad \varphi_{i3}=\varphi_{u3}-\arctan\frac{X_3}{R_3}$$

式(2-25)中,X 表示感抗时取正值,X 表示容抗时则取负值。

对负载中性点应用基尔霍夫电流定律可得:

$$i_N=i_1+i_2+i_3 \qquad (2-26)$$

三相四线制的特点是:各相负载承受的电压为对称电源的相电压;线电流 I_l 等于负载相电流 I_p。

若负载对称,则 i_1、i_2、i_3 的有效值相等,相位相差 120°,即三个相电流对称。这种情况下,

$$i_N=i_1+i_2+i_3=0$$

既然三相对称负载星形接法时,中线电流为零,就可以把中线去掉构成三相三线制。去掉中线后计算方法不变。

但要注意的是,当负载不对称时,中线绝对不能去掉。中线的作用是在负载不对称的情况下保持负载相电压对称,使各相负载正常工作。为了防止中线断开,规定中线上不允许接入熔断器和闸刀开关。有时还采用机械强度较高的导线作为中性线。

【例 2-15】 三相四线制星形连接电路中,电源电压对称。设电源线电压 $u_{12}=380\sqrt{2}\sin$

$(314t+30°)$V，负载为电灯组，若 $R_1=R_2=R_3=50\Omega$，写出各相电流及中性线电流的瞬时表达式。

解： 已知 $u_{12}=380\sqrt{2}\sin(314t+30°)$V，

根据电源相、线电压的关系可知：

$$U_1=U_2=U_3=U_p=\frac{U_l}{\sqrt{3}}=220 \text{ (V)}$$

$$\varphi_{u1}=0°, \quad \varphi_{u2}=-120°, \quad \varphi_{u3}=120°$$

负载对称：$I_1=I_2=I_3=\dfrac{U_p}{|Z|}=\dfrac{220}{50}=4.4$ （A）

电灯为纯电阻元件，电压电流相位相同，故

$$\varphi_{i1}=\varphi_{u1}=0°, \quad \varphi_{i2}=\varphi_{u2}=-120°, \quad \varphi_{i3}=\varphi_{u3}=120°$$

所以
$$i_1=4.4\sqrt{2}\sin 314t \text{ A}$$
$$i_2=4.4\sqrt{2}\sin(314t-120°)\text{ A}$$
$$i_3=4.4\sqrt{2}\sin(314t+120°)\text{ A}$$

中线电流 $\qquad i_N=0$

（二）三相负载的三角形连接

三相负载也可以接成如图的三角形连接。这时，加在每相负载上的电压是对称电源的线电压。由于各相负载的电压是固定的，故各相负载的工作情况不会相互影响，各相的电流可以按单相电路的方法进行计算。该接法通常用于三相对称负载，如正常运行时三个绕组接成三角形的三相电动机。

在分析计算三角形连接电路时，若电压、电流的参考方向如图 2-37 所示，可得相电流计算公式：

$$I_1=\frac{U_{12}}{|Z_1|}, \quad \varphi_{i1}=\varphi_{u12}-\arctan\frac{X_1}{R_1}$$
$$I_2=\frac{U_{23}}{|Z_2|}, \quad \varphi_{i2}=\varphi_{u23}-\arctan\frac{X_2}{R_2} \qquad (2\text{-}27)$$
$$I_3=\frac{U_{31}}{|Z_3|}, \quad \varphi_{i3}=\varphi_{u31}-\arctan\frac{X_3}{R_3}$$

同样，式(2-27)中，X 表示感抗时取正值，X 表示容抗时则取负值。

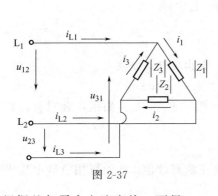

图 2-37

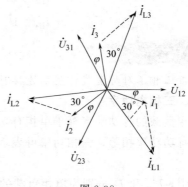

图 2-38

根据基尔霍夫电流定律，可得：

$$i_{L1}=i_1-i_3$$
$$i_{L2}=i_2-i_1 \tag{2-28}$$
$$i_{L3}=i_3-i_2$$

如果各相负载对称，那么相电流和线电流也一定对称，即：
$$I_1=I_2=I_3=I_p$$
$$I_{L1}=I_{L2}=I_{L3}=I_1=\sqrt{3}I_p \tag{2-29}$$

三个线电流的相位滞后于各自对应的相电流30°，如图2-38所示。

【例2-16】 如图2-37所示电路，负载接成三角形，线路阻抗为零，电源电压 $u_1=220\sqrt{2}\sin(314t+30°)$V，每相负载的电阻 $R=34.64\Omega$，感抗 $X=20\Omega$。试求相电流及线电流的瞬时表达式。

解：已知电源压的有效值 $U_p=220$V，

电源线电压的有效值：$U_1=\sqrt{3}U_p=380$V

负载相电流有效值：$I_p=\dfrac{U_1}{|Z|}=\dfrac{U_1}{\sqrt{R^2+X^2}}=\dfrac{380}{\sqrt{34.64^2+20^2}}=9.5$（A）

线电流的有效值：$I_1=\sqrt{3}I_p=\sqrt{3}\times9.5=16.45$（A）

每相负载的电压与电流之间的相位差：
$$\varphi=\arctan\dfrac{X}{R}=\arctan\dfrac{20}{34.64}=30°$$

则电压 u_{12} 与电流 i_1 的相位差为30°；又根据电源相电压与相电压关系可知，电压 u_{12} 与电压 u_1 的相位差为30°，故电流 i_1 的相位与 u_1 相位相同，所以
$$i_1=9.5\sqrt{2}\sin(314t+30°)\text{A}$$

根据对称性可确定：
$$i_2=9.5\sqrt{2}\sin(314t+30°-120°)=9.5\sqrt{2}\sin(314t-90°)\text{A}$$
$$i_3=9.5\sqrt{2}\sin(314t+30°+120°)=9.5\sqrt{2}\sin(314t+150°)\text{A}$$

根据对称三角形连接的三相电路中的线电流与相电流的关系，可以确定三个线电流分别为：
$$i_{L1}=16.45\sqrt{2}\sin314t\text{A}$$
$$i_{L2}=16.45\sqrt{2}\sin(314t-120°)\text{A}$$
$$i_{L3}=16.45\sqrt{2}\sin(314t+120°)\text{A}$$

思考

分析三相不对称负载作星形连接时，中线断开，会出现什么情况？

三、三相电功率

三相负载的有功功率等于单相有功功率之和 $P=P_1+P_2+P_3$。如果负载对称，则各相取用的有功功率相等，三相功率可表示为：
$$P=3U_pI_p\cos\varphi$$

式中，U_p 和 I_p 分别为单相负载的相电压和相电流的有效值。φ 为每相负载电压电流的相位差，取决于负载的阻抗，其大小与阻抗角相等。

一般为方便起见，常用线电压和线电流计算三相对称负载的功率。

在三相对称的星形接法中，
$$U_p = \frac{U_l}{\sqrt{3}}, \quad I_p = I_l$$

在三相对称的三角形接法中，
$$U_p = U_l, \quad I_p = \frac{I_l}{\sqrt{3}}$$

故对称三相负载的总有功功率可写成：
$$P = \sqrt{3} U_l I_l \cos\varphi$$

同理：
$$Q = \sqrt{3} U_l I_l \sin\varphi \tag{2-30}$$
$$S = \sqrt{3} U_l I_l$$

【例 2-17】 有一三相异步电动机，每相的等效电阻 $R = 29\Omega$，等效感抗 $X_L = 21.8\Omega$，试求下列两种情况下电动机的相电流、线电流以及从电源输入的功率，并比较所得的结果：

(1) 绕组连成星形连接于 $U_l = 380V$ 的三相电源上；

(2) 绕组连成三角形连接于 $U_l = 220V$ 的三相电源上。

解：(1) 负载作星形连接时，
$$U_p = \frac{U_l}{\sqrt{3}} = \frac{380}{\sqrt{3}} = 220 \text{ (V)}$$
$$I_p = \frac{U_p}{|Z|} = \frac{220}{\sqrt{29^2 + 21.8^2}} \text{ (A)} = 6.1 \text{ (A)}$$
$$I_l = I_p = 6.1 A$$
$$P = \sqrt{3} U_l I_l \cos\varphi = \sqrt{3} \times 380 \times 6.1 \times \frac{29}{\sqrt{29^2 + 21.8^2}} \text{ (W)} = 3.2 \text{ (kW)}$$

(2) 负载作三角形连接时，
$$U_p = U_l = 220V$$
$$I_p = \frac{U_p}{|Z|} = \frac{220}{\sqrt{29^2 + 21.8^2}} \text{ (A)} = 6.1 \text{ (A)}$$
$$I_l = \sqrt{3} I_p = 10.5 \text{ (A)}$$
$$P = \sqrt{3} U_l I_l \cos\varphi = \sqrt{3} \times 220 \times 10.5 \times 0.8 \text{ (W)} = 3.2 \text{ (kW)}$$

比较此题 (1)、(2) 的结果可知，两种情况下相电压、相电流、功率相同，只有一点不同，那就是三角形连接时，线电流是星形连接的 $\sqrt{3}$ 倍。对于某些电动机有 220/380V 两种额定电压，则当电压为 380V 时，电动机绕组应接为星形；当电压为 220V 时，电动机绕组应接为三角形。

对于正常状态应接为三角形的三相负载，若将其误接为星形，则实际功率只有正常状态的三分之一。

第五节　变　压　器

变压器是一种静止的电气设备。电力变压器在系统中工作时，可以将电能由它的一次侧经电磁能量的转换传输到二次侧，同时根据输配电的需要将电压变高或变低。在传输和分配电能过程中是离不开变压器的，当远距离输送电能时，如果传输的功率一定，则电压越高，电流就越小。而减少电流既可以减少传输电能时在线路中的电能和电压损失，又可以减小导线截面，降低线路的建设投资。变压器在变换电压时，是在同一频率下使其二次侧与一次侧具有不同的电压和不同的电流。由于能量守恒的缘故，其二次侧与一次侧的电流与电压的变化是相反的，即要使某一侧电路的电压升高时，则该侧的电流就必然减小；反之，当电压降低时电流就一定增大。变压器并不可能将电能的量变大或变小。在电力的转变过程中，因为变压器本身要消耗一定能量，因此输入变压器的总能量，应等于输出的能量加上变压器本身消耗的能量。由于变压器无旋转部分，工作时没有机械损耗，而且新产品在设计和结构、工艺等方面采取了多项节能的措施，所以它的工作效率很高。通常中小型变压器的效率不低于95％，大容量变压器的效率则可达98％以上。

一、变压器的结构

变压器主要由铁芯和绕组两部分组成。铁芯一般用导磁性能好的磁性材料制成，其作用是构成闭合的磁路，以增强磁感应强度，减小变压器体积和铁芯损耗，一般用厚度为0.2～0.5mm的硅钢片组成。常用铁芯的形式有心式和壳式，如图2-39所示，目前一般采用心式铁芯。

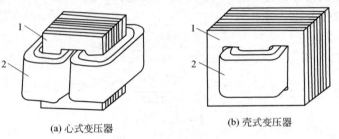

(a) 心式变压器　　　　(b) 壳式变压器

图 2-39　变压器结构
1—铁芯；2—绕组

绕组采用高强度漆包线绕成，是变压器的电路部分，要求各部分之间相互绝缘。为了便于分析，把与电源相连的绕组称为一次绕组，与负载相连的绕组称为二次绕组。

除了铁芯和绕组外，较大容量的变压器还有冷却系统、保护装置以及绝缘套管等。大容量变压器通常是三相变压器。

二、变压器的工作原理

变压器是基于电磁感应原理而工作的。工作时，绕组是"电"的通路，而铁芯则是"磁"的通路。一次侧输入电能后，因其交变电流在铁芯内产生交变的磁场（即由电能变成磁场能）；由于磁链，二次绕组的磁力线在不断地交替变化，所以感应出二次电动势，当外电路接通时，则产生了感应电流，向外输出电能即由磁场能又转变成电能。这种"电-磁-电"的转换过程是建立在电磁感应原理基础上而实现的，这种能量转换过程也就是变压器的工作过程。下面由理论分析来进一步加以说明。

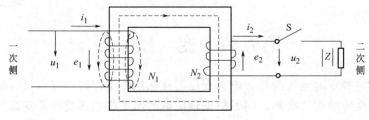

图 2-40　变压器工作原理

单相变压器的工作原理如图 2-40 所示。闭合的铁芯上绕有两个互相绝缘的绕组。其中接入电源的一侧叫一次绕组（原绕组），输出电能的一侧叫二次绕组（副绕组）。当交流电源电压 u_1 加到一次绕组后，就有交流电流 i_1 通过该绕组并在铁芯中产生交变磁通 Φ。这个交变磁通不仅穿过一次绕组，同时也穿过二次绕组，两个绕组中将分别产生感应电势 e_1 和 e_2。这时若二次绕组与外电路的负载接通，便会有电流 i_2 流入负载，即二次绕组就有电能输出。

因线圈的感应电动势与线圈的匝数成正比，在交变磁通 Φ 作用下，原副绕组的电动势之比 $\dfrac{E_1}{E_2}=\dfrac{N_1}{N_2}$，若忽略线圈的电阻和漏感电动势，则 $E_1=U_1$，$E_2=U_2$，所以有：

$$\frac{U_1}{U_2}=\frac{N_1}{N_2}=K \tag{2-31}$$

K 称为变压器的变换比，亦即原、副绕组的匝数比。若 $K>1$，则为降压变压器；若 $K<1$，则为升压变压器。

根据能量守恒定律可得：

$$\frac{I_1}{I_2}=\frac{N_2}{N_1}=\frac{1}{K} \tag{2-32}$$

即原副绕组的电流之比等于匝数的反比。

三、变压器的额定值

为了正确、合理地使用变压器，应当知道其额定值，这是保证变压器有一定的使用寿命和正常工作所必需的。变压器正常运行时的状态和条件，称为变压器的额定工作情况，表征变压器额定工作情况下的电压、电流值和功率，称为变压器的额定值，标在变压器的铭牌上。

变压器的主要额定值有以下几种。

1. 额定电压 U_{1N} 和 U_{2N}

一次额定电压 U_{1N} 是指根据所用的绝缘材料及其允许温升所规定的加在一次绕组上的正常工作时电压有效值。二次额定电压是指一次绕组上加额定电压时二次绕组输出电压的有效值。三相变压器 U_{1N} 和 U_{2N} 均指线电压。

2. 额定电流 I_{1N} 和 I_{2N}

一次、二次额定电流 I_{1N} 和 I_{2N} 是指根据绝缘材料所允许的温度而规定的一次、二次绕组中允许长期通过的最大电流有效值。三相变压器中，I_{1N} 和 I_{2N} 均指线电流。

3. 额定容量 S_N

额定容量 S_N 是指变压器二次额定电压和额定电流的乘积，即二次的额定视在功率，单位为伏安（V·A）或千伏安（kV·A），额定容量反映了变压器传递功率的能力。

单相变压器为
$$S_N=U_{2N}I_{2N}$$

三相变压器为
$$S_N=\sqrt{3}U_{2N}I_{2N}$$

4. 额定频率 f_N

额定频率 f_N 是指变压器应接入的电源频率。我国规定标准工频频率为 50Hz。

四、变压器好坏的判定

（1）外观质量检查　看接头是否平整、松脱。

（2）检查绕组的通断　用万用表分别测量一次绕组和二次绕组的电阻。一般变压器绕组的电阻较小，且与功率有关，功率越小，其电阻也越小。如果电阻出现无穷大，则一定存在断路。

(3) 测量绝缘电阻　用兆欧表测量各绕组间、绕组与铁芯间、绕组与屏蔽层间的绝缘电阻。对于400V以下的变压器，其绝缘电阻应不小于90MΩ。

(4) 空载电压测试　当原边加额定电压，副边开路时称为空载。测试各绕组的空载电压，允许误差为±5%。

(5) 空载电流测试　测量空载时原边的电流值，空载电流一般为额定电流的8%左右。空载电流越大，表明变压器损耗越大。若变压器空载电流超过额定电流的20%，则变压器不可使用。

五、特殊变压器

1. 自耦变压器

这种变压器的特点是二次绕组是一次绕组的一部分。因此，一次、二次绕组之间不仅有磁场的联系，而且还有电的联系。

自耦变压器分可调式和固定抽点式两种。图2-41是常用的一种可调式自耦变压器，其工作原理与双绕组变压器相同，图2-42是它的原理电路。分接点可做成能用手柄操作且能自由滑动的触点，从而可平滑地调节二次电压，所以这种变压器又称自耦调压器。当一次绕组匝数为N_1，二次绕组匝数为N_2，则原副绕组的电压、电流关系依然满足：

$$\frac{U_1}{U_2}=\frac{I_2}{I_1}=K$$

自耦变压器的优点是：省材料、效率高、体积小、成本低。但自耦变压器低压电路和高压电路有直接的电路联系，不够安全，因此不适用变比很大的电力变压器和12V、36V的安全灯变压器。

图 2-41　可调式自耦变压器

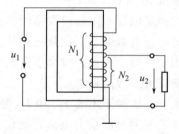

图 2-42　自耦变压器工作原理

2. 仪用互感器

用于测量的变压器称为仪用互感器，简称互感器。采用互感器的目的是扩大测量仪表的量程，使测量仪表与大电流或高电压电路隔离。

互感器按用途可分为电流互感器和电压互感器两种。

(1) 电流互感器　电流互感器的原边导线较粗，匝数很小，只有1～3匝，串接在被测线路上；副边匝数较多，接在电流表上或电度表的电流线圈上，如图2-43所示。它相当于一台小容量的升压变压器，可将特大电流变为小电流，以便测量，从而扩大了电流表的量程。由于电流表或电流线圈的内阻抗很小，所以，电流互感器工作时相当于变压器在短路运行状态。但由于原边匝数很少，阻抗极小，电压降也极小，而且原边电流就是被测电流，因此，原边电流并不受副边状态的影响。电流互感器的变流

比 $\frac{I_2}{I_1}=K$，被测电流 $I_1=\frac{I_2}{K}$。

通常电流互感器的副边额定电流均设计为 5A。因此，在不同电流的电路中所用的电流互感器，其变流比是不同的。变流比用额定电流的比值形式标注在铭牌上，例如，50/5、75/5、100/5 等。当电流互感器和电流表配套使用时，电流表的刻度可按原边额定电流值标出，以便直接读数。

使用电流互感器时，必须注意：

① 副边绝对不允许开路，否则，副边会感应出很高的电压，容易击穿绝缘，损坏设备，危及人身安全。为了避免拆卸电流表时发生副边开路现象，一般在电流表两端并联一个开关，拆卸之前闭合开关，更换仪表后再打开开关。

② 铁芯和副边的一端必须可靠接地，防止原、副绕组之间的绝缘损坏时，原边的高电压传到副边，危及人身安全。

（2）电压互感器　电压互感器的原边匝数较多，与被测高压线路并联；副边匝数较少，接在电压表上或功率表的电压线圈上，如图 2-44 所示。它相当于一台小容量的降压变压器，可将高电压变为低电压，以便测量。其变压比 $\frac{U_1}{U_2}=\frac{N_1}{N_2}=K$，被测电压 $U_1=KU_2$。

通常，电压互感器的副边额定电压均设计为同一标准值 100V。因此，在不同电压等级的电路中所用的电压互感器，其变压比是不同的。变压比用额定电压的比值形式标注在铭牌上，例如，6000/100、10000/100 等。当电压互感器和电压表配套使用时，电压表的刻度可按电压互感器高压侧的电压标出，这样就可不必经过中间运算而直接读数。

使用电压互感器时，必须注意以下几点。

① 副边不能短路，否则会产生很大的短路电流，烧坏互感器。电压互感器可在副边接熔断器以保护自身不因副边短路而损坏。

② 铁芯和副边的一端必须可靠接地，防止高、低压绕组间的绝缘损坏时，互感器和测量仪表出现高电压，危及工作人员的安全。

③ 副边并接的电压线圈不能太多，以免超过电压互感器的额定容量，引起互感器绕组发热，并降低互感器的准确度。

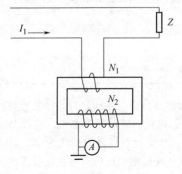
图 2-43　电流互感器

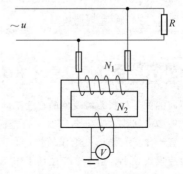
图 2-44　电压互感器

电流互感器和电压互感器在结构、作用上的区别是什么？

变压器绕组的极性判别

变压器极性是用来标志在同一时刻初级绕组的线圈端头与次级绕组的线圈端头彼此电位的相对关系。因为电动势的大小与方向随时变化,所以在某一时刻,初、次级两线圈必定会出现同时为高电位的两个端头,和同时为低电位的两个端头,这种同时刻为高的对应端叫变压器设备的同极性端。由此可见,变压器设备的极性决定线圈绕向,绕向改变了,极性也改变。在实用中,变压器设备的极性是变压器设备并联的依据,按极性可以组合接成多种电压形式,如果极性接反,往往会出现很大的短路电流,以致烧坏变压器设备。

如图 2-45 是一单相变压器:1、2 为原边绕组,3、4 为副边,它们的绕向相同,在同一交变磁通的作用下,两绕组中同时产生感应电势,在任何时刻 1、3 两个端子具有相同极性,2、4 端子极性相同,故 1、3 互为同名端,2、4 互为同名端,1、4 互为异名端。同名端通常用记号"＊"或"·"标记。

变压器同名端的判断方法较多,最常见的是交流法和直流法。

一、交流法

一单相变压器原副边绕组连线如图 2-46 所示,在它的原边加适当的交流电压,分别用电压表测出原副边的电压 U_1、U_2,以及 1、3 之间的电压 U_3。如果 $U_3=U_1+U_2$,则相连的线头 2、4 为异名端,1、4 为同名端,2、3 也是同名端。如果 $U_3=U_1-U_2$,则相连的线头 2、4 为同名端,1、4 为异名端,1、3 也是同名端。

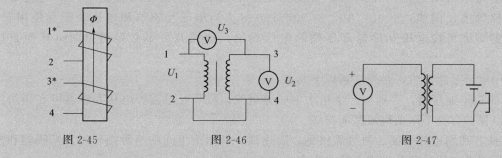

图 2-45　　　　　　图 2-46　　　　　　图 2-47

二、直流法(又叫干电池法)

干电池一节,万用表一块接成如图 2-47 所示。将万用表挡位打在直流电压低挡位,如 5V 以下或者直流电流的低挡位(如 5mA),当接通开关的瞬间,表针正向偏转,则万用表的正极、电池的正极所接的为同名端;如果表针反向偏转,则万用表的正极、电池的负极所接的为同名端。注意断开开关时,表针会摆向另一方向;开关不可长时间接通。

 常用磁性材料的分类及应用

不同的铁磁材料磁滞现象的程度不同,按磁滞程度磁性材料可分为软磁性材料和硬磁性材料。硬磁性材料磁滞回线水平方向较宽,磁滞回线面积较大,材料的剩磁和矫顽磁力都大,其磁滞损失严重,不宜于作交变磁场中工作的铁芯,而适合于作永久磁铁。软磁性材料磁滞回线瘦窄,而面积较小,磁滞损失较小,适于交变磁场工作。软磁材料是电子工业中变压器、电机等电磁设备所不可缺少的材料。

一、软磁性材料

软磁性材料的剩磁与矫顽磁力都很小,即磁滞回线很窄,它与基本磁化曲线几乎重合(见图 2-48)。这种软磁性材料适宜作电感线圈、变压器、继电器和电机的铁芯。常用的软磁性材料有硅钢片,坡莫合金和铁氧体等。

1. 硅钢片

硅钢片是电源变压器、电机、阻流线圈和低频电路的输入输出变压器等设备最常用的材料。硅钢片质量的好坏，通常用饱和磁感应强度 B 来表示。好的硅钢片饱和磁感应强度可达 10000G 以上，看上去晶粒多、片子薄、质脆、断面曲折。差的硅钢片只有 6000G，看上去呈深黑色、片子厚、韧性大、断面平直。有一种专供 C 型变压器铁芯用的冷轧硅钢片，它的导磁性能是有方向性的，使用时用卷绕法做成 C 型变压器铁芯，其饱和磁感应强度比普通硅钢片高很多，采用这种硅钢片可大大提高磁感应强度，减小铁芯的体积和重量。

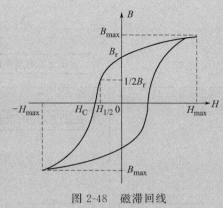

图 2-48 磁滞回线

2. 坡莫合金

坡莫合金又叫铁镍合金，它在弱磁场（小电流产生的磁场）下具有独特的优点，能满足电信工程的特殊需要。例如超坡莫合金的初始导磁率 μ_0 可达 10 万以上。但坡莫合金中含有镍，比较贵重，不宜广泛地使用，只在一些要求灵敏度高、体积又必须小的电磁器件中，才采用这种材料，它是一种高级的软磁性材料。

3. 铁氧体

铁氧体是目前通信设备中大量使用的磁性元件，可以用它作电感和变压器铁芯。铁氧体就其形状来分有 E 形 [如图 2-49(a) 所示]，罐形 [如图 2-49(b) 所示] 和环形 [如图 2-49(c) 所示]。E 形铁氧体多用来做变压器的铁芯，罐形铁氧体多用来做电感线圈和某些变压器的铁芯，环形铁氧体用来做特殊要求的电感线圈。

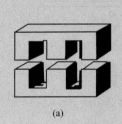 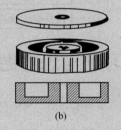 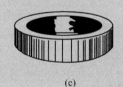

(a)　　　　　　　　　(b)　　　　　　　　　(c)

图 2-49 铁氧体形状

铁氧体是一种非金属的磁性材料，其电阻率较高，在 $10^2 \sim 10^9 \Omega/cm$ 之间，涡流损耗小，起始磁导率大，其值可由几十到几千。使用频率范围不同，则可选用不同类型的铁氧体，其频率可由几百赫到几百兆赫。这种磁性材料的主要缺点是质地较脆，热稳定性差，饱和磁感应强度低。

二、硬磁性材料（永磁体）

指磁化后能长久保持磁性的材料，和软磁性材料相对。标志硬磁性材料性能好坏的指标是矫顽力、剩磁、最大磁能积以及磁稳定性。永磁材料按其制造工艺和应用上的特点可分为铸造铝镍钴系永磁材料、粉末烧结铝镍钴系永磁材料、铁氧体永磁材料、稀土钴系永磁合金、塑性变形永磁材料五种类型。

铸造铝镍钴系永磁材料可以用来制造磁电式仪表、永磁电机、微电机、磁分离器、传感器、扬声器、地震检波器、里程计、速度计、流量计、微波器件、磁性支座等。粉末烧结铝镍钴系可以用来制造永磁电机、微电机、继电器、小型仪表等。铁氧体永磁材料可以用来制造永磁点火电机、永磁电机、永磁选矿机、永磁吊头、磁推轴承、磁分离器、扬声器、微波器件、受话器、磁控管等。稀土钴系永磁合金可以用来制造力矩电机、启动电动机、大型发电机、副励磁机、行波管、传感器、扩音器、磁推轴承、电子聚焦装置、医疗设备等。塑性变形永磁材料可以用于制造里程表、罗盘仪、微电机、继电器等。

本章小结

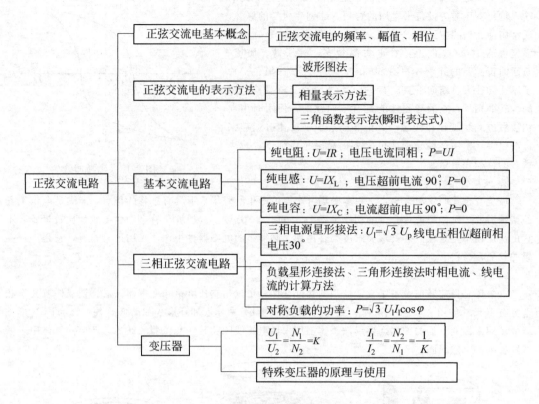

习题与思考题

2-1 已知 $u=100\sqrt{2}\sin(3140t+30°)$ V，试问 u 的有效值、频率和初相位各是多少？

2-2 已知 $u_1=70\sqrt{2}\sin(\omega t+60°)$ V，$u_2=50\sqrt{2}\sin(\omega t+30°)$ V，试画出它们的相量图。

2-3 已知电容元件电路中 $C=50\mu F$，$u=220\sqrt{2}\sin(314t-30°)$ V，求 X_C 和 i。

2-4 一个电感线圈接到电压为 100V 的直流电源上，测得电流为 20A；接到频率为 50Hz、电压为 220V 的交流电源上，测得电流为 30A，求线圈的电阻和电感。

2-5 已知 u_1、u_2、u_3 是正序对称的三相对称电压，$u_1=220\sqrt{2}\sin(314t-60°)$ V，写出 u_2、u_3 的瞬时表达式。

2-6 三相对称负载星形连接，接至线电压 380V 的三相电源上。线电流为 10A，功率为 5700W。求负载的功率因数，各相负载的阻抗模。

2-7 有一三相感性负载，每相负载的电阻 $R=60\Omega$，感抗 $X=45\Omega$。若将此负载接成三角形，接于相电压 380V 的电源上，试求相电压、相电流、线电流，并画出电压电流的相量图。

2-8 三相四线制供电线路，线电压 380V，设每相各装 220V 40W 的白炽灯 100 盏，求各相线电流和中性线电流？若 L 的熔丝熔断，此相的灯全部熄灭，问各线的电流有何改变？

2-9 有一单相照明变压器，容量为 10kV·A，电压为 3300/220V，欲在副绕组接上 60W、220V 的白炽灯，要求变压器在额定情况下运行，最多可接多少个这样的白炽灯，并求原副绕组的额定电流。

第三章　交流电动机与其电气控制线路

知识目标
- 掌握三相异步电动机的结构和工作原理。
- 掌握三相异步电动机的电气控制线路及在环保机械中的应用。
- 了解单相异步电动机的结构和工作原理。
- 了解环保设备的电气布置。
- 了解变频技术在电动机控制中的应用。

能力目标
- 学会电动机的简单检测及维修。
- 能根据电气原理图正确连接控制电路。
- 能进行简单的电动机控制电路的设计。
- 能对环保设备中电动机的控制进行分析。

电力拖动装置是现代生产机械中的一个重要组成部分，它由电动机、传动机构和控制电动机的电气设备等组成。电动机是一种将电能转化为机械能的能量转换装置，按其工作电源不同分为交流电动机和直流电动机。由于三相异步电动机结构简单，价格低廉，工作可靠，容易控制和维护等原因使其在电力拖动装置中得到广泛应用，只有在要求均匀调速的生产或运输机械中，才应用直流电动机，因此本章主要介绍三相异步电动机的结构、工作原理、电气控制线路及其在环保机械中的应用。

第一节　三相异步电动机

一、三相异步电动机的结构

三相交流异步电动机，又称为三相交流感应电动机，广泛用于驱动机床、水泵、鼓风机、压缩机、起重机等工农业生产中。在电力拖动机械中有90%左右是由异步电动机驱动的，社会拥有量最大。为适应不同的应用场所，其类型特别多，按三相异步电动机的转子结构形式可分为笼型电动机和绕线式电动机。

笼型三相异步电动机的结构主要由两个部分组成，一个是固定不动的定子，另一个是转动的转子。结构如图3-1所示。

1. 定子

定子由机座、定子铁芯和三相定子绕组等组成。机座通常采用铸铁或钢板制成，起到固定定子铁芯、利用两个端盖支撑转子、保护整台电动机的电磁部分和散热的作用。定子铁芯由0.5mm厚的硅钢片叠压而成，片与片之间涂有绝缘漆以减少涡流损耗，定子铁芯构成电动机的磁路部分。铁芯内腔开有许多均匀分布的槽，用于对称放置三相定子绕组。机座与定子铁芯如图3-2所示。

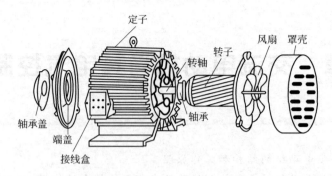

图 3-1　三相异步电动机的结构

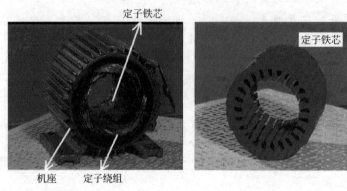

图 3-2　定子

三相定子绕组通常采用高强度的漆包线绕制而成，U 相、V 相和 W 相引出的 6 根出线端接在电动机外壳的接线盒里，其中 U_1、V_1、W_1 为三相绕组的首端，U_2、V_2、W_2 为三相绕组的末端。三相定子绕组根据电源电压和绕组的额定电压值连接成 Y 形（星形）或 △ 形（三角形），三相绕组的首端接三相交流电源，如图 3-3 所示。

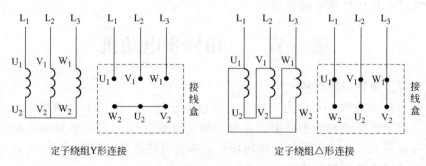

图 3-3　三相交流异步电动机的定子绕组连接方式

2. 转子

转子由转子铁芯、转子绕组、转轴、风扇等组成。转子铁芯也是由硅钢片叠成，铁芯上开有均匀分布的槽，用来嵌入转子绕组，转子铁芯与定子铁芯构成闭合磁路。根据转子绕组结构的不同，三相异步电动机分成笼型和绕线型转子两种，如图 3-4 所示。由于笼型转子结构简单，因此应用也最广泛，如图 3-5 所示。转轴用来支撑转子旋转，保证定子与转子间均匀的空气隙。

3. 其他部分

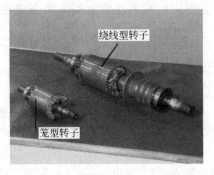

图 3-4 转子

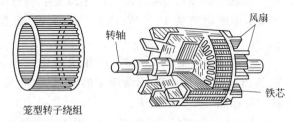

图 3-5 三相交流异步电动机的笼型转子绕组

接线盒用于完成定子绕组的不同接法和工作电源的连接；风扇用于电动机的散热；端盖、罩壳起固定转轴和外部保护作用。

分析三相异步电动机各组成部分的结构及作用？

二、三相异步电动机的工作原理

1. 基本原理

为了说明三相异步电动机的工作原理，可做如下演示实验，如图 3-6 所示。

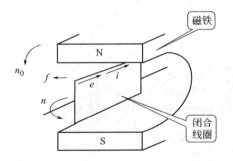

图 3-6 三相异步电动机基本工作原理

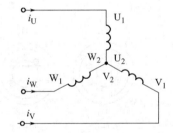

图 3-7 三相异步电动机定子接线

在装有手柄的蹄形磁铁的两极间放置一个闭合导体，当转动手柄带动蹄形磁铁旋转时，磁铁与闭合的导体发生相对运动，导体切割磁力线而在其内部产生感应电动势和感应电流。感应电流又使导体受到一个电磁力的作用，于是导体就沿磁铁的旋转方向转动起来；若改变磁铁的转向，则导体的转向也跟着改变，导体转动的方向和磁极旋转的方向相同。这就是异步电动机的基本原理。

由演示实验可得出结论：欲使异步电动机旋转，必须有旋转的磁场和闭合的转子绕组。

2. 旋转磁场

（1）产生 图 3-7 表示最简单的三相定子绕组 U、V、W，它们在空间按互差 120°的规律对称排列，并接成星形与三相电源相连，则三相定子绕组便通过三相对称电流［见式(3-1)］。随着电流在定子绕组中通过，在三相定子绕组中就会产生旋转磁场（图 3-8）。

$$\begin{cases} i_U = I_m \sin\omega t \\ i_V = I_m \sin(\omega t - 120°) \\ i_W = I_m \sin(\omega t + 120°) \end{cases} \tag{3-1}$$

当 $\omega t=0°$ 时，$i_U=0$，U 相绕组中无电流；i_V 为负，V 相绕组中的电流从 V_2 流入，V_1

流出；i_W 为正，W 相绕组中的电流从 W_1 流入，W_2 流出；由右手螺旋定则可得合成磁场的方向如图 3-8 所示向上。

当 $\omega t = 90°$ 时，i_U 为正，U 相绕组中的电流从 U_1 流入，U_2 流出；i_V、i_W 为负，V、W 相绕组中的电流从 V_2、W_2 流入，V_1、W_1 流出；由右手螺旋定则可得合成磁场的方向如图 3-8 所示向右。

当 $\omega t = 180°$ 时，$i_U = 0$，U 相绕组中无电流；i_V 为正，V 相绕组中的电流从 V_1 流入，V_2 流出；i_W 为负，W 相绕组中的电流从 W_2 流入，W_1 流出；由右手螺旋定则可得合成磁场的方向如图 3-8 所示向下。

当 $\omega t = 270°$ 时，i_U 为负，U 相绕组中的电流从 U_2 流入，U_1 流出；i_V、i_W 为正，V、W 相绕组中的电流从 V_1、W_1 流入，V_2、W_2 流出；由右手螺旋定则可得合成磁场的方向如图 3-8 所示向左。

当 $\omega t = 360°$ 时，与 $\omega t = 0°$ 时相同，合成磁场的方向如图 3-8 所示向上。

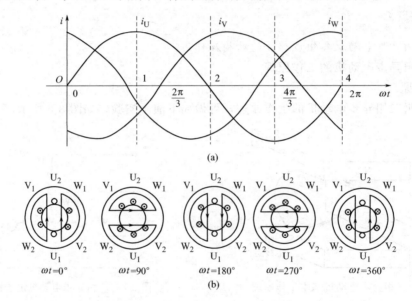

图 3-8 旋转磁场的形成

可见，当定子绕组中的电流变化一个周期时，合成磁场也按电流的相序方向在空间旋转一周。随着定子绕组中的三相电流不断地作周期性变化，产生的合成磁场也不断地旋转，因此称为旋转磁场。

(2) 旋转磁场的方向　旋转磁场的方向是由三相绕组中电流相序决定的，若想改变旋转磁场的方向，只要改变通入定子绕组的电流相序，即将三相电源的任意两相对调相接即可。这时，转子的旋转方向也跟着改变。电动机即可实现正反转。

3. 电磁转矩的产生

定子绕组产生旋转磁场，转子绕组中有感应电流产生，由左手定则可知转子绕组将受电磁力作用，该力对转轴形成力矩，称电磁转矩，方向和定子绕阻中产生的旋转磁场方向一致，如图 3-9 所示。电动机在电磁转矩作用下，顺着旋转磁场的方向旋转。

4. 三相异步电动机的极数与转速

(1) 极数（磁极对数 p）　三相异步电动机的极数就是旋转磁场的极数。旋转磁场的极数和三相绕组的安排有关。

当每相绕组只有一个线圈，绕组的始端之间相差 120°空间角时，产生的旋转磁场具有一对磁极，即 $p=1$；

当每相绕组为两个线圈串联，绕组的始端之间相差 60°空间角时，产生的旋转磁场具有两对磁极，即 $p=2$；

同理，如果要产生三对磁极，即 $p=3$ 的旋转磁场，则每相绕组必须有均匀安排在空间的串联的三个线圈，绕组的始端之间相差 40°（$=120°/p$）空间角。

极数 p 与绕组的始端之间的空间角 θ 的关系为：

$$\theta = 120°/p \tag{3-2}$$

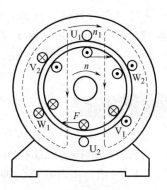

图 3-9 旋转力矩的产生

(2) 转速 n　三相异步电动机旋转磁场的转速 n_0 与电动机磁极对数 p 有关，它们的关系是：

$$n_0 = \frac{60 f_1}{p} \tag{3-3}$$

由式(3-3) 可知，旋转磁场的转速 n_0 决定于电流频率 f_1 和磁场的磁极对数 p。对某一异步电动机而言，f_1 和 p 通常是一定的，所以磁场转速 n_0 是个常数。

在我国，工频 $f_1 = 50\text{Hz}$，因此对应于不同磁极对数 p 的旋转磁场转速 n_0，见表 3-1 所示。

表 3-1　磁极对数与转速的关系

P/对	1	2	3	4	5	6
n_0/(r/min)	3000	1500	1000	750	600	500

(3) 转差率 s　电动机转子转动方向与磁场旋转的方向相同，但转子的转速 n 不可能达到与旋转磁场的转速 n_0 相等，否则转子与旋转磁场之间就没有相对运动，因而磁力线就不切割转子导体，转子电动势、转子电流以及转矩也就都不存在。也就是说旋转磁场与转子之间存在转速差，因此把这种电动机称为异步电动机，又因为这种电动机的转动原理是建立在电磁感应基础上的，故又称为感应电动机。

旋转磁场的转速 n_0 常称为同步转速。

转差率 s——用来表示转子转速 n 与磁场转速 n_0 相差的程度的物理量。即：

$$s = \frac{n_0 - n}{n_0} = \frac{\Delta n}{n_0} \tag{3-4}$$

故异步电动机的转速公式为：

$$n = n_0(1-s) = \frac{60 f}{p}(1-s) \tag{3-5}$$

转差率是异步电动机的一个重要的物理量。

当旋转磁场以同步转速 n_0 开始旋转时，转子则因机械惯性尚未转动，转子的瞬间转速 $n=0$，这时转差率 $s=1$。转子转动起来之后，$n>0$，（n_0-n）差值减小，电动机的转差率 $s<1$。异步电动机运行时，转速与同步转速一般很接近，转差率很小。在额定工作状态下约为 0.015～0.06 之间。

【例 3-1】　有一台三相异步电动机，其额定转速 $n=1450\text{r/min}$，电源频率 $f=50\text{Hz}$，求电动机的极数和额定负载时的转差率 s。

解：由于电动机的额定转速接近而略小于同步转速，而同步转速对应于不同的极对数有一系列固定的数值。显然，与1450r/min 最相近的同步转速 $n_0=1500$r/min，与此相应的磁极对数 $p=2$。因此，额定负载时的转差率为：

$$s=\frac{n_0-n}{n_0}\times 100\%=\frac{1500-1450}{1500}\times 100\%=3.3\%$$

思考

分析三相异步电动机是如何实现转动的？

三、三相异步电动机的调速方法及铭牌数据

1. 三相异步电动机的调速方法

（1）变极调速　变级调速是通过改变定子绕组的接线方式来改变笼型电动机定子磁极对数而达到调速目的的。其特点有：具有较硬的机械特性，稳定性好；无转差率损耗，效率高；接线简单、控制方便、价格低；有级调速，级差较大，不能获得平滑调速。适用于不需要无级调速的生产机械，如风机、水泵、金属切削机床、升降机等设备。

（2）变频调速　变频调速是通过变频器改变电动机定子电源的频率，从而改变其同步转速的调速方法。其特点是：效率高，调速过程中没有附加损耗；调速范围大，精度高；技术复杂，造价高，维护检修困难。适用于要求精度高、调速性能较好的场合。

（3）改变转差率调速　改变转差率调速可以有两种方法：

一是变阻调速，即改变转子电路的电阻进行调速。这种方法所需设备简单，能实现平滑调速，且调速范围大，但调速电阻上有一定能量损耗。适用于运输、起重机械中的绕线式电动机。

二是改变定子电压调速，即通过电抗器或自耦变压器改变定子绕组上的电压进行调速。这种方法能获得一定的调速范围，常用于拖动风机、泵类等负载。家用电器中风扇就是采用这种调速方法。

2. 三相异步电动机的铭牌数据

铭牌是简要说明设备的主要数据和使用方法的标志。看懂铭牌是正确使用设备的前提。以 Y180M2-4 型电动机为例，说明铭牌上各数据的含义（见表3-2）。

表3-2　Y180M2-4 型电动机的铭牌

三相异步电动机							
型号	Y180M2-4	功率	18.5kW	电压	380V		
电流	35.9A	频率	50Hz	转速	1470r/min		
接法	△	工作方式	连续	绝缘等级	E		
产品编号	××××	电机重	180kg	防护形式	IP44（封闭性）		
×××电机厂				×年×月			

型号说明：

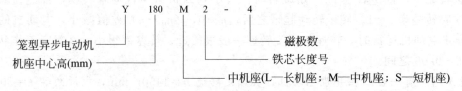

电动机的额定值是使用和维护电动机的重要依据，电动机应该在额定状态下工作。

（1）额定电压（V）　指电动机在额定状态运行时，定子绕组规定使用的线电压有效值。

常用的中小功率电动机额定电压为380V。电源电压值的波动一般不应超过额定电压的5%，电压过高，电动机容易烧毁；电压过低，电动机可能带不动负载，也容易烧坏。

电动机如标有两种电压值，如220/380V，表示当电源线电压为220V时，电动机应作三角形连接；当电源线电压为380V时，电动机应作星形连接。

(2) 额定电流（A） 指电动机在额定状态运行时，定子绕组线电流的有效值。由于电动机启动时转速很低，转子与旋转磁场的相对速度差很大，因此，转子绕组中感生电流很大，引起定子绕组中电流也很大，所以，电动机的启动电流约为额定电流的4～7倍。通常由于电动机的启动时间很短（几秒），所以尽管启动电流很大，也不会烧坏电动机。

标有两种电压的电动机应相应标出两种额定电流。如10.6/6.2A，表示当定子绕组作三角形连接时，其额定电流为10.6A；当作星形连接时，其额定电流为6.2A。

(3) 额定功率（容量）（kW） 指电动机在额定电压、额定电流、额定负载运行状态下，电动机转轴上输出的机械功率。

(4) 额定转速（r/min） 指电动机在额定电压、额定频率及输出额定功率时电动机每分钟的转数。

(5) 额定频率（Hz） 指电动机在额定条件运行时的电源频率。我国交流电的频率为50Hz，在调速时则可通过变频器改变电源频率。

(6) 接法 指三相定子绕组的连接方式。在380V的额定电压下，小功率（3kW以下）电动机多为Y形（星形）连接，中、大功率电动机多为△形（三角形）连接。

(7) 绝缘等级 指电动机定子绕组所用的绝缘材料允许的最高温度的等级，有A、E、B、F、H这5级，目前一般电动机采用的较多的是E级和B级。

四、三相异步电动机的简单测试

三相交流异步电动机的测试方法与步骤如下：

(1) 看铭牌数据，找额定值。

(2) 打开接线盒，找到接线图，根据接线方法查找该电机采用哪一种方法运行的。

(3) 机械方面的检查。电动机的安装基础应牢固，以免电动机运行时产生振动。用手旋转转轴，能平稳地转动，不应出现较大的摩擦声和机械撞击声。

(4) 接线可靠。接线端子处无打火痕迹，机壳采取接地或接零保护。

(5) 定子绕组直流电阻的测试。用万用表电阻挡（$R\times10\Omega$ 或 $R\times100\Omega$ 挡）测试三相定子绕组的直流电阻，三相绕组的阻值应均匀相等，正常阻值约为几欧姆至十几欧姆。

(6) 定子绕组绝缘电阻的测试。用500V兆欧表测试三相定子绕组相互间的绝缘电阻和三相定子绕组对机座的绝缘电阻，阻值应为0.5MΩ以上。

(7) 运行电流的测试。电动机启动后注意观察运行情况，启动结束后用钳形电流表测量电动机的空载电流和负载电流，检查三相交流电流是否对称和符合额定值要求。

第二节　常用低压电器

电动机或其他电气设备电路的接通和断开，目前普遍采用继电器、接触器、按钮及开关等控制电气来组成控制系统。这种控制系统一般称为继电-接触器控制系统。要弄清一个控制电路的工作原理，必须了解其中各个电器元件的结构，原理及作用。因此本节首先对这些常用的低压控制电器作简单介绍。

一、开关及按钮

1. 刀开关

刀开关又叫闸刀开关，一般用于不频繁操作的低压电路中，用作接通和切断电源，有时也用来控制小容量电动机的直接启动和停机。

刀开关由闸刀（动触点）、静插座（静触点）、手柄和绝缘底板等组成，见图3-10。

刀开关种类很多。按极数（刀片数）分为单极、双极和三极；按转换方向分为单投和双投；按结构分为平板式和条架式；按操作方式分为手柄操作式、杠杆操作机构式和电动操作机构式。刀开关符号见图3-11。

刀开关一般与熔断器串联使用，以便在短路或过载时熔断器熔断而自动切断电路。刀开关的额定电压通常为250V和500V，额定电流在1500A以下。考虑到电机较大的启动电流，刀开关的额定电流值应选择3～5倍电动机额定电流。

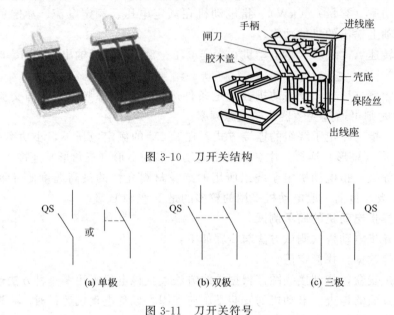

图3-10 刀开关结构

图3-11 刀开关符号

2. 组合开关

组合开关又称为转换开关，主要用于电气设备中作电源引入开关。

图3-12所示为HZ10系列组合开关。开关有3对静触头，分别装在3层绝缘垫板上，并附有接线端伸出盒外，以便和电源及用电设备相接，3个动触头装在附有手柄的绝缘杆上，手柄每次转动90°角，带动3个动触片分别与3对静触片接通和断开。

3. 按钮

按钮属于控制电器，按钮不直接控制主电路的通断，而是控制接触器或继电器的线圈，再通过接触器的主触头去控制主电路的通断。图3-13所示为控制设备中常用按钮以及按钮的结构、电路符号与型号规格。

（1）**分类与型号规格** 按钮一般分为常开按钮、常闭按钮和复合按钮，其电路符号如图3-12(b)所示。按钮的型号规格如图3-12(c)所示，例如，LA10-2K 表示为开启式两联按钮。常用按钮的额定电压为380V，额定电流为5A。

（2）**按钮的选用** 根据使用场合和用途选择按钮的种类。例如，手持移动操作的应选用带有保护外壳的按钮；嵌装在操作面板上可选用开启式按钮；需显示工作状态的选用光标

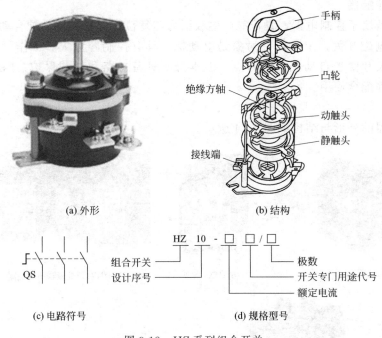

图 3-12　HZ 系列组合开关

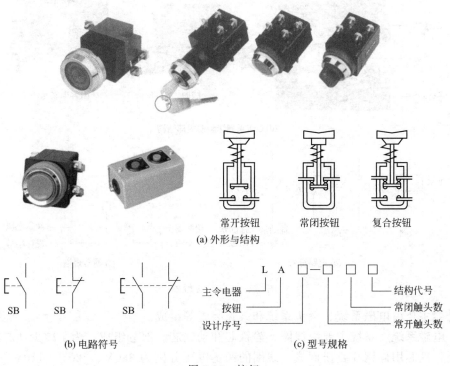

图 3-13　按钮

式；为防止无关人员误操作，在重要场合应选用带钥匙操作的按钮。

合理选用按钮的颜色。停止按钮选用红色钮；启动按钮优先选用绿色钮，但也允许选用黑、白或灰色钮；一钮双用（启动/停止）不得使用绿、红，而应选用黑、白或灰色钮。

二、交流接触器

交流接触器属于控制电器，是依靠电磁吸引力与复位弹簧反作用力配合动作，而使触头闭合或断开的电磁开关，主要控制对象是电动机。具有控制容量大、工作可靠、操作频率高、使用寿命长和便于自动控制的特点，但本身不具备短路和过载保护，因此，常与熔断器、热继电器等配合使用。

1. 结构

交流接触器的外形与结构如图 3-14 所示。

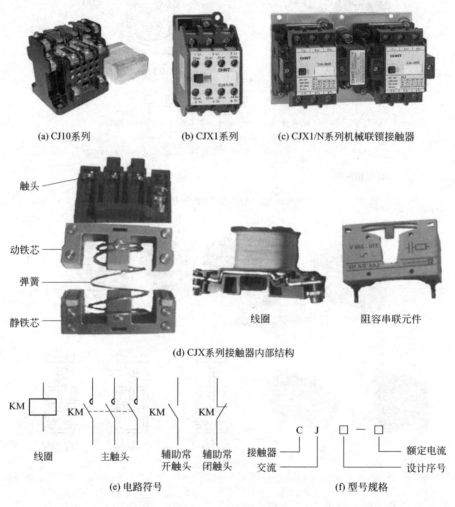

图 3-14 交流接触器

接触器主要由电磁系统、触头系统和灭弧装置等组成。

（1）电磁系统　系统主要由线圈、静铁芯和动铁芯三部分组成。为了减少铁芯的磁滞和涡流损耗，铁芯用硅钢片叠压而成。线圈的额定电压分别为 380V、220V、110V、36V，供使用不同电压等级的控制电路选用。

（2）触头系统　接触器采用双断点的桥式触头，通常有 3 对主触头，2 对辅助常开触头和 2 对辅助常闭触头，辅助触头的额定电流均为 5A。低压接触器的主、辅触头的额定电压均为 380V。CJX 接触器可组装积木式辅助触头组、空气延时头、机械联锁机构等附件，组成延时接触器、Y-△启动器等。

通常主触头额定电流在 10A 以上的接触器都有灭弧罩,作用是减小和消除触头电弧,灭弧罩对接触器的安全使用起着重要的作用。

2. 电路符号与型号规格

接触器的电路符号如图 3-14(e) 所示。型号规格如图 3-14(f) 所示,例如,CJX1-16 表示主触头为额定电流 16A (可控电动机最大功率 7.5kW/380V) 的交流接触器。

3. 交流接触器的工作原理

交流接触器的工作原理如图 3-15 所示。接触器的线圈和静铁芯固定不动,当线圈得电时,铁芯线圈产生电磁吸力,将动铁芯吸合并带动动触头运动,使常闭触头分断,常开触头接通电路。当线圈断电或电压显著下降时,电磁吸力消失或过小,动铁芯依靠弹簧的作用而复位,其常开触头切断电路,常闭触头恢复闭合。

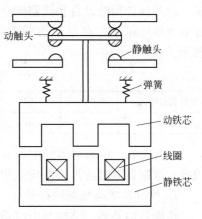

图 3-15 交流接触器工作原理

4. 交流接触器的选用

(1) 主触头额定电压的选择　接触器主触头的额定电压应大于或等于被控制电路的额定电压。

(2) 主触头额定电流的选择　接触器主触头的额定电流应大于或等于电动机的额定电流。如果用作电动机的频繁启动、制动及正反转的场合,应将接触器主触头的额定电流降低一个等级使用。

(3) 线圈额定电压选择　线圈的额定电压应与设备控制电路的电压等级相同。通常使用 380V 或 220V 的电压,如从安全角度考虑,须用较低电压时也可选用 36V 或 110V 电压的线圈,但要通过变压器降压供电。

CJX 系列交流接触器采取导轨安装和安全性高的指触防护接线端子,目前在电气设备上广泛应用。

三、中间继电器

中间继电器属于控制电器,在电路中起着信号传递、分配等作用,因其主要作为转换控制信号的中间元件,故称为中间继电器。中间继电器的外形与电路符号如图 3-16 所示。

(a) DZ-30B系列直流中间继电器　　(b) JZC4系列交流中间继电器　　(c) 电路符号

图 3-16 中间继电器与电路符号

中间继电器的结构和动作原理与交流接触器相似,不同点是中间继电器只有辅助触头,触头的额定电流为 5A,额定电压为 380V。通常中间继电器有 4 对常开触头和 4 对常闭触头。中间继电器线圈的额定电压应与设备控制电路的电压等级相同。JZC4 系列中间继电器采取导轨安装和安全性高的指触防护接线端子，在电气设备上广泛应用。

分析交流接触器与中间继电器的相同点与不同点？

四、熔断器

熔断器属于保护电器，使用时串联在被保护的电路中，其熔体在过流时迅速熔化切断电路，起到保护用电设备和线路安全运行的作用。熔断器在一般低压照明线路或电热设备中作过载和短路保护，在电动机控制线路中主要作短路保护。表3-3所示为熔体的安秒特性列表。

表 3-3 常用熔体的安秒特性

熔体通过电流/A	$1.25I_N$	$1.6I_N$	$1.8I_N$	$2I_N$	$2.5I_N$	$3I_N$	$4I_N$	$8I_N$
熔断时间/s	∞	3600	1200	40	8	4.5	2.5	1

表3-3中，I_N为熔体额定电流，通常取$2I_N$为熔断器的熔断电流，其熔断时间约为40s，因此，熔断器对轻度过载反应迟缓，一般只能作短路保护。

1. 外形、结构与电路符号

熔断器的外形、结构与电路符号如图3-17所示。

(a) NT系列刀形触头熔断器

(b) RT系列圆筒帽形熔断器

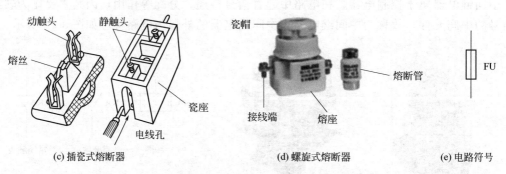

(c) 插瓷式熔断器　　(d) 螺旋式熔断器　　(e) 电路符号

图 3-17　熔断器外形、结构与电路符号

刀形触头熔断器多安装于配电柜。

RT系列圆筒帽形熔断器采取导轨安装和安全性能高的指触防护接线端子，目前在电气设备中广泛应用。

插瓷式熔断器多用于照明线路，目前已被断路器所取代。

螺旋式熔断器熔断管的端口处装有熔断指示片，该指示片脱落时表示内部熔丝已断。不同规格的熔断器按电流等级配置熔断管。螺旋式熔断器底座的中心端为连接电源端子。

熔断器由熔体、熔断管和熔座三部分组成。
① 熔体　熔体常做成丝状或片状，制作熔体的材料一般有铅锡合金和铜。
② 熔断管　安装熔体，做熔体的保护外壳并在熔体熔断时兼有灭弧作用。
③ 熔座　起固定熔管和连接引线作用。

2．主要技术参数

（1）额定电压　熔断器长期安全工作的电压。
（2）额定电流　熔断器长期安全工作的电流。

3．熔体额定电流的选择

照明和电热负载：熔体额定电流应等于或稍大于负载的额定电流。

电动机控制电路：对于启动负载重、启动时间长的电动机，熔体额定电流的倍数应适当增大，反之适当减小。

对于单台电动机，熔体额定电流应大于或等于电动机额定电流的1.5～2.5倍。

对于多台电动机，熔体额定电流应大于或等于其中最大功率电动机的额定电流的1.5～2.5倍，再加上其余电动机的额定电流之和。

五、热继电器

热继电器是利用电流热效应工作的保护电器。它主要与接触器配合使用，用作电动机的过载保护、断相保护、电流不平衡运行的保护及其他电气设备发热状态的控制。图3-18所示为常用的几种热继电器的外形图。

图3-18　常用热继电器

JRS系列热继电器可与接触器插接安装，也可独立安装。采取安全性能高的指触防护接线端子，目前在电气设备上广泛应用。

1．热继电器结构与电路符号

目前使用的热继电器有两相和三相两种类型。图 3-19(a) 所示为两相双金属片式热继电器。它主要由热元件、传动推杆、常闭触头、电流整定旋钮和复位杆组成。动作原理如图 3-19(b) 所示，电路符号如图 3-19(c) 所示。

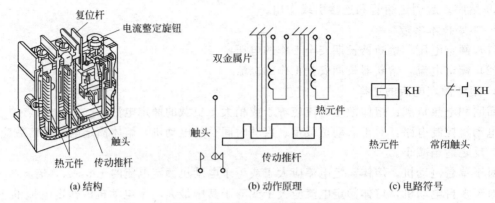

图 3-19 热继电器的结构、动作原理和电路符号

热继电器的整定电流是指热继电器长期连续工作而不动作的最大电流，整定电流的大小可通过电流整定旋钮来调整。

2. 型号规格

例如，JRS1-12/3 表示 JRS1 系列额定电流 12A 的三相热继电器，如图 3-20 所示。

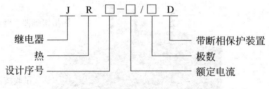

图 3-20 热继电器的型号规格

3. 选用方法

(1) 选类型　一般情况，可选择两相或普通三相结构的热继电器，但对于三角形接法的电动机，应选择三相结构并带断相保护功能的热继电器。

(2) 选择额定电流　热继电器的额定电流要大于或等于电动机的工作电流。

(3) 合理整定热元件的动作电流　一般情况下，将整定电流调整在与电动机的额定电流相等即可。但对于启动时负载较重的电动机，整定电流可略大于电动机的额定电流。

六、低压断路器

低压断路器又称为自动空气开关，简称断路器。它集控制和保护于一体，在电路正常工作时，作为电源开关进行不频繁的接通和分断电路；而在电路发生短路和过载等故障时，又能自动切断电路，起到保护作用，有的断路器还具备漏电保护和欠压保护功能。低压断路器外形结构紧凑、体积小，采用导轨安装，目前常用于电气设备中取代组合开关、熔断器和热继电器。常用的 DZ 系列低压断路器如图 3-21 所示。

1. DZ5 系列低压断路器的内部结构和电路符号

DZ5 系列低压断路器的内部结构以及断路器的电路符号如图 3-22 所示。它主要有动、静触头、操作机构、灭弧装置、保护机构及外壳等部分组成。其中保护机构由热脱扣器（起过载保护作用）和电磁脱扣器（起短路保护作用）构成。

2. 型号规格

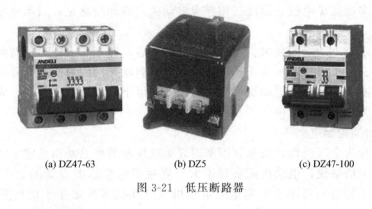

图 3-21　低压断路器

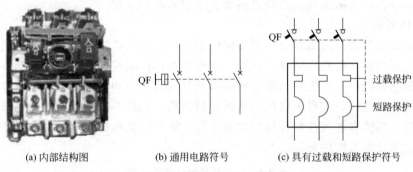

图 3-22　DZ5 系列低压断路器的内部结构和电路符号

例如，DZ5-20/330 表示额定电流 20A 的三极复式塑壳式断路器，如图 3-23 所示。

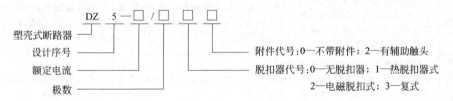

图 3-23　DZ5 系列低压断路器的型号规格

3．选用方法

（1）低压断路器的额定电压和额定电流应等于或大于线路的工作电压和工作电流。

（2）热脱扣器的额定电流应大于或等于线路的最大工作电流。

（3）热脱扣器的整定电流应等于被控制线路正常工作电流或电动机的额定电流。

? 思考

分析熔断器、热继电器和低压断路器三者的保护功能有何不同？

第三节　三相异步电动机的电气控制

一、三相异步电动机的启动

三相异步电动机的启动是指电动机通电后转速从零逐渐上升到稳定运行状态的过程。

一般中小型电动机启动过程时间很短，通常时间是几秒到几十秒，但启动电流很大，为额定电流的 5～7 倍，由于功率因数较低，其启动转矩并不大。频繁的启动电动机，会造成电机内部发热过多而损坏电机。因此三相异步电动机的启动问题是：启动电流大，启动转矩并不大。

电力拖动系统对电动机的要求：启动电流要小，启动转矩要大，启动时间要短，还要求设备尽可能简单、易于操作和维护，经济性好。电机启动常用的方法有两种：直接启动和降压启动。一般情况下，小容量电动机（功率在 10kW 以下）可以直接启动，大容量电动机则采用减压启动的方式。

（一）直接启动控制电路

直接启动又称为全压启动，就是利用闸刀开关或接触器将电动机的定子绕组直接加到额定电压下启动。一般来说，电动机的容量不大于直接供电变压器容量的 20%～30% 时，都可以直接启动。这种方法只用于小容量的电动机或电动机容量远小于供电变压器容量的场合。下面主要分析电动机的点动控制电路和连续运转控制电路。

1. 点动控制电路

机床设备在调整刀架或试车时，常需要电动机短时的断续工作，即按下按钮，电动机就开始转动，松开按钮，电动机就停止转动。实现这种动作的控制称为点动控制。

在电气控制系统中，首先是由配电器将电能分配给不同的用电设备，再由控制电器使电动机按设定的规律运转，实现由电能到机械能的转换，满足不同生产机械的要求。在电工领域安装、维修都要依靠电气控制原理图和施工图，施工图又包括电气元件布置图和电气接线图。电工用图的分类及作用见表 3-4。

表 3-4　电工用图的分类及作用

电工用图		概念	作用	图中内容
电气控制图	原理图	是用国家统一规定的图形符号、文字符号和线条连接来表明各个电器的连接关系和电路工作原理的示意图，如图 3-24 所示	是分析电气控制原理、绘制及识读电气控制接线图和电器元件位置图的主要依据	电气控制线路中所包含的电器元件、设备、线路的组成及连接关系
	施工图 平面布置图	是根据电器元件在控制板上的实际安装位置，采用简化的外形符号（如方形等）而绘制的一种简图。如图 3-25 所示	主要用于电器元件的布置和安装	项目代号、端子号、导线号、导线类型、导线截面等
	施工图 接线图	是用来表明电器设备或线路连接关系的简图，如图 3-26 所示	是安装接线、线路检查和线路维修的主要依据	电气线路中所含元器件及其排列位置，各元器件之间的接线关系

电气控制线路可分为主电路和控制电路。主电路是电动机电流流经的电路，主电路的特点是电压高（380V），电流大。控制电路是对主电路起控制作用的电路，控制电路的特点是电压不确定（可通过变压器变压，通常电压范围为 36～380V），电流小。在电路原理图中主电路绘在左侧，控制电路按主电路动作顺序绘在右侧。接触器的主触头接入主电路，线圈接入控制电路，两者的图形符号不同，但文字符号相同，即表示为同一个电气器件。当接触器线圈通电时，主触头闭合；接触器线圈断电时，主触头分断。

接线图是根据电气控制原理图与电器安装位置绘制的图形，接线图中的粗实线表示母线，细实线表示分支线，分支线与母线连接时呈 45°或 135°。

点动控制线路的工作原理如下：

合上电源组合开关 QS。

启动：按下按钮 SB→KM 线圈得电→KM 主触头闭合→电动机 M 通电运转。

停止：松开按钮 SB→KM 线圈失电→KM 主触头分断→电动机 M 断电停止。

第三章 交流电动机与其电气控制线路

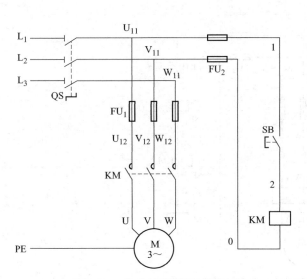

图 3-24 点动控制线路原理图

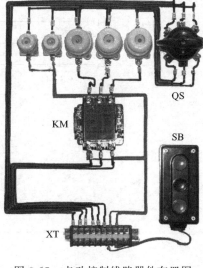

图 3-25 点动控制线路器件布置图

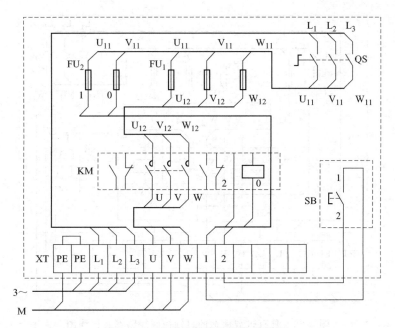

图 3-26 点动控制线路安装接线图

断开电源组合开关 QS。

2. 连续运转控制电路

生产过程中，点动控制适合于短时间的启动操作，如果要求电动机能够长时间连续工作，需要具有连续运行功能的电路，这就是自锁控制电路。

在启动按钮的两端并接一对接触器的辅助常开触头，当松开启动按钮后，虽然按钮复位分断，但依靠接触器的辅助常开触头仍可保持控制电路接通。像这种松开启动按钮后，接触器线圈通过自身辅助常开触头仍保持通电状态叫做自锁，起自锁作用的辅助常开触头称为自锁触头。

电动机自锁控制要求是：按下启动按钮，电动机运转；按下停止按钮，电动机停止。图 3-27 所示为具有过载保护的自锁控制线路原理图。图 3-28 所示为具有过载保护的自锁控制线路安装接线图。

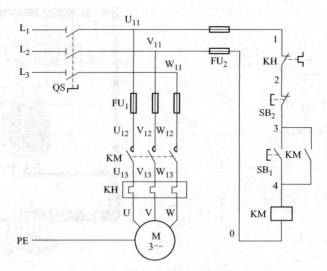

图 3-27 具有过载保护的自锁控制线路原理图

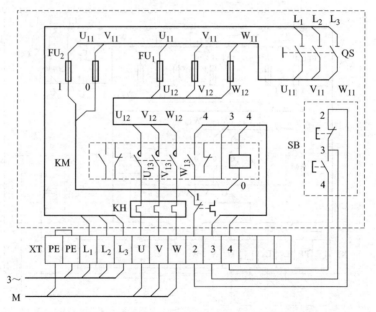

图 3-28 具有过载保护的自锁控制线路安装接线图

连续控制线路的工作原理如下：
合上电源隔离开关 QS。

启动：按下 SB_1 → KM 线圈得电 → KM 主触头闭合 → 电动机 M 启动连续运转。
　　　　　　　　　　　　　　　→ KM 辅助常开触头闭合

停止：按下 SB_2 → KM 线圈失电 → KM 主触头分断 → 电动机 M 断电停转。
　　　　　　　　　　　　　　　→ KM 辅助常开触头分断

3. 点动与连续运转混合控制电路

在实际生产中，除连续运行控制外，常常还需要用点动控制来调整工艺状态。如机床既需要长期连续工作，又需要短时间对工件和刀具之间进行调整。这就要求控制线路既能连续控制，又能点动控制。

电动机点动与自锁混合控制要求是：按下启动按钮，电动机运转；按下停止按钮，电动机停止。按下点动按钮，电动机实现点动控制。图 3-29 所示为点动与自锁混合控制线路原理图。图 3-30 所示为点动与自锁混合控制线路安装接线图。

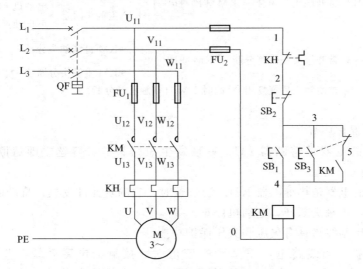

图 3-29　点动与自锁混合控制线路原理图

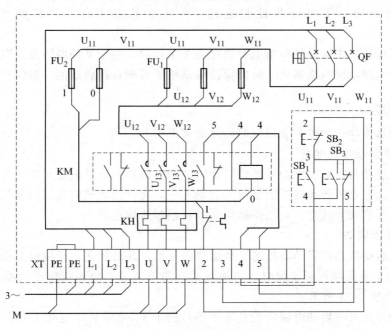

图 3-30　点动与自锁混合控制线路安装接线图

点动与自锁混合控制线路的工作原理如下：
(1) 连续控制

(2) 点动控制

启动：
按下 SB_3 → SB_3 常闭触头先分断切断自锁电路
　　　　→ SB_3 常开触头后闭合 → KM 线圈得电 → KM 自锁触头闭合
　　　　　　　　　　　　　　　　　　　　　　　→ KM 主触头闭合 → 电动机 M 得电启动运转

停止：
松开 SB_3 → SB_3 常开触头先恢复分断 → KM 线圈失电 → KM 自锁触头分断
　　　　　　　　　　　　　　　　　　　　　　　　　→ KM 主触头分断 → 电动机 M 断电停转
　　　　→ SB_3 常闭触头后恢复闭合（此时 KM 自锁触头已分断）

4. 电动机的保护环节

起短路保护的电器是熔断器 FU。一旦发生短路事故，熔丝立即熔断，电动机立即停车。

起过载保护的电器是热继电器 KH。当过载时，它的热元件发热，将动断触头断开，使接触器线圈断电，主触头断开，电动机停车。

接触器自锁控制线路具有欠压和失压保护功能。

(1) 欠压保护　当线路电压下降到一定值时，接触器电磁系统产生的电磁吸力减小。当电磁吸力减小到小于复位弹簧的弹力时，动铁芯就会释放，主触头和自锁触头同时分断，自动切断主电路和控制电路，使电动机断电停转，起到了欠压保护的作用。

(2) 失压保护　失压保护是指电动机在正常工作时，由于某种原因突然断电时，能自动切断电动机的电源，而当重新供电时，保证电动机不可能自行启动的一种保护。

思考

总结电动机连续运行时加自锁控制的方法有哪些？

(二) 降压启动控制电路

所谓降压启动是指：在电动机开始启动时适当降低加在电动机定子绕组上的电压，以降低启动电流，当电动机转速接近额定值时启动完毕，再使电动机的电压恢复到全压运行的方法。常见的降压启动方式有：Y-△换接启动和自耦减压启动。

1. Y-△换接启动

Y-△换接启动就是在启动时把定子绕组接成星形，此时加在定子绕组上的电压为相电压 220V，待转速上升到接近额定值时，再换接成三角形接法，使加在定子绕组上的电压为额定值 380V。如图 3-31 所示。

这种启动方式可使启动电流降为直接启动时的 1/3，启动转矩也减少为直接启动的 1/3。适合于电动机正常运行时定子绕组为三角形连接的空载或轻载启动。

2. 自耦减压启动

自耦减压启动是利用自耦变压器来降低启动时加在定子绕组上的电压。自耦变压器常备有三个抽头，其输出电压分别为电源电压的 80%、60% 和 40%，可以根据对转矩的不同要求选用不同的输出电压。

如图 3-32 所示，当 KM_1、KM_2 闭合时，电网电压经自耦变压器降压后送到电动机定子绕组上，减压启动。启动完毕后，KM_1、KM_2 断电，KM_3 得电，自耦变压器被脱离，三相电源直接加到定子绕组上，电动机正常运行。

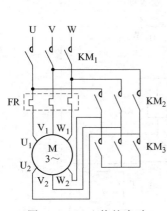
图 3-31　Y-△换接启动

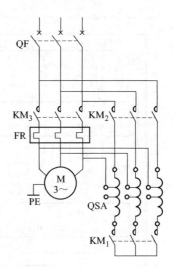
图 3-32　自耦减压启动

二、三相异步电动机的正反转控制

机械设备的传动部件常需要改变运动方向，例如车床的主轴能够正反向旋转，电梯能上升或下降，电动阀门的开与关，都要求拖动电动机能够正反转运行。

1. 接触器联锁的正反转控制线路

（1）控制要求　电动机正反转控制要求是：按下正转启动按钮，电动机正转；按下停止按钮，电动机停止；按下反转启动按钮，电动机反转。图 3-33 所示为电动机正反转控制线路原理图。图 3-34 所示为电动机正反转控制线路安装接线图。

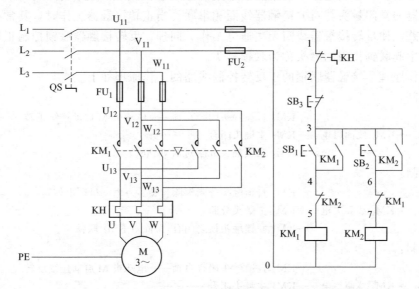
图 3-33　接触器联锁正反转控制线路原理图

由电动机原理可知，当改变三相交流电动机的电源相序时，电动机便改变转动方向。正反转控制线路中两个接触器引入电源的相序不同，KM_1 主触头闭合时，电源相序为 $L_1-L_2-L_3$，电动机正转；KM_2 主触头闭合时，电源相序为 $L_3-L_2-L_1$，电动机反转。

正转接触器 KM_1 与反转接触器 KM_2 不允许同时接通，否则会出现电源短路事故。主电路中的"▽"符号为机械联锁符号，表示 KM_1 与 KM_2 互相机械联锁，可采用 CJX1/N

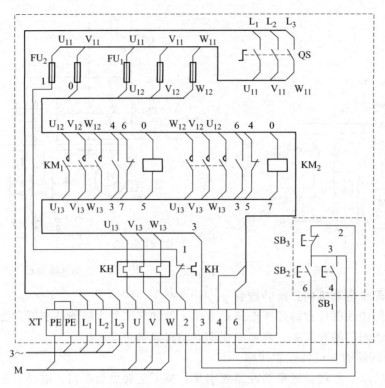

图 3-34 接触器联锁的正反转控制线路安装接线图

系列联锁接触器。在控制电路中,也必须采用接触器联锁措施(也称电气互锁)。联锁的方法是将接触器的常闭触头与对方接触器线圈相串联。当正转接触器工作时,其常闭触头断开反转控制电路,使反转接触器线圈无法通电工作。同理,反转接触器联锁控制正转接触器电路。在电路中起联锁作用的触头称为联锁触头。

(2) 工作原理　接触器联锁的正反转控制线路的工作原理如下。

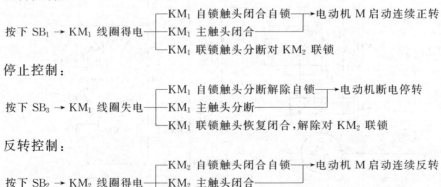

该线路的特点是:安全可靠,不会因接触器主触头熔焊不能脱开而造成短路事故,但改变电动机转向时需要先按下停止按钮,才能按反转启动按钮使电动机反转,带来操作上的不方便。适合于对换向速度无要求的场合。为解决这个问题,在生产上常采用复式按钮和触头联锁的控制电路。

2. 双重联锁的正反转控制线路

(1) 控制要求　双重联锁的正反转控制线路如图 3-35 所示。

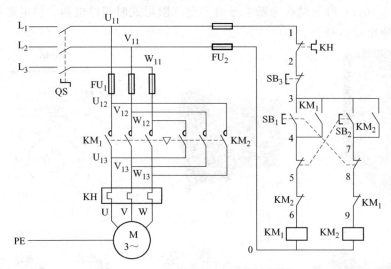

图 3-35　双重联锁的正反转控制线路

将正反转复合按钮的常闭触头与对方电路串联，就构成了接触器和按钮双重联锁的正反转控制线路。在改变电动机转向时不需要按下停止按钮，适用于要求换向迅速的场合。

(2) 工作原理　线路的工作原理如下。

正转控制：

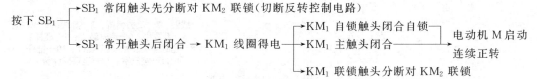

反转控制：

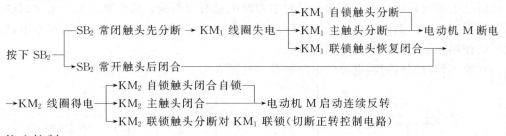

停止控制：

按下 SB_3，整个控制电路失电，主触头分断，电动机 M 断电停转。

? 思考

分析接触器联锁和机械联锁两者各自的特点及优缺点。

三、三相异步电动机的时间控制

1. 时间继电器

时间控制，就是采用时间继电器进行延时，例如电动机的 Y-△ 换接启动控制线路，就可以用时间继电器来控制。

时间继电器是一种利用电子或机械原理来延迟触头动作时间的控制电器，常用的有晶体管式或空气阻尼式。图 3-36(a)、(b)、(c) 所示为 JS14A 系列晶体管时间继电器的外形、内部构件和操作面板，图3-36(d)、(e)所示为JS7-A系列空气阻尼式时间继电器的外形与内部结构。图3-36(f)所示结构为断电延时型空气阻尼式时间继电器，将电磁铁反转180°安装后，即成为通电延时型。

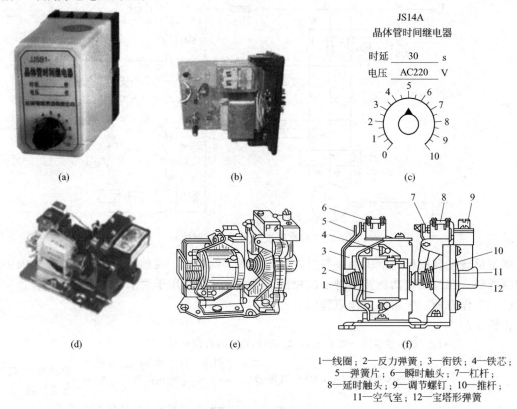

1—线圈；2—反力弹簧；3—衔铁；4—铁芯；
5—弹簧片；6—瞬时触头；7—杠杆；
8—延时触头；9—调节螺钉；10—推杆；
11—空气室；12—宝塔形弹簧

图3-36　时间继电器

时间继电器按延时特性分为通电延时型和断电延时型两类。通电延时型是指电磁线圈通电后触头延时动作，断电延时型是指电磁线圈断电后触头延时动作。通常在时间继电器上既有起延时作用的触头也有瞬时动作的触头。

（1）通电延时型时间继电器的电路符号　见图3-37。

图3-37　通电延时型时间继电器的电路符号

（2）断电延时型时间继电器的电路符号　见图3-38。

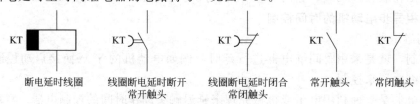

图3-38　断电延时型时间继电器的电路符号

(3) 型号规格 时间继电器型号规格如图 3-39 所示。

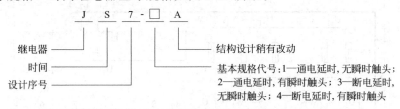

图 3-39 时间继电器的型号规格

2. Y-△换接启动控制线路

(1) 控制要求 Y-△降压启动控制线路控制要求是：按下启动按钮，电动机 Y 型启动，延时若干时间后，电动机△型运行，按下停止按钮，电动机停止。图 3-40 所示为电动机 Y-△降压启动控制线路原理图。图 3-41 所示为电动机 Y-△降压启动控制线路安装接线图。

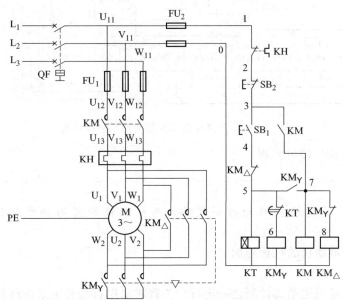

图 3-40 Y-△降压启动控制线路原理图

(2) 工作原理 电路工作原理分析如下：合上电源开关 QF

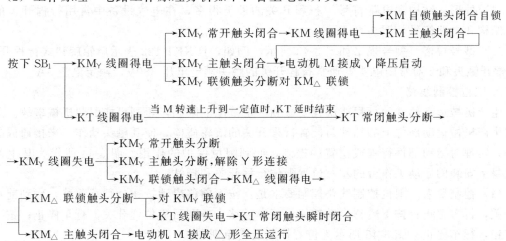

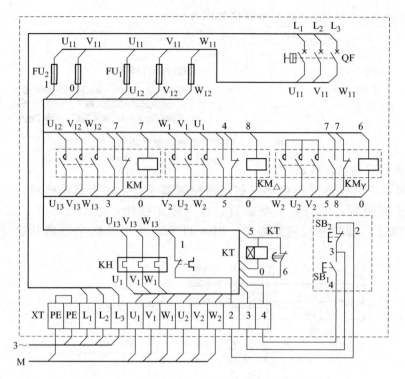

图 3-41 Y-△降压启动控制线路安装接线图

停止时，按下 SB_2 即可实现。

思考

为什么要使用 Y-△换接启动控制线路，两交流接触器的接线是如何实现 Y-△换接的？

四、三相异步电动机的行程控制

1. 行程开关

行程控制，就是当运动部件到达一定行程位置时采用行程开关来进行控制的。行程开关与按钮的作用相同，但两者的操作方式不同，按钮是用手指操纵，而行程开关则是依靠生产机械运动部件的挡铁碰撞而动作的。

(1) 外形、结构和电路符号　行程开关的种类很多，在电气设备中常用行程开关的外形、结构和电路符号如图 3-42 所示。

(2) 型号规格　型号规格如图 3-43 所示。例如，JLXK1-122 表示单轮旋转式行程开关，2 对常开触头和 2 对常闭触头。通常行程开关的触头额定电压 380V，额定电流 5A。

2. 限位控制线路

生产机械运动部件的行程或位置要受到一定范围的限制，否则可能引起机械事故。通常利用生产机械运动部件上的挡铁与位置行程开关的滚轮碰撞，使其触头动作，来接通或断开电路，实现对运动部件行程或位置的控制，起到限位保护的作用。图 3-44 所示为某生产设备机身上安装的运动工作台的左右位置限位行程开关和挡铁。

(1) 控制要求　限位控制线路控制要求是：按下前移启动按钮，行车前移，碰到前移位置开关，行车停止；按下后移启动按钮，行车后移，碰到后移位置开关，行车停止；按下停止按钮，行车停止。图 3-45 所示为位置控制线路原理图。

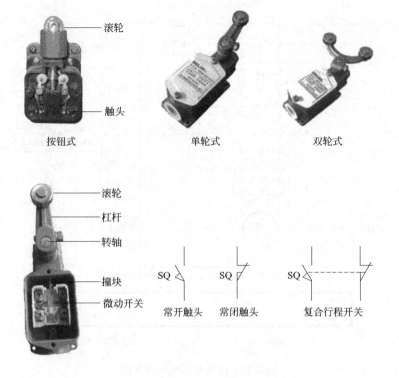

图 3-42 行程开关外形、结构与电路符号

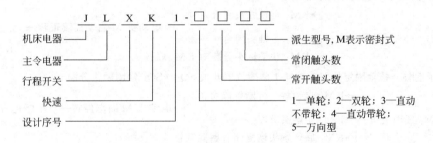

图 3-43 行程开关的型号规格

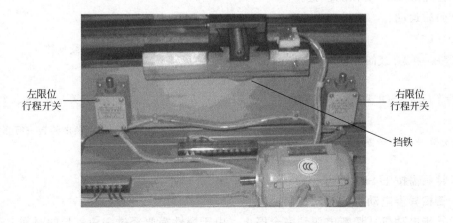

图 3-44 设备运动工作台的左右限位行程开关安装图

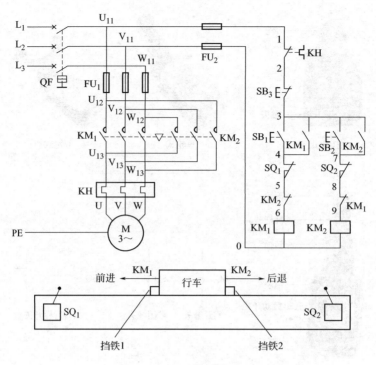

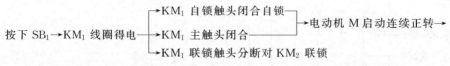

图 3-45 位置控制线路原理图

(2) 工作原理　行车向前运动：

按下 SB_1→KM_1 线圈得电→
- KM_1 自锁触头闭合自锁
- KM_1 主触头闭合
- KM_1 联锁触头分断对 KM_2 联锁

→电动机 M 启动连续正转→

→行车前移→移至限定位置，挡铁 1 碰撞位置开关 SQ_1→SQ_1 常闭触头分断→

→KM_1 线圈失电→
- KM_1 自锁触头分断解除自锁
- KM_1 主触头分断
- KM_1 联锁触头恢复闭合解除联锁

→电动机 M 断电停转→行车停止前移

此时，即使再按下 SB_1，由于 SQ_1 常闭触头已分断，接触器 KM_1 线圈也不会得电，保证行车不会超过 SQ_1 所在的位置。

行车向后运动：

按下 SB_2→KM_2 线圈得电→
- KM_2 自锁触头闭合自锁
- KM_2 主触头闭合
- KM_2 联锁触头分断对 KM_1 联锁

→电动机 M 启动连续反转→

→行车后移（SQ_1 常闭触头恢复闭合）→移至限定位置，挡铁 2 碰撞位置开关 SQ_2→SQ_2 常闭触头分断→KM_2 线圈失电→
- KM_2 自锁触头分断，解除自锁
- KM_2 主触头分断
- KM_2 联锁触头恢复闭合，解除联锁

→电动机 M 断电停转→行车停止后移

停车时只需按下 SB_3 即可。

五、三相异步电动机的制动控制

三相异步电动机从切断电源到完全停止，由于惯性需要经过一段较长的时间，这往往不能满足生产的需要，因此，应对电动机采取有效的制动措施。一般采用的制动方法有：机械

制动和电气制动。机械制动是用外加的机械力使电动机快速停转的方法,比如刹车片。电气制动是利用电气控制电路的换接,在电动机内产生与电动机旋转方向相反的电磁转矩,从而使电动机快速停转的制动方法。本节主要介绍电气制动控制电路。

常用的电气制动有反接制动和能耗制动。

1. 反接制动

所谓反接制动即是改变接入电动机的三相电源的相序,产生与转动方向相反的力矩而使电动机制动停转的方法。如图 3-46 所示是电动机反接制动控制电路。

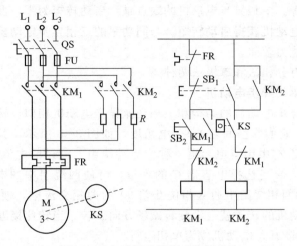

图 3-46 电动机反接制动控制线路

图中接触器 KM_1 用来控制电动机的正常运行;接触器 KM_2 用来实现对电动机的制动控制;速度继电器 KS 用来检测电动机的运转速度。

速度继电器 KS 的动合触点在电动机正常运行时处于闭合状态,当电动机的转速降低接近零时,其动合触点断开切断电路,完成电动机的制动控制。制动由复式按钮 SB_1 来控制。

2. 能耗制动

能耗制动是当电动机脱离三相电源后,迅速在电动机定子绕组上加一直流电源,使定子绕组产生恒定的磁场,根据电磁感应原理,在电动机转子中产生与惯性转动方向相反的力矩,从而使电动机制动停转的方法。如图 3-47 所示是电动机能耗制动控制电路。

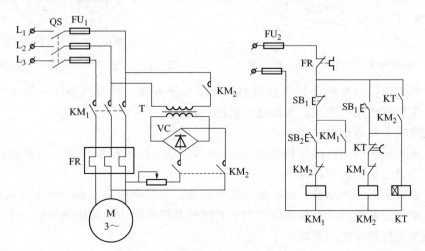

图 3-47 电动机能耗制动控制线路

图中接触器 KM_1 用来控制电动机的正常运转；接触器 KM_2 用来实现能耗制动；能耗制动的直流电源是依靠桥式整流电路来产生的；变压器用来变换电源电压。

第四节　认识单相异步电动机

单相异步电动机是由单相交流电源给其定子绕组供电的一种小功率电动机，它具有结构简单，成本低廉，噪声小等优点，因此广泛用于工业、农业、医疗和家用电器中，如电动工具、洗衣机、电风扇等。单相异步电动机的缺点是：启动转矩为零，即单相异步电动机需有附加的启动设备，使电动机获得启动转矩。与同功率的三相异步电动机相比，单相异步电动机的体积较大，运行能力较差。

常用的启动方式有分相法和罩极法两种。

一、电容分相式单相异步电动机

电容分相式单相异步电动机的结构和三相交流异步电动机相似，转子为笼型。定子有两个绕组 U_1U_2、Z_1Z_2，它们在空间互差 90°电角度。如图 3-48 所示，其中 U_1U_2 称为工作绕组，流过电流为 i_U。Z_1Z_2 中串有电容器，称为启动绕组，流过的电流为 i_Z。两个绕组接在同一单相交流电源上。恰当选择电容器 C 的容量，可使两绕组中的电流相位差为 90°，这样，在空间互为 90°的两相绕组中通入相位互差 90°的两相交流电，便产生了旋转磁场。在旋转磁场作用下，电动机的转子就会沿旋转磁场方向旋转。当转速接近额定转速时，由离心式开关 S_2 将启动绕组断开，电动机成为单相运行。

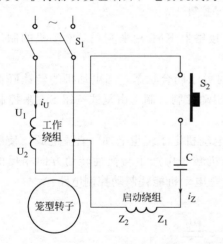
图 3-48　电容分相式单相异步电动机原理

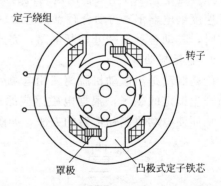
图 3-49　罩极式单相异步电动机结构原理

电容分相式单相异步电动机结构简单，使用维护方便，只要换接任一绕组的电源接线端，即可改变旋转磁场的方向，实现电动机的反转。

二、罩极式单相异步电动机

罩极式单相异步电动机的结构如图 3-49 所示，定子按磁极的形式分为凸极式和隐极式两种，其中凸极式结构最为常见。

在定子磁极上开一个小槽，将磁极分成两部分，在较小磁极上套一个短路铜环，称为罩极。当通入单相交流电时，在励磁绕组与短路环的共同作用下，磁极间形成一个连续运动的磁场，从而使笼型转子受力旋转。

罩极上的短路铜环是固定的，而磁场总是从未罩部分向被罩部分移动，磁场的转动方向是不能改变的,故罩极式单相异步电动机不能改变转向。另外,它的启动性能及运行性能都比较差,效率和功率因数都很低,一般只用于电风扇、录音机等系列的小功率设备中。

第五节 环保机械电气控制

一、电动阀门控制

电动阀门主要用于液体、气体和风系统管道介质流量的调节。电动阀门结构分为两部分,上半部分为电动执行器,下半部分为阀门,如图 3-50 所示。操作时用电动执行器控制阀门动作,实现阀门的开与关,从而达到对管中介质的开关或是调节等目的。电动阀门的电动执行器一般由三相异步电动机、齿轮减速箱、转矩限制机构、手动—自动切换机构、开度指示器和电器元件等组成。阀门的电动机功率一般为 0.37~5.5kW。

为了保证电动阀门安全可靠的开关,对于过载保护要求严格,常用的保护方式有电气式和机械式两种。电气式保护采用 DL 型电流继电器作过载保护。机械式保护采用转矩限制机构作过载保护。

1. 控制要求

电动阀门的控制要求是:按下开阀按钮 KA 时,阀门打开,按下关阀按钮 GA 时,阀门关闭。当阀门全开或全关时,由行程控制机构(即上、下限位行程开关 1XK、2XK)自动切断交流接触器控制回路,并接通阀门全开或全关信号灯。电路在开启或关闭过程中受阻卡住发生过载时,采用 DL 型电流继电器保护。开阀接触器 KC 和关阀接触器 GC 之间有电气联锁。图 3-51 为电动阀门的一般控制线路图。

图 3-50 电动阀门

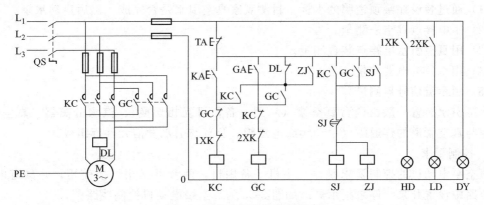

图 3-51 电动阀门控制线路图

另外还有具有机械式双向过力矩保护及阀门开度遥测装置的控制线路,如上海阀门三厂生产的 FS30、FS60 型电动阀门、天津第二通用机械厂生产的 ZD 型电动阀门等。本书不再做详细的讲解。

2. 工作原理

接通电源,电源指示灯 DY 亮。

按下开阀按钮 KA,交流接触器 KC 线圈通电,KC 主触点闭合,电机正转,阀门打开,同时中间继电器 ZJ 和时间继电器 SJ 通电,ZJ 常开触点闭合,闭锁电流继电器 DL 的常闭触点,防止较大的启动电流使 DL 误动作。时间继电器延时时间到,延时触点断开,ZJ 断电,由 DL 常闭和 KC 常开触点起自锁作用。当阀门达到全开状态时，压动限位开关 1XK，KC 断电，电机停转，同时阀全开指示灯 HD 亮。

按下关阀按钮 GA，交流接触器 GC 线圈通电，GC 主触点闭合，电机反转，阀门关闭。中间继电器 ZJ 和时间继电器 SJ 作用同开阀。当阀门达到全关状态时，压动限位开关 2XK，GC 断电，电机停转，同时阀全关指示灯 LD 亮。使用时注意：时间继电器 SJ 的延迟时间一般为 3～5s，如不设时间继电器，则必须延长按按钮的时间。

思考

图 3-51 中的 DL 型电流继电器在电动阀门控制线路中起什么作用？分析其控制过程。

二、真空泵电动机控制

真空泵是一种输送机械，它可以把气体或液体从设备内抽吸出来，从而使设备内的压力低于大气压力。

环保设备中真空泵的用途常常是用来造成某种程度的真空，来实现工艺操作过程。例如，泵房中的离心式水泵启动前，水泵及其吸水管必须充满水。充水有自灌式和真空引水式两种方式。前者水泵及其吸水管始终处于充水状态，可随时启动水泵，但泵房入地较深，土建投资较大；后者由水环式真空泵抽除水泵及吸水管内的空气，使其里面压力小于大气压，借助大气压力使其充水，真空引水时间一般不超过 5min。如图 3-52 所示水环式真空泵。

判别真空引水过程是否完成，是真空引水装置操作过程的一个重要信息，一般有以下几种方法。

图 3-52 水环式真空泵

（1）通过装设在泵顶透明的水标，目测观察真空引水是否完成，然后启动水泵。
（2）用电接点真空表测量。
（3）用真空引水电接点装置测量。
（4）用水位继电器测量。
（5）用示流信号器测量。

真空引水装置一般由两台真空泵（一用一备，可互相切换）、汽水分离器、真空管道、各机组与真空管道的连通阀（手动阀或电磁阀）及真空引水发信元件等组成。

1. 控制要求

真空泵电动机的控制要求是：一主机一备用机，两者可互相切换使用，并具有电气互锁。电路中设置开泵、停泵指示灯。如图 3-53 为真空泵电动机控制线路图。

2. 工作原理

按下主泵电动机启动按钮 1KA，主泵电动机交流接触器 1JC 线圈通电，1JC 主触点闭合，电机运转；1JC 常开触点闭合，完成自锁，开泵指示灯 1HD 亮；1JC 常闭触点断开，完成与备用泵电动机的互锁。备用泵交流接触器 2JC 断电，2JC 常闭触点闭合，停泵指示灯 2LD 亮。

按下备用泵电动机启动按钮 2KA，备用泵电动机交流接触器 2JC 线圈通电，2JC 主触点闭合，电机运转；2JC 常开触点闭合，完成自锁，开泵指示灯 2HD 亮；2JC 常闭触点断开，完成与主泵电动机的互锁。主泵交流接触器 1JC 断电，1JC 常闭触点闭合，停泵指示灯 1LD 亮。

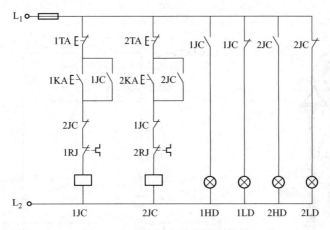

图 3-53 真空泵电动机控制线路

图 3-51 中真空泵主机和备用机之间的互锁是如何实现的？

三、离心式水泵电动机控制

离心式水泵简称"离心泵",它是一种利用水的离心运动的抽水机械,它由泵壳、叶轮、泵轴、泵架等组成。工作原理如图 3-54 所示。

启动前由真空泵先往离心泵里灌满水,启动后旋转的叶轮带动泵里的水高速旋转,水作离心运动,向外甩出并被压入出水管。水被甩出后,叶轮附近的压强减小,在转轴附近就形成一个低压区。这里的压强比大气压低得多,外面的水就在大气压的作用下,冲开底阀从进水管进入泵内。冲进来的水在随叶轮高速旋转中又被甩出,并压入出水管。叶轮在动力机带动下不断高速旋转,水就源源不断地从低处被抽到高处。

离心式水泵的抽水高度称为扬程。它是采用"吸进来"、"甩出去"的方法来抽水的。其中吸水扬程由大气压决定

泵的总扬程＝吸水扬程＋压水扬程

1. 控制要求

离心式水泵的控制要求是:有三种启动方式,即配电屏控制、控制台控制、机旁箱控制等方式,线路中设置有控制台和机旁箱开泵、停泵指示灯。图 3-55 所示为 75W 以下笼型电动机直接启动控制线路。

2. 工作原理

按下配电屏启动控制按钮 1QA 或控制台启动控制按钮 2QA 或机旁箱启动控制按钮 3QA,使交流接触器 JC 通电并自锁,离心泵运转。控制台开泵指示灯 1HD 和机旁箱开泵指示灯 2HD 亮。

按下配电屏停止控制按钮 1TA 或控制台停止控制按钮 2TA 或机旁箱停止控制按钮 3TA,使交流接触器 JC 断电,离心泵停止运转。控制台停泵指示灯 1LD 和机旁箱停泵指示灯 2LD 亮。

3. 联动控制要求

离心式水泵机组联动是指离心式水泵、出水电动阀门及公用的真空泵三者之间的开、停机程序,在电气上予以自动完成的操作方式。离心式水泵机组联动控制的程序要求如图3-56所示。可通过 PLC 进行程序控制。

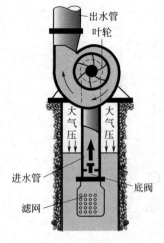

图 3-54 离心泵工作原理图

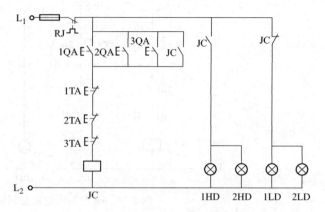

图 3-55 离心泵电动机控制线路

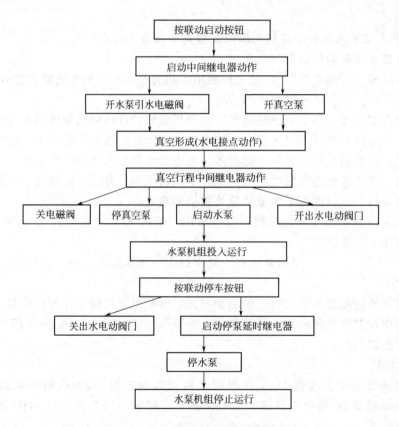

图 3-56 离心式水泵机组联动控制程序

四、沉淀池排泥机控制

在污水处理厂中，沉淀池用于沉淀污水中污泥的作用，要定时进行排泥处理。沉淀池排泥机目前主要有平流式沉淀池机械吸泥机和平流式斜管沉淀池牵引式刮泥机两种。

平流式沉淀池机械吸泥机按吸泥口的运动轨迹来分，有扫描式和桁架式。扫描式只有一个吸泥口，在沉淀池纵向和横向作双向往复运动，机械结构和电气控制都比较复杂，排泥效果不理想。桁架式在沉淀池横向并列一排吸泥口，整排吸泥口沿沉淀池纵向往返运动。桁架式吸泥机的机械结构和电气控制比较简单，排泥效果良好，故目前普遍采用。如图3-57所示。

图3-57 桁架式吸泥机

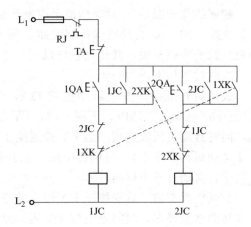

图3-58 沉淀池排泥机控制线路

桁架式吸泥机由桥式桁架、机械传动装置、集泥板、吸泥口和虹吸管等部件组成。集泥板随桁架行走，将池底污泥汇集至吸泥口，经虹吸管排至排泥槽。若虹吸排泥比较困难，可采用离心泵抽取。

1. 控制要求

桁架式吸泥机控制要求是：手动或自动控制电动机的正反转，带动桁架的往返运动，实现刮泥。由限位开关实现自动控制和电机正反转的联锁控制。如图3-58所示为沉淀池排泥机控制线路。

2. 工作原理

按下启动按钮1QA，电机正转交流接触器1JC通电，常开触点闭合，实现自锁，常闭触点断开，实现联锁，电机正转，桁架前进。当桁架前进到终点压动限位开关1XK时，1JC断电，同时电机反转交流接触器2JC通电，实现机械联锁，电机反转，桁架后退。退至终点压动限位开关2XK时，2JC断电，1JC再次通电，实现桁架的自动往返控制。

当沉淀池宽度较大时，需要两块刮泥板，此时可采用平流式斜管沉淀池牵引式刮泥机装置，控制线路可在机械式吸泥机控制线路的基础上再增加一个电动机，由两个电动机分别带动两块刮泥板作同步往返运动即可。

思考

根据图3-58分析在排泥机中桁架的往复运动是怎样实现的？

五、曝气鼓风机控制

在大型污水处理厂中，曝气池是利用活性污泥法进行污水处理的构筑物。主要由池体、曝气系统和进出水口三个部分组成。池体一般用钢筋混凝土筑成，平面形状有长方形、方形和圆形等。污水在池内停留一定时间，由曝气系统提供好氧生物需要的氧量，从而分解污水中的各类有机质，有利于下一步工艺的进行。

因鼓风曝气工艺具有管理简便，运行可靠，运行成本低等优点，所以被各大污水处理厂使用。鼓风机作为生化处理系统的心脏，其运行状况的好坏对整个曝气系统起着至关重要的作用。

鼓风机的作用是将空气压入曝气池内以向污水充氧。一组曝气鼓风机控制系统由辅助油泵、出风阀、鼓风机、放空阀等控制回路组成。

控制线路如图 3-59 为辅助油泵控制线路、图 3-60 为出风阀控制线路、图 3-61 为鼓风机控制线路、图 3-62 为放空阀控制线路。图中 1XK、2XK 为出风阀的限位开关，3XK、4XK 为放空阀的限位开关，其作用在电动阀门中已介绍。

控制过程如下：

鼓风机开机前，按下启动按钮 QA，先启动辅助油泵，当油管中油压达到 2kgf/cm^2（$1\text{kgf/cm}^2=98.0665\text{kPa}$，下同）时，FY 接通端子 2，接触器 JC 通电，启动鼓风机主电动机，同时自动关闭放空阀（当 FY 接通端子 1 时，由中间继电器 1ZJ 动作可实现油压低鼓风机主电动机自动停车）。当风管中风压上升到 0.7kgf/cm^2 时出风阀控制线路中的 FY 接通左边端子，自动打开出风阀。

鼓风机停车前，首先按下 FA 停止按钮，打开放空阀。再按下停止按钮 TA，使主电动机和辅助油泵停车，时间继电器 4SJ 延时动作，关闭出风阀。

在运行过程中，如油管中压力降低至 1.5kgf/cm^2 时，须将辅助油泵投入运行，使油管中油压恢复正常值，如油压继续下降至 1kgf/cm^2 或轴温高达 70℃ 时，则应使主机立即停车。

风量的大小是通过改变导叶角度或控制鼓风机开机的台数来实现的，这比依靠电气装置调节电动机转速来调节风量更方便可靠。

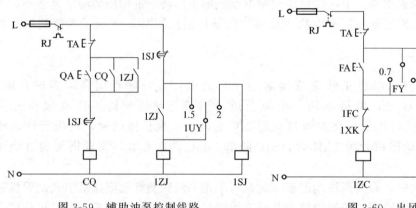

图 3-59　辅助油泵控制线路

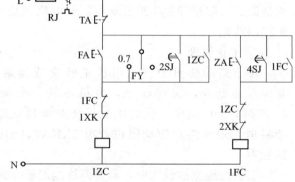

图 3-60　出风阀控制线路

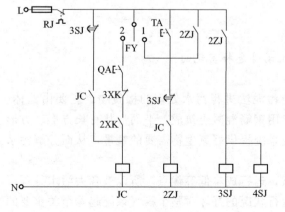

图 3-61　鼓风机控制线路

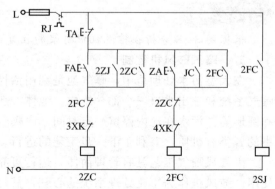

图 3-62　放空阀控制线路

> 思考

分析曝气鼓风机中的辅助油泵、出风阀、鼓风机、放空阀四者之间的控制关系。

六、平流式隔油装置控制

隔油装置安装在平流式隔油池内,借助装置的往返动作起到收集水面上浮油及刮去沉泥的作用。

控制过程如下:

平流式隔油机开机时刮板电动机正转交流接触器 ZC 通电,刮板前移,刮至隔油池前端头时,压动限位开关 1XK,刮板停止,中间继电器 2ZJ 通电,同时开启前端头的电动阀门,自动排泥。通过时间继电器 1SJ 延时,将该阀关闭。与此同时,刮板电机反转交流接触器 FC 通电,刮板后移,刮至隔油池后端头时,压动限位开关 2XK,刮板停止,中间电器 3ZJ 通电,同时开启后端头的电动阀门,又自动排泥,通过时间继电器 2SJ 延时,将该阀关闭,与此同时,刮板电机正转交流接触器 ZC 通电,刮板前移,重复上述动作。过载时,热继电器 RJ 动作,常闭触点断开,电路断电,停止工作;常开触点闭合,故障信号继电器 1ZJ 通电,发出故障信号。图 3-63 为前端头电动阀门控制线路,图 3-64 为后端头电动阀门控制线路,图 3-65 为隔油装置控制线路。

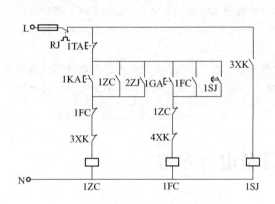

图 3-63 前端头电动阀门控制线路

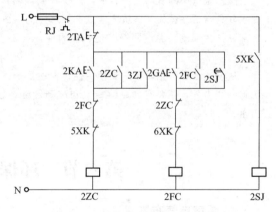

图 3-64 后端头电动阀门控制线路

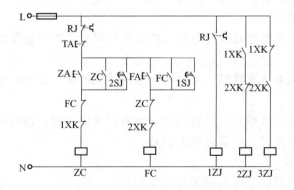

图 3-65 隔油装置控制线路

> 思考

分析平流式隔油装置中前端头电动阀门、后端头电动阀门、隔油装置三者之间的控制关系。

小资料 活性污泥法的基本工艺流程

活性污泥法在污水处理行业中处于非常重要的地位,是目前国内外应用最为广泛的一种二级污水处理法。据统计,我国已建和在建的城市污水处理厂有80%以上均采用活性污泥法。

活性污泥是悬浮的微生物群体及它们所吸附的有机物质和无机物质的总称。

1. 活性污泥法的基本概念

向生活污水中注入空气并进行曝气,每天保留沉淀物,更换新鲜污水,如此操作并持续一段时间后,污水中生成一种黄褐色的絮凝体,即活性污泥。以活性污泥为主体的污水生物处理工艺称为活性污泥法。

在活性污泥法中起主要作用的是活性污泥。在活性污泥上栖息着具有强大生命力和降解水中有机物能力的微生物群体。它利用这些微生物群体来吸附、分解、氧化污水中可生物降解的有机物,通过生物化学反应,将这些有机物从污水中分离出来,使污水得到净化。

2. 活性污泥法的基本工艺流程

活性污泥法的基本工艺流程由曝气池、二沉池、曝气系统、污泥回流及剩余污泥排放五部分组成。

废水和回流的活性污泥一起进入曝气池形成混合液。曝气池是一个生物反应器,通过曝气设备充入空气,空气中的氧溶入混合液,产生好氧代谢状态。随后曝气池内的泥水混合液流入二沉池,进行泥水分离,活性污泥絮体沉入池底,泥水分离后的水作为处理水排出二沉池。二沉池沉降下来的污泥大部分作为回流污泥返回曝气池,称为回流污泥,其余则从沉淀池中排除,这部分污泥称为剩余污泥。

从上述流程可以看出,要使活性污泥法形成一个实用的处理方法,污泥除了要具有氧化和分解有机物的能力外,还要有良好的凝聚和沉降性能,以使活性污泥能从混合液中分离出来,得到澄清的出水。

第六节　环保设备电气布置

一、泵房电气布置

泵房的电气布置主要有以下五个部分构成。

1. 变配电室布置要求

(1) 给泵房供配电的变电站及配电室,在条件许可时,应尽量靠近泵房,以缩短配电距离,方便维护管理。

(2) 当变电站与配电室合建时,变电站与泵房的配电柜可合并布置,以简化系统和减少配电柜数量。

(3) 当配电室与泵房合建时,应设隔墙,并有门通向泵房,还应设隔声观察窗。

(4) 选用箱式变电站时,应靠近用电设备。

2. 控制室布置要求

(1) 中小型泵房的控制室可与低压配电室合建。

(2) 大中型泵房应设独立的控制室,同时作为值班室。

(3) 控制室内应设有经常监视主要设备运行的仪表,并根据要求装设控制屏、信号屏、操作电源屏、计量屏以及要求装在控制室内的继电器屏等。

(4) 控制室内一般应装有中央事故信号和预告信号。

3. 泵房内电线电缆敷设要求

（1）在布置配线系统时，应尽可能缩短配电设备和用电设备之间的距离，电线电缆的敷设路径及方式，应以管理维护方便为原则，从可靠性和经济性两方面进行比较选取。

（2）电线电缆一般可采用电缆支架或电缆桥架沿墙、柱、梁及走道板下敷设。电缆支架或桥架可用膨胀螺栓固定，电缆桥架的盖板应能方便打开，以便于维修。

（3）当采用电缆沟敷设时，应考虑排水措施，其底部的排水坡度不小于 0.5%，并引入排水管网或经集水井用排水泵将水排出，避免电缆长期泡于水中。

（4）水泵台数较少或电机容量较小的泵房，也可采用穿管埋地敷设方式。穿线用钢管或塑料管应由电气施工人员配合土建施工时，按施工规程要求自行埋入。

（5）电线管尽可能不与给水排水管道交叉，当与管道交叉时，距离不得小于 100mm，与管道平行时，不得小于 200mm。

4. 泵房内电气设备布置

（1）水泵电动机的启动设备一般可装于配电室内，低压星-三角启动器宜装于机旁。

（2）小容量电动机（如出水电动阀门、真空泵、排渍泵及通风机等）的启动控制设备也可装于机旁控制箱内。

（3）低压较大容量电动机的补偿电容器，应装于机旁，以就地补偿动力线路的损耗。

（4）机旁控制箱应装于被控机组旁，还需考虑操作及维修方便，一般距地面 1.4m 左右，可固定于墙、柱及栏杆上，也可用支架支撑。

（5）应考虑电气设备与土建配合施工的有关问题，如接地系统、电气设备安装基础、电线电缆穿管等，必要时应绘制预埋件布置图。

5. 其他

（1）泵房应有良好的自然通风，以满足水泵电动机的散热要求。当自然通风不能满足要求时，应加设机械通风，如采用管道通风等。

（2）泵房应采取有防雷措施。

二、污水处理构筑物电气布置

固定式取水泵房，可分为地面式、半地下式和地下式三种布置形式。地下式取水泵房按水泵是否浸入水中又分为干井式和湿井式两种。其电气布置与水泵机组类型及其操作方式有关，也与水泵机组、控制屏、配电柜、起重设备等的布置以及泵房结构形式、通风条件等有关。下面以干井式取水泵房的电气控制为例做简单的介绍。

干井式取水泵房属于固定式取水方式，它一般分为上下两层，下层多为圆形，上层有圆形和矩形两种。

干井式取水泵房由于临水深埋，水泵机组可能在地面下数十米处，且下层较狭窄、潮湿，加之又要安装通风管道和机旁控制设备，所以特别要求机组和管道布置紧凑，以缩小平面尺寸，降低工程造价。

电气设备布置的一般形式如下所述。

（1）高压供电高压配电下层平面为圆形泵房的配电布置方式　由于上层受到下层圆形结构的限制，平面布置也较狭窄，而且圆形结构对于电气设备布置局限性较大。一般在泵房上层设控制室，其内安装控制屏、模拟屏及少量的配电设备。高压变配电装置一般在泵房附近另设配电室或与水厂变电所结合布置。

（2）高压供电低压配电上层平面为圆形泵房的配电布置方式　泵房机组容量较小，

变配电设备不多,变压器一般采用露天杆上安装。低压配电屏及启动柜均安装在泵房上层。

(3) 高压供电、高压配电上层平面为矩形泵房的配电布置方式 变配电室、控制室布置在上层,配电设备离机组近,线路短,操作管理方便。

(4) 高压供电高压配电上下层平面为矩形泵房的配电布置方式 电气设备一般放在上层以充分利用泵房内空间,下层仅布置就地控制箱。

图 3-66 为干井式取水泵房配电布置图。变电所另设,电缆放射式配电给水泵机组,沿引桥电缆支架引入泵房上层为圆形结构。下层设 4 台水泵,配 440kW、6kV 电动机。排水采用液位信号器,按照排水坑水位进行自动控制,轮换工作,控制箱在机旁安装,下层电缆在电缆支墩上敷设。上层设控制室,下设电缆检修层。室外电缆在引桥支架上敷设,泵房井壁单独设电缆支架,将上层电缆引至下层。

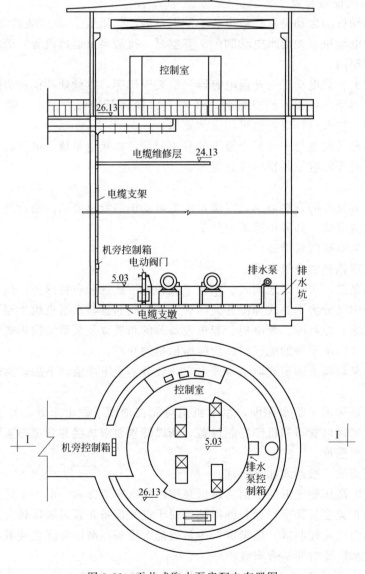

图 3-66 干井式取水泵房配电布置图

变频器简介

三相异步交流电动机的转速公式为：

$$n = n_0(1-s) = \frac{60f}{p}(1-s)$$

根据转速公式可知，当转差率 s 变化不大时，异步电动机的转速 n 基本上与电源频率 f 成正比，连续调节电源频率，就可以平滑地改变电动机的转速。电源的频率可以通过变频器进行调节。

通过改变电源频率来实现调速的方法具有较宽的调速范围、较高的精度、较好的动态和静态特性，在工农业生产中得到了广泛的应用。

变频器是应用变频技术制造的一种静止的频率变换器，是利用电力半导体器件的通断作用将工频电源变换为另一频率的电能控制装置。它主要由两部分电路构成，一是主电路（整流模块、电解电容和逆变模块），二是控制电路（开关电源板、控制电路板）。CPU 就安装在控制电路板上，变频器的操作软件烧录在 CPU 上，同一型号的变频器软件是固定的，唯一例外的就是三晶变频器，软件可根据使用需求更改。

1. 变频器的种类

变频器的种类很多，分类方法多种多样，主要有以下几种。

(1) 按变换环节分类　可分为交-交变频器和交-直-交变频器。

① 交-交变频器　交-交变频器是把频率固定的交流电直接变换成频率和电压连续可调的交流电。其主要优点是没有中间环节，变换效率高，但连续可调频率范围较窄，通常为额定频率的 1/2 以下，主要适用于电力牵引等容量较大的低速拖动系统中。

② 交-直-交变频器　交-直-交变频器是先把频率固定的交流电整流成直流电，再把直流电逆变成频率连续可调的交流电。由于把直流电逆变成交流电的环节较易控制，因此在频率的调节范围以及对改善变频后电动机的特性等方面，都有明显的优势，是目前广泛采用的变频方式。

(2) 按工作原理分类　可分为 U/f 控制变频器、转差频率控制变频器和矢量控制变频器。

① U/f 控制变频器　常规通用变频器在变频时使用电压和频率的比值 U/f 保持不变而得到所需的转矩特性，控制的基本特点是对变频器输出的电压和频率同时进行控制。因为在 U/f 系统中，由于电动机绕组及连线的电压降引起有效电压的衰落而使电机的扭矩不足，尤其在低速运行时更为明显。一般采用的方法是预估电压降并增加电压，以补偿低速时扭矩的不足。采用 U/f 控制的变频器控制电路结构简单、成本低，大多用于对精度要求不高的通用变频器，用来控制风机和水泵等类负载。

② 转差频率控制变频器　转差频率控制方式是对 U/f 控制的一种改进，这种控制需要由安装在电动机上的速度传感器检测出电动机的转速，构成速度闭环，速度调节器的输出为转差频率，而变频器的输出频率则由实际转速与所需转差频率之和决定。由于通过控制转差频率来控制转矩和电流，与 U/f 控制相比，变频器的加减速特性和限制电流的能力均得到了提高。

③ 矢量控制变频器　矢量控制变频器是一种高性能异步电动机控制方式。它是将异步电动机的定子电流正交分解成产生磁场的电流分量（励磁电流）和产生转矩的电流分量（转矩电流），并分别加以控制。由于在这种控制方式中必须同时控制异步电动机定子电流的幅值和相位，即定子电流的矢量，因此，这种控制方式称为矢量控制方式。

(3) 按用途分类　分为通用变频器、高性能专用变频器和高频变频器。

① 通用变频器　通用变频器是指能与普通的笼型异步电动机配套使用，能适应各种不同性质的负载，并具有多种可供选择功能的变频器。

② 高性能专用变频器　高性能专业变频器大多采用矢量控制方式，主要应用与对电动机的控制要求较高的系统，驱动对象通常是变频器厂家指定的专用电动机。

③ 高频变频器　高频变频器采用脉冲幅度调制（PAM）控制方式，其输出频率可达 3kHz。常用于超精密加工和高性能机械中，驱动高速电动机。

2. 变频器使用注意事项

(1) 变频器在配线时，绝对禁止将电源线接到变频器的输出端 U、V、W 上，否则将损坏变频器。

(2) 在变频器不使用时，可将断路器断开，起电源隔离作用；当线路出现短路时，断路器起保护作用。但在正常工作情况下，不要使用断路器启动和停止电动机，容易烧毁变频器中的逆变晶体管。

(3) 由于变频器输出的是高频脉冲波，所以禁止在变频器与电动机之间加装电力电容器件。

(4) 当电动机处于直流制动状态时，电动机绕组会产生较高的直流电压反送到直流电压侧，可以接直流制动电阻以降低高压。

(5) 变频器和电动机必须可靠接地。

(6) 变频器的安装环境应通风良好。

本章小结

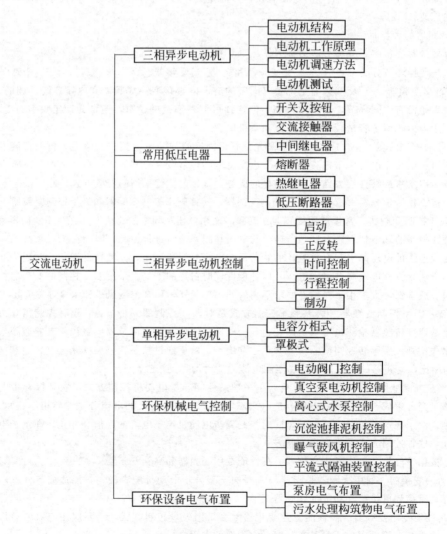

习题与思考题

3-1 说明三相鼠笼式异步电动机的主要结构及各部分的作用。

3-2 什么是同步转速？什么是转差率？电动机的转速 n 增大时，转差率 s 怎样变化？

3-3 额定频率为 50Hz 的三相异步电动机额定转速为 725r/min，请问该电机的极数为多少？求出它的同步转速和额定运行时的转差率。

3-4 三相异步电动机的旋转磁场在什么条件下产生？

3-5 三相异步电动机的调速方法有哪几种？

3-6 交流接触器有几对主触点，几对辅助触点？交流接触器的线圈电压一定是 380V 吗？怎样选择交流接触器？

3-7 熔断器和热继电器的相同点和不同点是什么？能否用熔断器替代热继电器？

3-8 接触器和中间继电器的触点系统有什么区别？

3-9 什么是点动控制？点动控制主要应用在哪些场合？

3-10 什么是自锁控制？自锁控制主要应用在哪些场合？

3-11 试分析判断题 3-1 图所示的各控制电路能否实现自锁控制。若不能，试分析说明原因。

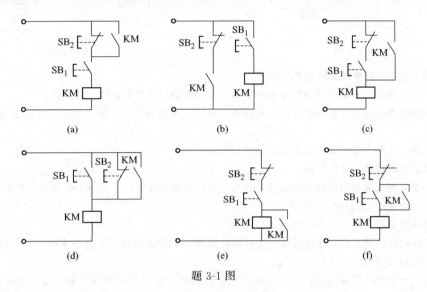

题 3-1 图

3-12 试画出实现点动的控制电路图及自锁的控制电路图。

3-13 分析题 3-2 图中（a）、（b）两图的控制过程，并指出两图的控制有何不同？

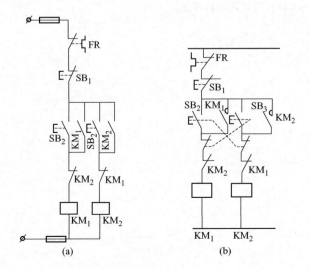

题 3-2 图

3-14 如题 3-3 图：(1) 试述电动机 M 的启动—运行—停止过程。
(2) 试述热继电器 FR 的过载保护过程。

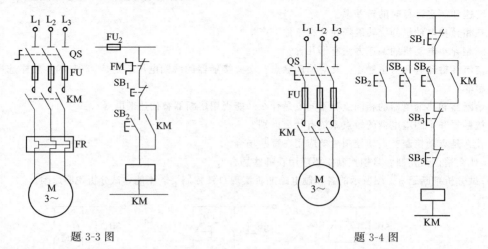

题 3-3 图　　　　　　　　　　题 3-4 图

3-15 分析题 3-4 图多点控制电路的工作原理。

3-16 设计一个三相异步电动机两地启动的主电路和控制电路，并具有短路、过载保护。

3-17 设计一个实现自动往复循环控制的控制线路，画出主电路和控制线路，并说明工作原理。具体要求如下：
(1) 工作台在两个撞块之间自动往复循环运动；
(2) 有必要的短路、过载保护。

3-18 设计一个实现皮带运输机控制的线路，画出主电路和控制线路，并说明工作原理。具体要求如下：
(1) 启动要求按 $M_1 \rightarrow M_2$ 顺序启动；
(2) 停车要求按 $M_2 \rightarrow M_1$ 顺序停车；
(3) 上述动作实现全自动化，只有一个启动按钮和一个停止按钮，并且要求两台电动机启动和停车都有一定时间间隔。

3-19 设计一小车运行的控制线路，小车由异步电动机拖动，画出主电路和控制线路，并说明工作原理。具体要求如下：
(1) 小车由原位开始前进，到终端后自动停止。
(2) 在终端停留 1min 后自动返回原位停止。

第四章　供电与安全用电

> **知识目标**
> - 了解电能的产生、输送与分配。
> - 掌握安全用电的要求。
> - 了解触电的种类和方式，并能分析触电的常见原因。
>
> **能力目标**
> - 学会安全用电的方法。
> - 掌握预防触电的措施。
> - 学会快速实施人工急救的方法。

电能是现代工业的主要动力，一般工业企业所消耗的电能占总能源消耗的80%左右，因此，合理地供配电及安全用电是工业企业重要的基础技术工作之一。本章主要介绍电力系统的供配电及安全用电的基本知识。

第一节　电能的产生、输送与分配

一、电能的产生

把其他形式的能（如热能、水能、核能等）转化为电能的场所称为发电厂或发电站。发电厂根据它所利用能源的不同，可分为火力发电厂、水力发电厂、核电厂等。目前在我国，火力发电和水力发电占主导地位，但随着核能技术的发展，核电厂的比例正在逐步增大。

由发电厂、电力网和电能用户组成一个发电、输电、变配电和用电的整体，称为电力系统，如图4-1所示。

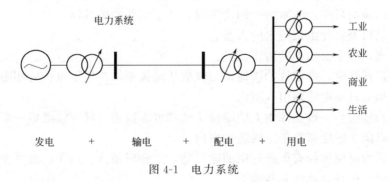

图4-1　电力系统

二、电能的输送

为了提高输电效率并减少输电线路上的损失，发电厂产生的电能，经过变压器升压后，再通过输电线路传输到用电地区，在经过降压变压器降压后再分配给各用户。电力系统的各级电压线路及其联系的变配电所，称为电力网。电力网是电力系统的重要组成部分，其作用是将电能从发电厂输送并分配到电能用户。

输电距离越远，要求的输电电压就越高，我国国家标准中规定输电线的额定电压为 35kV、110kV、220kV、330kV、500kV。

三、电能的分配

电能输送到用电地区后，经过变压，然后配电的场所称为变电所，若只进行受电和配电，而不经过变压的场所，称为配电所。从地区变电到用电单位变电所的线路，是用于分配电能的，称为配电线路。配电线路根据电压高低分为高压配电线路、中压配电线路和低压配电线路。一般高压配电线路电压为 35kV 或 110kV；中压配电线路电压为 6kV 或 10kV；低压配电线路电压为 220V 或 380V，低压配电线路通常称为二次配电线路。

车间是主要的配电对象之一，常用的配电方式有以下两种。

(1) 发射式配电　对每一独立负载（如水泵）或一组集中负载（如车间照明）都用单独的配电线路供电。这种供电方式可靠，维修方便，当某一线路发生故障时，不会影响其他线路。

(2) 干线式配电　将每一个独立负载或一组集中负载按其所在位置，依次接到某一个配电干线上。这种供电方式比较经济，但是当干线发生故障时，接在干线上所有的设备都要受到影响。

第二节　防雷与接地

一、雷电的产生和防雷技术

闪电和打雷是大气层中强烈的放电现象。云块间的空气被击穿时电离发出耀眼闪光，形成闪电；空气被击穿时受高热而急剧膨胀，发出爆炸的轰鸣，形成雷声。雷击是一种自然灾害，具有很大的破坏性，雷击可能造成电气设备或生产设施的损坏，可能造成大规模的停电，可能引起火灾和爆炸，还可能伤害人畜。接地和防雷都是古老而又传统的用电安全措施，100 年来在用电安全上有着重要的地位。

一般来说，下列物体和地点容易受到雷击，在雷雨天气时应特别注意安全。

(1) 空旷地区的孤立物体、高于 20m 的建筑物，如水塔、烟囱、尖形屋顶等。

(2) 金属结构的屋面，砖木结构的建筑物，特别潮湿的建筑物。

(3) 山谷风口处，在山顶行走的人畜。

为避免雷击，应掌握如下的防雷技术：

(1) 安装避雷针时，避雷针的接地体与输电线路接地体在地下至少应相距 10m，以免避雷针上的高电压通过输电线路引入室内。

(2) 将进户线最后一根支撑物上的绝缘子铁脚可靠接地。进户线最后一根电杆上的中性线应重复接地以防止感应雷沿架空线进入室内。

(3) 躲避雷雨时应选择有屏蔽作用的建筑物，如金属箱体、汽车、混凝土房屋等，不能站在孤立的大树、电杆、烟囱和高墙下。

(4) 雷雨天气时应关好门窗以防止球形雷飘入，不要站在窗前或阳台上。

(5) 雷雨天气时尽量不要使用家用电器，应将电器的电源插头拔下。

二、建筑物、构筑物防雷等级的划分

建筑物和构筑物根据其生产性质、发生雷电事故的可能性和后果，按对防雷的要求分为

三类。

1. 第一类建、构筑物

凡建、构筑物中制造、使用或贮存大量爆炸物质，因电火花而引起爆炸，会造成巨大破坏或人身伤亡的，称为第一类建、构筑物。

通常，环保工程里没有这类建、构筑物。

2. 第二类建、构筑物

凡建、构筑物中制造、使用或贮存爆炸物质，但电火花不易引起爆炸或不至于造成巨大破坏或人身伤亡的，称为第二类建、构筑物。

在给水排水工程中的污泥硝化池、贮存易燃气体或气体的大型密封罐等构筑物属于此类。

3. 第三类建、构筑物

（1）按经验公式计算，年计算雷击次数超过 0.01 次，并结合当地情况确定需要防雷的建筑物。

（2）建筑群中高于其他建筑物或处于边缘地带的高度超过 20m 及以上的民用和一般工业建筑物；高度超过 20m 的建筑物上的突出物体。雷电活动强烈的地区其高度在 15m 以上，雷电活动较弱的地区其高度在 25m 以上。

（3）高度在 15m 以上的水塔、烟囱等孤立高耸建、构筑物，少雷地区，高度可在 20m 以上。

（4）历史上雷害事故严重地区的建、构筑物。

环保工程中需防雷的建、构筑物大多都属于此类。

三、建筑物、构筑物的防雷

1. 防雷保护设置原则

（1）第一类和第二类建、构筑物应有防直击雷、防感应雷和防雷电波侵入的措施，第三类建、构筑物应有防直击雷和防雷电波侵入的措施，其他建、构筑物不需要装防雷装置，但应按规程要求，采取防止雷电波沿低压架空线侵入的措施。

（2）进行防雷设计时，应了解当地雷电活动规律，注重雷害调查。

（3）雷电活动具有一定的选择性，地形、地貌和地质条件都是影响雷击选择性的主要因素。

（4）判断各建、构筑物是否设置防雷，要根据工程的具体情况，从必要性和经济性来综合考虑。

2. 防雷装置

防雷保护装置的作用是将雷电引向自身并将其泄掉，以避免雷击设备和建筑物。防雷装置由外部防雷装置和内部防雷装置两部分组成。

外部防雷装置由接闪器、引下线和接地装置组成，主要用于防护直击雷击。除外部防雷装置外，其他附加设施均为内部防雷装置（如避雷器、等电位连接、屏蔽、防静电装置、接地线等），主要用于减小和防护雷击电流在需要防护空间内所产生的电磁效应。常见防雷装置及作用如下：

（1）避雷针　主要用来保护高耸孤立的建筑物或构筑物及其周围的设施。

（2）避雷线　常与架空线路同杆塔架设，用来保护架空线路。

（3）避雷网　主要用来保护平顶且面积较大的建筑物。

（4）避雷带　一般与避雷针、避雷网配合使用，用来保护高层建筑的侧立面，以避免受到侧击雷的侵害。

（5）避雷器　是专用防雷设备，常与设备线路连接，用来保护线路、电气设备及其他电气设施、避免其过电压。

（6）等电位连接　可降低建筑物内间接接触电击的接触电压和不同金属部件间的电位差，并消除不同金属部件间的电位差，消除自建筑物外经电气线路和各种金属管道引入的危险故障电压的危害，达到防雷的要求。

所有的防雷装置都必须与接地装置可靠连接，才有防雷作用。因此，防雷装置必须与接地装置之间设置引下线，引下线的作用是将接闪器收到的雷电流引到大地去。

四、电气设备的接地

电气设备的某个部分与大地之间做良好的电气连接称为接地。电气设备接地的目的主要是保护人身和设备的安全。

电气设备接地的种类有如下几种。

（1）保护接地　为了保证人身安全，避免发生人体触电事故，将电气设备的金属外壳与接地装置连接的方式称为保护接地。当人体触及到外壳带电的设备时，由于接地体的接地电阻远小于人体电阻，绝大部分电流经接地体进入大地，只有很小部分流经人体，不致对人体造成伤害。如图4-2所示。

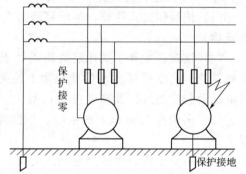

图4-2　保护接地和保护接零

（2）保护接零　保护接零是三相四线制中性点接地供电系统采用的保护方式。使零线重复接地，这样当设备的某相绝缘损坏时，形成经过壳体对零线的单相短路电流，这个电流足以引起线路上的过流保护装置（断路器或熔断器）动作而将电源断开使故障消除，避免触电的危险。如图4-2所示。

这个系统如果没有采用保护接零，只采用了保护接地，当发生绝缘损坏而漏电时，机壳上的电压约为110V，这个电压对人体来说是相当危险的。所以中性点接地系统必须采用保护接零，不能只采用保护接地。

（3）工作接地　为了保证电气设备在正常和事故情况下可靠的工作而进行的接地称为工作接地，如中性点直接接地、间接接地、零线的重复接地、防雷接地等都是工作接地。

（4）过电压保护接地　为了消除雷击和过电压的危害影响而设置的接地，如避雷针、避雷网、避雷带的接地。

（5）防静电接地　为消除生产过程中产生的静电及其危险影响而设置的接地，如加油站输油管道的接地。

（6）屏蔽接地　为防止电磁感应而应对电气设备的金属外壳、屏蔽罩、屏蔽线的金属外皮及建筑物金属屏蔽体等进行的接地。

第三节　触电急救常识

一、触电

人体因触及或接近带电体而承受过高的电压，致使过大的电流流过人体，造成烧伤或死亡等现象，称为触电。人体电阻为 800Ω 至几万欧不等，当人体通过电流超过 50mA，时间超过 1s 时，就有可能造成生命危险。因此我国规定 36V 以下为安全电压。例如车床或行灯的照明都采用 36V 电压，化工厂的大部分车间的用电为 12V。

人体触电的方式常见的有单相触电、两相触电和跨步电压触电。

1. 单相触电

当人体直接碰触带电设备中的一相时，电流通过人体流入大地，这种触电现象称为单相触电。对于高压带电体，人体虽未直接接触，但由于超过了安全距离，高电压对人体放电，造成触电，也称为单相触电。如图 4-3 所示。

2. 双相触电

同时接触带电设备或线路中的两相电时，或在高压系统中，人体同时接近不同相的两相带电导体，而发生电弧放电时，电流从一相导体放电通过人体流入另一相导体，构成一个闭合回路，这种触电方式称为双相触电。发生双相触电是最危险的，因为这时加在人体上的电压等于线电压。如图 4-4 所示。

3. 跨步电压触电

当电气设备发生接地故障时，接地电流通过接地体向大地流散，在地面上形成电位分布，若人在接地短路点周围行走，其两脚之间的电位差，就是跨步电压。由跨步电压引起的人体触电，称为跨步电压触电。跨步电压的大小受接地电流大小、鞋和地面特征、两脚之间的跨距、两脚的方位等很多因素影响。如图 4-5 所示。

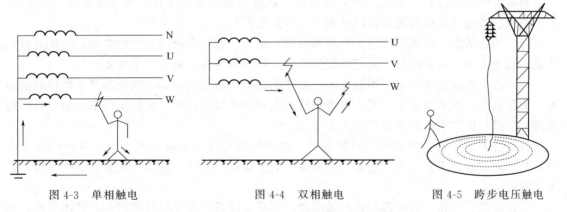

图 4-3 单相触电　　　　　图 4-4 双相触电　　　　　图 4-5 跨步电压触电

二、触电的保护

为了防止触电的发生，应采用安全电压和防爆电器，推广使用漏电保护开关；设立屏护，悬挂标示牌，定期检查用电设备；电气设备的金属外壳要采取保护接地、保护接零；选用导线的额定电流应比实际输电电流大，防止导线通过电流时过热；为防止触电事故，要对用户和广大群众宣传并普及安全用电常识。

三、触电急救

尽管电气系统有着完善的用电安全措施和保护系统，但是由于种种原因总会发生触电事故，因此，触电急救措施是每个人都应该掌握的。发生触电事故后，应该按照以下的程序进行操作。

1. 脱离电源

发生触电后，应立即使触电者脱离电源，这是抢救触电者的第一步，也是最重要的一步。脱离电源时，必须做到沉着冷静、动作果断、干净利索、安全可靠。

(1) 低压触电脱离电源的措施

① 拉闸、拔下插头或断开就近的低压断路器。

② 用绝缘物脱离电源，当就近没有开关可断时，可用身边的绝缘物（如木杆、玻璃、橡胶、干燥的毛织品等物品）挑开、拉开或推开触电者接触的电线或电气设备，使之脱离电源。

③ 穿绝缘鞋或站在干燥的木板上、绝缘垫上，用绳子或带子套在触电者身上，拉开使之脱离电源。

④ 紧急情况下，可用木柄斧头、木柄砍刀等将电源线切断，切断时应站在干燥木板上，注意切断时的电弧。

(2) 高压触电脱离电源的措施

① 断开就近的高压断路器，拉闸或按动跳闸按钮。

② 就近不能用开关断电时，可穿好绝缘鞋、带好绝缘手套，用合格的电压等级相符的绝缘拉杆或绝缘钳使触电者脱离电源。

③ 上述条件不具备时，可用抛掷挂接地线的方法，使线路短路跳闸，此法也可用在架空线路上。具体的做法是，先将接地线一端钢钎打入地下接地，另一端抛向线路或电气设备。

④ 情况紧急时，可用干燥的木棒且站在干燥的木板上，将就近跌落的熔断器拉断。

2. 急救

触电者脱离电源后，必须马上急救治疗。触电急救的正确方法是根据触电者当时的神志、心跳、呼吸或电伤程度等情况及现场条件来选择的。

(1) 神志清醒，能回答问题，只感到心慌、乏力、四肢发麻的轻度触电者，应让其就地休息，禁止走动，或坐或卧，减轻心脏的负担，并严密观察，做好急救准备。

(2) 神志不清或失去直觉的触电者，如呼吸正常，可将其抬到空气清新且干燥通风的地方，解开衣服，暂不做人工呼吸，但必须请医生到现场诊断治疗。在医生到来之前，应严密观察，一旦呼吸困难，应立即进行人工呼吸。

(3) 已失去知觉、神志不清的触电者，如呼吸困难或逐渐减弱的，应立即进行人工呼吸，并应立即请医生速来现场急救，并准备车辆立即送往医院，在送往医院的途中不得停止人工呼吸。

(4) 呼吸、脉搏、心跳都停止的触电者，必须立即进行人工呼吸和胸外心脏按压术，且中间不得因任何原因而间歇或停止，并准备车辆立即送往医院，在送往医院的途中不得停止人工呼吸和胸外心脏按压术。

3. 急救措施

(1) 人工呼吸　人工呼吸一般有三种，即口对口（鼻）人工呼吸法、摇臂压胸人工呼吸法、俯卧压背人工呼吸法。摇臂压胸人工呼吸法适用于现场只有一人救护时采用。俯卧压背人工呼吸法一般适用于溺水触电者的救护。这里只介绍口对口（鼻）人工呼吸法，其效果最好且简单易学。如图 4-6 所示。

人工呼吸口诀：

头部后仰向后推，紧托下颌向上提。深吸口气嘴对嘴，有时还需嘴对鼻。注意捏鼻把气吹，每分钟 16～18 次。

人工呼吸方法：

① 使触电者仰卧，并使其头部充分后仰，用手托在其颈后，使其鼻孔朝天，以利于呼

吸畅通，但头下不能垫枕头，同时将其衣扣解开。

② 救护人在触电者头部的两侧，用一只手捏紧其鼻孔，用另一只手的拇指和食指掰开其嘴巴，若掰不开嘴巴，就可以捏紧嘴巴，准备向鼻孔吹气，这就是口对鼻。救护人深吸一口气，向嘴巴或鼻孔吹气。吹气时要用力并使其胸部膨胀，应每5s吹一次，吹2s，停3s。对儿童可小口吹气。

③ 口对口（鼻）人工呼吸时，发现触电者胃部充气膨胀，须用手按住其腹部，并同时进行吹气和换气。

图 4-6　人工呼吸

(2) 胸外心脏按压术　胸外心脏按压术是触电者心脏停止跳动后使心脏恢复跳动最有效的急救方法之一。如图 4-7 所示，其方法如下：

① 使触电者仰卧在比较坚实的地方，解开领扣衣扣，并使其头部充分后仰，使其鼻孔朝天，以利于呼吸畅通。

② 救护者跪在触电者一侧或骑跪在其腰部两侧，两手相叠，下面手掌的根部放在心窝上方、胸骨下 1/3～2/3 处。对儿童可用一只手。

③ 掌根用力垂直向下按压，定位要准确，用力要适中，压下 3～4cm，突然松开。按压和放松动作要有节奏，每秒钟进行一次，每分钟按压 60 次左右，不可中断，直至触电者苏醒为止。

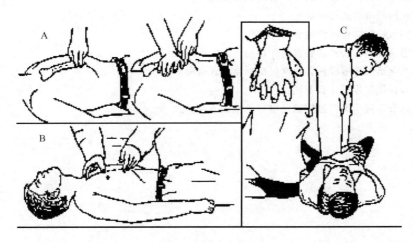

图 4-7　胸外心脏按压术

触电者呼吸和心跳都停止时，可同时采用"口对口人工呼吸"和"胸外心脏按压术"。单人救护时，可先吹气 2～3 次，在按压 10～15 次，交替进行。双人救护时，每 5s 吹气一次，每秒钟按压一次，两人同时进行操作。救护者在抢救时应具有人道主义和救死扶伤的精神，竭尽全力，将触电者救活。

本章小结

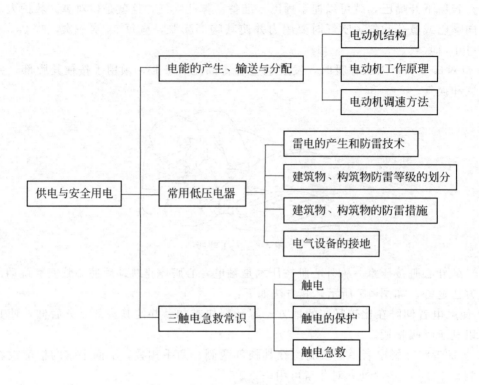

习题与思考题

4-1 变电所和配电所的任务是什么？二者区别在哪里？
4-2 车间里常用的配电方式有哪些？
4-3 建筑物、构筑物按防雷等级划分为几类？
4-4 常用的防雷装置有哪些？其各自的作用是什么？
4-5 触电为什么会给人体造成伤害？常见的触电方式有哪些？
4-6 保护接地和保护接零有什么不同？
4-7 人体触电后有几种情况？怎样确定施行急救的方法？

电子技术篇

第五章　常用电子元件及其应用

知识目标
- 了解半导体的导电方式、PN 结的形成过程。理解 PN 结的单向导电特性。
- 掌握半导体二极管的符号、主要参数、伏安特性及使用常识。了解特殊二极管的结构，工作特性及应用。
- 理解半导体二极管整流电路、滤波电路的工作原理。
- 了解三极管的结构；理解三极管的电流放大作用和伏安特性；掌握其电路符号和主要参数。
- 掌握基本放大电路的组成、工作原理、各元件的名称和作用，掌握放大电路的微变等效电路分析方法，并能够估算其性能指标。
- 掌握放大电路静态工作点的设置及稳定，理解反馈的概念，掌握负反馈对放大电路性能的影响。
- 了解和熟悉集成运算放大器的组成及其图形符号。
- 掌握集成运放的理想化条件及其分析方法。
- 理解集成运放的线性应用及其工作原理。

能力目标
- 能利用万用表判断二极管的极性及质量，会正确选用二极管。
- 能应用二极管组成基本的整流、稳压等应用电路。
- 能利用万用表判断三极管的极性及质量，会正确选用三极管。
- 能组成一个基本放大电路并确定其静态工作点、分析其动态性能指标。
- 能解释放大电路中静态工作点和负反馈对放大性能的影响。
- 能应用集成运放构成基本运算电路。

　　本章首先介绍了半导体的基本特性，然后分别介绍了由半导体制造的二极管的内部结构、伏安特性、几种特殊的二极管及二极管基本的应用电路和由半导体制造的三极管的内部结构、符号、分类及由三极管构成的放大电路，并对共射放大电路的组成、分析方法做了详细的阐述，分析了静态工作点和负反馈对放大电路性能的影响，最后简单介绍了集成运算放大器的基本结构、主要参数和理想集成运放的分析方法，在此基础上介绍了集成运放的线性运算分析方法和非线性应用。

　　电子电路中常用的晶体管器件有二极管、三极管、运算放大器等，它们都是由半导体材料制成的。半导体器件是现实生活中最为常见的一种元件，从生产到生活都离不开它，例如电视机、电冰箱、数控机床、计算机等。对于电子工业而言，半导体更是其发展的一个重要标志。

一、半导体的基本特性

　　自然界中的各种物质中，根据导电能力的强弱，可以分为导体、绝缘体、半导体。半导体导电能力介于导体和绝缘体之间，如硅、锗、硒、一些氧化物和硫化物等。它们具有热敏特性、光敏特性和掺杂特性。利用光敏特性可制成光电二极管和光电三极管及光敏电阻；利用热敏特性可制成各种热敏电阻；利用掺杂特性可制成各种不同性能、不同用途的半导体器件，例如二极管、三极管等。在电子器件中，用得最多的半导体材料是硅（Si）和锗（Ge）两种。

二、本征半导体

不含有杂质的半导体称为本征半导体。在本征半导体中存在两种载流子：电子和空穴，并且是成对出现的，称为电子-空穴对，而金属导体中只有一种载流子-电子。本征半导体在外电场作用下，两种载流子的运动方向相反而形成的电流方向相同。

在本征半导体中，电子-空穴对产生的同时，还有另外一种现象的出现，那就是运动中的电子如果和空穴相遇，电子重新填补掉空穴，两种载流子就会同时消失，这个过程叫做复合。在一定温度下，电子-空穴对在不断产生的同时，复合也在不停地进行，最终会处于一种平衡状态，使载流子的浓度一定。可以证明，本征半导体的载流子的浓度除和半导体材料性质有关外，还与温度有很大关系，载流子的浓度随着温度的升高近似按指数规律增加。

三、杂质半导体

在本征半导体中，因其本征载流子的浓度很低，所以导电能力很差。但是如果在本征半导体中掺入微量的其他元素（杂质）就会使半导体的导电能力得到显著的变化。把掺入杂质的半导体称为杂质半导体。又根据掺入杂质的不同，分为 N 型和 P 型半导体两类。

1. N 型（电子型）半导体

如果在硅或锗晶体中掺入 5 价元素，如磷、砷、锑等，就形成了 N 型半导体。在 N 型半导体中，电子的浓度会比本征半导体中的电子浓度高出很多倍，很大程度上加强了半导体的导电能力。这种半导体主要靠电子导电，故称为电子型半导体或 N 型半导体。N 型半导体中电子的浓度远远大于空穴的浓度，所以电子是多数载流子（简称多子），空穴是少数载流子（简称少子）。

2. P 型（空穴型）半导体

如果在硅或锗晶体中掺入 3 价元素，如硼、铝、铟等，就形成了 P 型半导体。在 P 型半导体中，空穴的浓度会比本征半导体中的空穴浓度高出很多倍，这样加强了半导体的导电能力。这种半导体主要靠空穴导电，故称为空穴型半导体或 P 型半导体。P 型半导体中空穴的浓度远远大于电子的浓度，所以空穴是多数载流子，电子是少数载流子。

第一节 晶体二极管及其应用

一、认识晶体二极管

晶体二极管又称半导体二极管，简称二极管。图 5-1 为常见二极管外形图。半导体二极管由一个 PN 结加上相应的引出端和管壳构成。那么什么是 PN 结呢？

（一）PN 结及其单向导电特性

使用一定的工艺让半导体的一端形成 P 型半导体，另外一端形成 N 型半导体，在这两种半导体的交界处就形成了一个 PN 结。PN 结是构成各种半导体器件的核心。

1. PN 结的形成

如图 5-2(a) 所示，左边为 P 区，右边为 N 区。由于 P 区中的空穴浓度很大，而 N 区中的电子浓度很大，造成两边的两种载流子浓度相差悬殊。这时 P 区的空穴会向 N 区运动，

图 5-1　常见晶体二极管外形

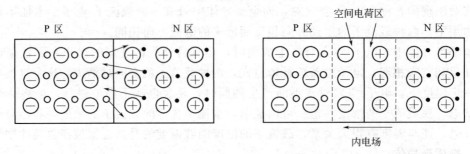

(a) 多数载流子的扩散运动　　　(b) 扩散和漂移运动平衡后形成的空间电荷区

图 5-2　PN 结的形成过程

而 N 区的电子会向 P 区运动,这种因浓度差引起的运动叫扩散运动。扩散到 P 区的电子会与空穴复合而消失,同样扩散到 N 区的空穴也会与电子复合而消失。复合的结果在交界处两侧出现了不能移动的正负两种杂质离子组成的空间电荷区,这个空间电荷区称为 PN 结,如图 5-2(b) 所示。在交界处左侧出现了负离子区,在右侧出现了正离子区,形成了一个由 N 区指向 P 区的内电场。随着扩散的进行,空间电荷区越来越宽,内电场也越来越强。但不会无限制的加宽加强。内电场的产生对 P 区和 N 区中的多数载流子的相互扩散运动起阻碍作用。同时,在内电场的作用下 P 区中的少数载流子电子,N 区中的少数载流子空穴则会越过交界面向对方区域运动,这种在内电场的作用下少数载流子的运动称为漂移运动。漂移运动使空间电荷区重新变窄,削弱了内电场强度。多数载流子的扩散运动和少数载流子的漂移运动最终达到平衡,PN 结的宽度一定。由于空间电荷区内没有载流子,所以又称为耗尽层。

2. PN 结的单向导电特性

PN 结是构成各种半导体器件的基本单元,使用时总是加有一定的电压。在 PN 结两端外加电压,称为给 PN 结加偏置电压。

(1) PN 结外加正向电压　在 PN 结上外加正向电压,即 P 区接电源正极,N 区接电源负极,此时称 PN 结为正向偏置(简称正偏),如图 5-3 所示。

由于外加电压产生的外电场与 PN 结产生的内电场方向相反,削弱了内电场,使 PN 结变窄,有利于两区的多数载流子向对方扩散,形成正向电流 I_F,此时 PN 结处于正向导通状态。

(2) PN 结外加反向电压　在 PN 结上外加反向电压,即 P 区接电源负极,N 区接电源正极,此时称 PN 结为反向偏置(简称反偏),如图 5-4 所示。

此时外加电场与内电场方向一致,因而加强了内电场,使 PN 结变宽,阻碍了多子扩散运动。两区的少数载流子在回路中形成极小的反向电流 I_R,则称 PN 结反向截止,这时 PN 结呈高阻状态。

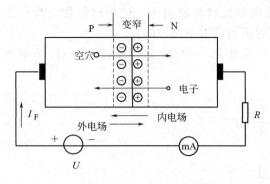
图 5-3　PN 结加正向电压

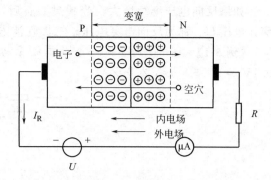
图 5-4　PN 结加反向电压

应当指出，少数载流子是由于热激发产生的，因而 PN 结的反向电流受温度影响很大。

综上所述，PN 结具有单向导电特性，即正向偏置时呈导通状态，反向偏置时呈截止状态。

图 5-5 为二极管电路符号。每个二极管都有两个极，从 P 型半导体引出的是正极（阳极），从 N 型半导体引出的是负极（阴极）。

二极管的类型很多，从制造材料来分，有硅二极管和锗二极管；从管子结构来分，有点触型和面结型。点触型的 PN 结面积小，因此不允许通过较大的电流，但因结电容也小，可在高频下工作，适用于检波和小功率的整流电路。面结型的 PN 结面积较大，允许大电流通过，但只能在较低频率下工作，可用于整流电路。

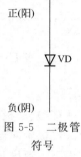
图 5-5　二极管符号

思考

为什么 PN 结具有单向导电性？

（二）晶体二极管的伏安特性

二极管的最重要特性就是单向导电性。这种特性可以从二极管的伏安特性曲线上看出来。所谓的伏安特性曲线是用来描述加在二极管上的电压与流经二极管的电流的关系曲线，如图 5-6 所示。这是一个典型的硅二极管伏安特性曲线图。由图可看出它们有如下特性。

1. 正向特性

二极管所加正向电压很小时，正向电压的外电场还不足以克服内电场对扩散运动的阻力，正向电流很小几乎为零。正向特性的这部分区域称为"死区"，对应的电压值称为"死区电压"。当加在二极管上的电压

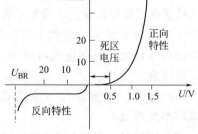
图 5-6　二极管伏安特性曲线图

超过死区电压时，内电场被大大削弱，正向电阻变得很小，正向电流上升很快，二极管导通。通常硅管的死区电压约为 0.5V，锗管约为 0.1V。二极管导通后，管子的导通压降 U_D 几乎为一定值，通常硅管的导通压降为 0.7V，锗管的导通压降为 0.3V。

2. 反向特性

二极管加上反向电压后，反向电流很小。并且当反向电压增加到一定的数值时，反向电流不会随着电压的增加而增大，即达到了饱和，这个电流被称为反向饱和电流，用符号 I_S 来表示。

如果反向电压继续增大,当超过U_{BR}后,反向电流将急剧增大,这种现象称为反向击穿,电压U_{BR}称为反向击穿电压。二极管被击穿后不再具有单向导电性。

【例 5-1】 图 5-7 所示是一个硅二极管电路,其中$R_1=3\text{k}\Omega$, $R_2=2\text{k}\Omega$, 当U_I分别为 0.1V 和 5V 时, U_O为多少?

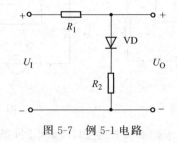

图 5-7 例 5-1 电路

解:(1)当$U_I=0.1\text{V}$时,二极管两端虽然加的是正向电压,但所加电压小于死区电压 0.5V,二极管不导通

$$U_O=0\text{V}$$

(2)当$U_I=5\text{V}$,二极管导通

$$U_O=U_I\frac{R_2}{R_1+R_2}=5\times\frac{2}{3+2}=2\text{(V)}$$

(三)二极管的温度特性

二极管对温度很敏感,随着温度的升高正向特性曲线向左移,反向特性曲线向下移。在室温下,温度每升高 1℃,正向压降减小 2~2.5mV;温度每升高 10℃,反向电流约增大一倍。

(四)二极管的主要参数

(1)**最大整流电流I_F** 指二极管长期运行时,允许通过的最大正向平均电流。这是由二极管承受多高温度决定的。使用时二极管的平均电流严禁超过此值,否则会烧坏二极管。如果通过的电流较大还需按规定加装散热片。

(2)**最大反向工作电压U_R** 指二极管在使用时允许使用的最大反向电压,如果超过此电压二极管就可能被击穿。一般为了管子的安全会留有余地,选择反向击穿电压的一半为U_R。

(3)**反向电流I_S** 指加上二极管不会被反向击穿的反向电压(室温下)时,流过二极管的反向电流值。反向电流值越小,二极管的单向导电性越好。反向电流受温度影响较为明显,需注意。

(4)**最高工作频率f_M** 主要取决于 PN 结的结电容的大小。结电容越大,允许通过的最高频率就越低。

综上所述,一般选二极管时可作以下考虑。要求导通电压低时选锗管;反向电流小时选硅管;导通电流大时选面结型;工作频率高时选点触型;反向击穿电压高时选硅管;耐高温时选硅管。

思考

在同样的正向电流下,二极管的压降是大一些好还是小一些好?在同样的反向电压下,二极管的反向电流是大一些好还是小一些好?

二、特殊二极管

上节讨论了普通二极管,另外还有一些特殊用途的二极管,如稳压二极管、发光二极管、光电二极管和变容二极管等，现介绍如下。

（一）稳压二极管

1. 稳压二极管的工作特性

稳压二极管的制造工艺采取了一些特殊措施，使它能够得到很陡峭的反向击穿特性，并能在击穿区内安全工作。常见稳压二极管的外形如图 5-8 所示。

图 5-9 所示为硅稳压二极管的特性曲线及其符号，它是利用管子反向击穿时电流在很大范围内变化，而管子两端的电压几乎不变的特点，实现稳压的。因此，稳压管正常工作时，工作于反向击穿状态，此时的击穿电压称为稳定工作电压，用 U_Z 表示。

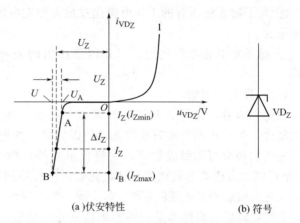

图 5-8　稳压二极管外形图　　　　图 5-9　稳压二极管的伏安特性及符号

2. 稳压管的主要参数

（1）稳定工作电压 U_Z　稳定工作电压 U_Z 即反向击穿电压。由于击穿电压与制造工艺、环境温度及工作电流有关，因此在一些工作手册中只能给出某一型号稳压管的稳压范围，例如，2CW21A 这种稳压管的稳定工作电压 U_Z 为 4～5.5V，2CW55A 的稳定工作电压 U_Z 为 6.2～7.5V。但是，对于某一只具体的稳压管，U_Z 是确定的值。

（2）稳定工作电流 I_Z　稳定工作电流 I_Z 是指稳压管工作在稳压状态时流过的电流。当稳压管反向电流小于最小稳定电流 I_{Zmin} 时，没有稳压作用；当稳压管反向电流大于最大稳定电流 I_{Zmax} 时，管子因过流而损坏。

（3）最大耗散功率 P_{ZM} 和最大工作电流 I_{ZM}　P_{ZM} 和 I_{ZM} 是为了保证管子不被热击穿而规定的极限参数，由管子允许的最高结温决定，$P_{ZM}=I_{ZM}U_Z$。

（4）动态电阻 r_Z　动态电阻 r_Z 是指稳压范围内电压变化量与相应的电流变化量之比，即 $r_Z=\Delta U_Z/\Delta I_Z$，如图 5-9 所示。$r_Z$ 值很小，约几欧姆到几十欧姆。r_Z 越小越好，即反向击穿特性曲线越陡越好，也就是说，r_Z 越小，稳压性能越好。

（5）电压温度系数 C_{TV}　它用温度每增加 1℃ 时电压的相对变化量来表示。当 $U_Z>6V$ 时，稳定电压具有正的温度系数，即随着温度上升，U_Z 将增大，C_{TV} 为正值；当 $U_Z<4V$ 时，稳定电压具有负的温度系数，即随着温度上升，U_Z 将减小，C_{TV} 为负值。U_Z 介于 4V 到 6V 之间的管子，其温度系数接近于零。为了提高 U_Z 的稳定性，常将两只稳压二极管反向串联封装在一起，引出三个管脚，电路符号如图 5-10 所示。使用时常以上、下两端作为一只稳压管使用，无论外

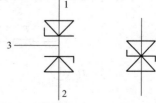

图 5-10　具有温度补偿的稳压二极管的符号

加电压极性如何，两只管子中总是有一只工作于正向，其电压具有负的温度系数；另一只管子工作于反向，其电压具有正的温度系数。两只管子的温度系数互相抵消，使整个管子的电压温度系数极小。这种管子称为具有温度补偿的硅稳压管。2CW234 型稳压管即属于这种稳压管。

稳压二极管的极性检测方法与普通二极管的检测方法相同。

稳压二极管使用时应注意以下几点。

① 稳压管的正极要接低电位，负极接高电位，保证工作在反向击穿区（除非用正向特性稳压）。

② 为了防止稳压管的工作电流超过最大稳定电流 I_{Zmax} 而发热损坏，一般要串接一个限流电阻 R。

③ 稳压管不能并联使用，以免因稳压值的差异造成各管电流不均，导致管子过载而损坏。

（二）发光二极管

发光二极管，简写成 LED。与普通二极管一样，也是由 PN 结构成的，同样具有单向导电特性，但在正向导通时能发光，所以它是一种把电能转换成光能的半导体器件。

发光二极管可以做成数字、字符显示器件，单个 PN 结可以封装成发光二极管，多个 PN 结可以按分段式封装成半导体数码管，选择不同字段发光可以显示出不同的字形。

发光二极管的发光颜色有红、绿、黄、橙、蓝等，几乎所有设备的电源指示灯、手机背景灯、七段数码显示器件都是使用的单色发光二极管。单色发光二极管的外形如图 5-11 所示，图 5-12 为发光二极管电路符号。发光二极管的两根引脚中，长引脚是正极，短引脚是负极。

图 5-11 发光二极管

图 5-12 发光二极管符号

发光二极管的正向工作电压约为 2～3V，工作电流约为 5～20mA，一般 $I_{VD}=1$mA 时启辉。随着 I_{VD} 的增加，亮度不断增加。当 $I_{VD}\geqslant 5$mA 以后，亮度并不显著增加。当流过发光二极管的电流超过极限值时，会导致管子损坏。因此，发光二极管在使用时，必须在电路中串接限流电阻。如图 5-13(a) 所示。用交流电源驱动时，电路如图 5-13(b) 所示，二极管 VD 可避免 LED 承受高的反向电压。

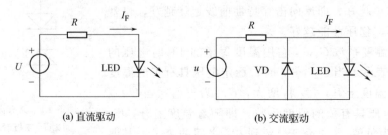

(a) 直流驱动　　　　　　　　　　(b) 交流驱动

图 5-13 LED 的驱动电路

目前有一种 BTV 系列的电压型发光二极管，它将限流电阻集成在管壳内，与发光二极管串联后引出两个电极，外观与普通发光二极管相同，使用更为方便。

作为显示器件，发光二极管具有体积小、显示快、光度强、寿命长等优点，缺点是功率消耗较大。

检测发光二极管时，一般用万用表的 $R\times 10k$ 挡，方法和普通二极管的一样。正常情况下，发光二极管的正向电阻一般在 $15k\Omega$ 左右，反向电阻为无穷大。灵敏度高的发光二极管，在测正向电阻时，可看见管芯发光。

（三）光电二极管

光电二极管是一种很常用的光敏元件。与普通二极管相似，它也是具有一个 PN 结的半导体器件，但二者在结构上有着显著不同。普通二极管的 PN 结是被严密封装在管壳内的，光线的照射对其特性不产生任何影响；而光电二极管的管壳上则开有一个透明的窗口，光线能透过此照射到 PN 结上，以改变其工作状态。光电二极管的外形（实物图）与电路符号如图 5-14 所示。

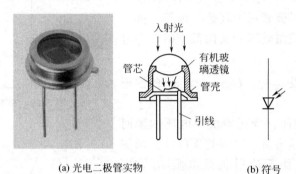

(a) 光电二极管实物　　　　(b) 符号

图 5-14　光电二极管的外表及符号

光电二极管工作在反偏状态，它的反向电流随光照强度的增加而上升，用于实现光电转换功能。光电二极管广泛用于遥控接收器、激光头中。当制成大面积的光电二极管时，能将光能直接转换成电能，也可当作一种能源器件，即光电池。

光电二极管的检测方法是：将万用表置于 $R\times 1k$ 挡，用手捂住或用一黑纸片遮住光电二极管的窗口，用黑表笔接正极，红表笔接负极，测得的正向电阻值为 $10\sim 20k\Omega$；交换表笔，指针不动，测得的反向电阻为无穷大。当受到光线照射时，反向电阻显著变化，正向电阻不变。在上述测量中，若正、反向电阻都很小或都很大，则说明光电二极管已经击穿或内部开路。

三、直流稳压电源电路

电子线路、电子设备和自动控制装置都需要稳定的直流电源供电。直流电源可以由直流发电机和各种电池提供，但比较经济实用的办法是，利用具有单向导电特性的电子器件将使用广泛的工频正弦交流电转换成直流电。直流稳压电源一般由变压器、整流电路、滤波电路和稳压电路四部分组成，其框图如图 5-15 所示。

电源变压器的作用是为用电设备提供所需的交流电压；整流器的作用是把交流电变换成脉动的直流电；滤波器的作用是把脉动的直流电变换成较平滑的直流电；稳压器的作用是克服电网电压、负载及温度变化所引起的输出电压的变化，提高输出电压的稳定性。本节对直流稳压电源的整流滤波电路和稳压电路进行分析。

（一）单相整流电路

将交流电变换成单向脉动的直流电的过程叫做整流。

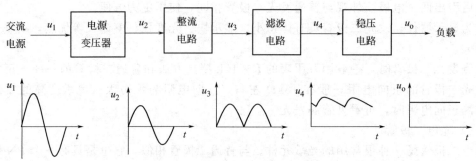

图 5-15 直流稳压电源的组成框图

1. 单相半波整流电路

单相半波整流电路通常由降压电源变压器 Tr、整流二极管 VD 和负载 R_L 组成，如图 5-16 所示。

为简化分析，将二极管视为理想二极管，即二极管正向导通时，作短路处理；反向截止时，作开路处理。

(1) 工作原理　设 $u_2 = \sqrt{2}U_2\sin\omega t$，$u_2$ 的波形如图 5-17 所示。

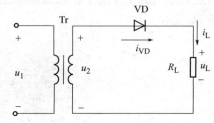

图 5-16　单相半波整流电路

在 u_2 的正半周期间，变压器次级电压的瞬时极性是上端为正，下端为负。二极管 VD 因正向偏置而导通，电流自上而下流过负载电阻 R_L，则 $u_{VD}=0$，$u_L=u_2$。

在 u_2 的负半周期间，变压器次级电压的瞬时极性是上端为负，下端为正。二极管 VD 因反向偏置而截止，没有电流通过负载电阻 R_L，则 $u_L=0$，而 u_2 全部加在二极管 VD 两端，则 $u_{VD}=u_2$。负载电压和电流的波形和二极管两端电压波形如图 5-17 (b)、(c)、(d) 所示。可见，利用二极管的单向导电特性，将变压器次级的正弦交流电变换成了负载两端的单向脉动的直流电，达到了整流的目的。这种电路在交流电的半个周期里有电流通过负载，故称为半波整流电路。

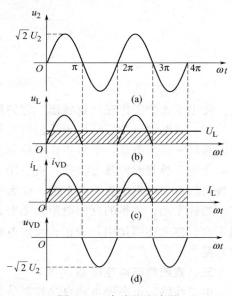

图 5-17　半波整流波形

(2) 负载上的直流电压和直流电流　直流电压是指一个周期内脉动电压的平均值。对半波整流电路为

$$U_L = \frac{1}{2\pi}\int_0^{2\pi} u_L \, d\omega t = \frac{1}{2\pi}\int_0^{\pi} \sqrt{2}U_2\sin\omega t \, d\omega t = \frac{\sqrt{2}U_2}{\pi} \approx 0.45U_2 \qquad (5\text{-}1)$$

流过负载 R_L 的电流平均值为

$$I_L = \frac{U_L}{R_L} = 0.45\frac{U_2}{R_L} \qquad (5\text{-}2)$$

(3) 整流二极管的参数与二极管的选择　流过二极管的直流电流与流过负载的直流电流相同，即

$$I_{VD}=I_L \tag{5-3}$$

二极管承受的最大反向电压为二极管截止时两端电压的最大值,即

$$U_{VDrm}=\sqrt{2}U_2 \tag{5-4}$$

可见为保证二极管安全工作,选用二极管时要求

$$I_{FM} \geqslant I_{VD}, \quad U_{RM} \geqslant U_{VDrm} \tag{5-5}$$

半波整流电路结构简单,但输出电压低,脉动成分大,变压器利用率低,只适用于小电流、小功率、对脉动要求不高的场合。

【例 5-2】 有一单相半波整流电路如图 5-16 所示。已知负载电阻 $R_L=600\Omega$,变压器副边电压的有效值 $U_2=40V$。求负载上电流和电压的平均值及二极管承受的最大反向电压。

解: $U_L=0.45U_2=0.45\times40=18$(V)

$$I_L=\frac{U_L}{R_L}=\frac{18}{600}=0.03\text{(A)}=30\text{(mA)}$$

$$U_{VDrm}=\sqrt{2}U_2=\sqrt{2}\times40=56.6\text{(V)}$$

2. 单相桥式整流电路

单相桥式整流电路是由 4 个相同的二极管 $VD_1 \sim VD_4$ 和负载 R_L 组成,其原理电路如图 5-18 所示。4 个二极管接成一个电桥形式,其中二极管极性相同的 1 个对角接负载电阻 R_L,二极管极性不同的 1 个对角接交流电压,所以称之为桥式整流。

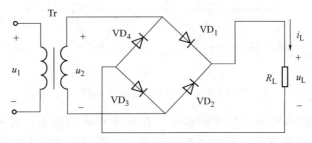

图 5-18 单相桥式整流电路

(1) 工作原理 设 $u_2=\sqrt{2}U_2\sin\omega t$,$u_2$ 的波形如图 5-19(a) 所示。

当在 u_2 的正半周时,变压器次级电压的瞬时极性是上端为正,下端为负。二极管 VD_1、VD_3 因正向偏置而导通,VD_2、VD_4 因反向偏置而截止,电流由变压器次级的上端流出,经 VD_1、R_L、VD_3 回到变压器次级的下端,自上而下流过 R_L,在 R_L 上得到上正下负的电压,如图 5-19(b) 中的 $0\sim\pi$ 段所示。

当在 u_2 的负半周时,变压器次级电压的瞬时极性是上端为负,下端为正。二极管 VD_1、VD_3 因反向偏置而截止,VD_2、VD_4 因正向偏置而导通,电流由变压器次级的下端流出,经 VD_2、R_L、VD_4 回到变压器次级的上端,自上而下流过 R_L,在 R_L 上仍然得到上正下负的电压,如图 5-19(b) 中的 $\pi\sim2\pi$ 段所示。

以上分析可见,在 u_2 的一个周期里,由于 VD_1、VD_3 和 VD_2、VD_4 轮流导通,所以负载 R_L 得到的是单方向的全波脉动的直流电。

(2) 负载上的直流电压和直流电流 负载上直流电压为

$$U_L=\frac{1}{2\pi}\int_0^{2\pi}u_L\mathrm{d}\omega t=\frac{1}{\pi}\int_0^{\pi}\sqrt{2}U_2\sin\omega t\,\mathrm{d}\omega t=\frac{2\sqrt{2}U_2}{\pi}\approx0.9U_2 \tag{5-6}$$

流过负载 R_L 的电流平均值为

$$I_L = \frac{U_L}{R_L} = 0.9 \frac{U_2}{R_L} \tag{5-7}$$

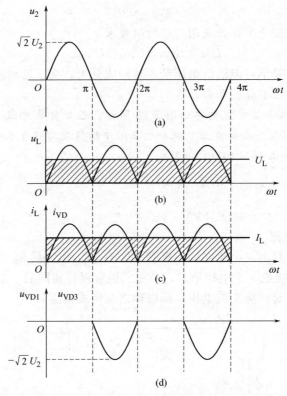

图 5-19 单相桥式整流波形图

（3）整流二极管的参数与二极管的选择　在桥式整流电路中，因为二极管 VD_1、VD_3 和 VD_2、VD_4 在电源电压变化一周内是轮流导通的，所以流过每个二极管的电流都等于负载的电流的一半，即

$$I_{VD} = \frac{1}{2} I_L \tag{5-8}$$

每个二极管承受的最大反向电压为二极管截止时两端电压的最大值，即

$$U_{VDrm} = \sqrt{2} U_2 \tag{5-9}$$

选用二极管时要求

$$I_{FM} \geqslant I_{VD}, \quad U_{RM} \geqslant U_{VDrm}$$

综上所述，单相桥式整流电路的直流输出电压较高，脉动较小，效率较高。因此，这种电路得到广泛的应用。

【例 5-3】　已知负载电阻 $R_L = 100\Omega$，负载工作电压 $U_L = 45V$，若采用桥式整流电路，试选择整流二极管的型号。

解：变压器的副边电压的有效值由 $U_L = 0.9 U_2$ 求得

$$U_2 = \frac{U_L}{0.9} = \frac{45}{0.9} = 50 \text{（V）}$$

加在二极管上的反向峰值电压为

$$U_{VDrm} = \sqrt{2} U_2 = \sqrt{2} \times 50 \approx 71 \text{（V）}$$

流过二极管的平均电流为

$$I_{VD} = \frac{1}{2} I_L = \frac{1}{2} \times \frac{45}{100} = 0.225 \text{ (A)} = 225 \text{ (mA)}$$

查手册，可选 2CZ54C 型整流二极管 4 只，其中 $I_{FM} = 0.5\text{A} > I_{VD} = 225\text{mA}$，$U_{RM} = 100\text{V} > U_{VDrm} = 71\text{V}$，满足计算要求。

单向桥式整流电路中，若某一整流管发生开路、短路或反接三种情况，电路中会发生什么问题？

（二）滤波电路

单向脉动直流电压的脉动大，仅适用于对直流电压要求不高的场合，如电镀、电解等设备。而在有些设备中，如电子仪器、自动控制装置等，则要求直流电压非常稳定。为了获得平滑的直流电压，可采用滤波电路，滤除脉动直流电压中的交流成分，滤波电路常由电容和电感组成。本节只介绍电容滤波电路。

在小功率的整流电路中最常用的是电容滤波电路，它是利用电容两端的电压不能突变的特性，与负载并联，使负载得到较平滑的电压。图 5-20 所示的是单相桥式整流电容滤波电路。

1. 工作原理

设电容初始电压为零，接通电源时，u_2 由零开始上升，二极管 VD_1、VD_3 正偏导通，VD_2、VD_4 反偏截止，电源在向负载 R_L 供电的同时，也向电容 C 充电。因变压器副边的直流电阻和二极管的正向电阻均很小，故充电时间常数很小，充电速度很快，$u_C = u_2$，达到峰值 $\sqrt{2}U_2$ 后，u_2 下降，当 $u_2 < u_C$ 时，VD_1、VD_3 截止，电容开始向 R_L 放电，因其放电时间常数 $R_L C$ 较大，u_C 缓慢下降。直至 u_2 的负半周出现 $|u_2| > |u_C|$ 时，二极管 VD_2、VD_4 正偏导通，电源又向电容充电，如此周而复始地充、放电，得到图 5-20(b) 所示的 u_C，即输出电压 u_L 的波形。显然此波形比没有滤波时平滑得多，即输出电压中的纹波大为减少，达到了滤波的目的。

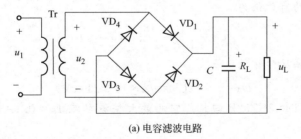

(a) 电容滤波电路

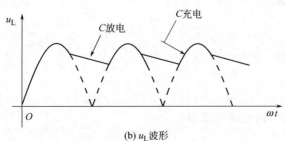

(b) u_L 波形

图 5-20　单相桥式整流电容滤波

2. 滤波电容和整流二极管的选择

(1) 滤波电容的选择与输出电压的估算　滤波电容的大小取决于放电回路的时间常数。放电时间常数 $R_L C$ 越大时，输出电压的脉动就越小，输出电压就越高。工程上一般取

$$C \geqslant (3 \sim 5) \frac{T}{2R_L} \tag{5-10}$$

其中 T 为电源电压 u_2 的周期。滤波电容一般采用电解电容器或油浸密封纸质电容器，使用电解电容时，应注意极性不能接反。此外，当负载断开时，电容器两端的电压最大值为 $\sqrt{2}U_2$，故电容器的耐压应大于此值，通常取 $(1.5 \sim 2)U_2$。

当电容的容量满足式(5-10) 时，输出的直流电压，可按下式估算

$$U_L = (1.1 \sim 1.2) U_2 \tag{5-11}$$

(2) 整流二极管的选择　二极管的平均电流仍按负载电流的一半选取，即

$$I_{VD} = \frac{1}{2} I_L = \frac{1}{2} \times \frac{U_L}{R_L}$$

考虑到每个二极管的导通时间较短，会有较大的冲击电流，因此，二极管的最大整流电流一般按下式选择，即

$$I_{FM} = (2 \sim 3) I_{VD}$$

二极管承受的最高反向工作电压仍为二极管截止时两端电压的最大值，则选取

$$U_{RM} \geqslant \sqrt{2} U_2$$

电容滤波电路的优点是电路简单，输出电压较高，脉动小。它的缺点是负载电流增大时，输出电压迅速下降。因此它适用于负载电流较小且变动不大的场合。

【例 5-4】　单相桥式整流电容滤波电路中，输入交流电压的频率为 50Hz，若要求输出直流电压为 18V、电流为 100mA，试选择整流二极管和滤波电容器。

解：(1) 选择整流二极管

流过二极管的平均电流

$$I_{VD} = \frac{1}{2} I_L = \frac{1}{2} \times 100 \text{mA} = 50 \text{ (mA)}$$

变压器次级电压的有效值为

$$U_2 = \frac{U_L}{1.2} = \frac{18}{1.2} = 15 \text{ (V)}$$

二极管承受的最高反向峰值电压

$$U_{VDrm} = \sqrt{2} U_2 = \sqrt{2} \times 15 \approx 21 \text{ (V)}$$

因此可选整流二极管 2CZ52B 四只。它的最大整流电流 $I_F = 0.1 \text{A}$，最高反向工作电压 $U_{RM} = 50 \text{V}$。

(2) 选择滤波电容器

电容器的容量为

$$C = \frac{5T}{2R_L} = \frac{5 \times 0.02}{2 \times (18/0.1)} \approx 2.78 \times 10^{-4} \text{ (F)} = 278 \text{ (}\mu\text{F)}$$

电容器耐压为

$$(1.5 \sim 2) U_2 = (1.5 \sim 2) \times 15 = 22.5 \sim 30 \text{ (V)}$$

因而选用 $330\mu F/35V$ 的电解电容器。

思考

当负载发生变化时，负载电压的平均值是否也变化？

(三) 稳压电路

前面介绍了由交流电源经变压器降压，再经整流、滤波电路获得直流电压。虽然经过整流、滤波所得到的直流电压较平滑，但输出的直流电压并不稳定，它会因交流电网电压的波动、负载的变化和温度变化等因素，使输出电压随之变化。显然这种电源在要求较高的场合和对电源电压稳定性较高的电子设备、电子电路是不适用的。所以电子设备中的直流电源和电子电路的供电电源，一般在滤波电路和负载之间加接稳压电路，以达到稳压供电的目的，使电子设备和电子电路稳定可靠地工作。在中小功率设备中常采用的硅稳压管稳压电路、串联型稳压电路、集成三端式稳压电路、开关型稳压电路等。本节主要介绍硅稳压管稳压电路。

1. 稳压管稳压电路

图 5-21 所示为硅稳压管组成的稳压电路。U_I 是整流滤波以后的输出电压。电阻 R 限制流过稳压管的电流使之不超过 I_{Zmax}，称为限流电阻。负载 R_L 与用作调整元件的稳压管 VD_Z 并联，输出电压就是稳压管两端的稳定电压，故又称为并联型稳压电路。

电路要有稳定的输出电压，要求稳压管必须工作在反向击穿状态，且流过稳压管的电流 $I_{Zmin} \leq I_Z \leq I_{Zmax}$。结合稳压管的反向特性曲线，分析电路的稳压原理。

首先分析负载不变（即 R_L 不变），电网电压变化时的稳压过程。例如，当电网电压升高使输入电压 U_I 随着升高时，输出电压 U_O 也即稳压管电压 U_Z 略有增加时，稳压管的电流 I_Z 会明显地增加，如图 5-22 中的 A、B 段所示，这使电阻 R 的压降 $U_R = R(I_O + I_Z)$ 增加，从而导致输出电压 U_O 下降，接近原来的值。即利用 I_Z 的调整作用，将 U_I 的变化量转移在电阻 R 上，从而保持输出电压的稳定。

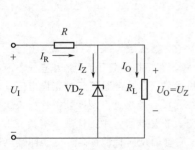
图 5-21 硅稳压管稳压电路

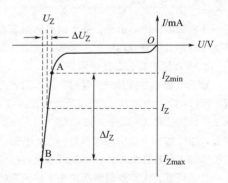
图 5-22 硅稳压管的反向伏安特性

同样，若电网电压不变（即 U_I 不变），负载变化时，电路也能起到稳压作用。例如，负载电阻 R_L 减小，引起 I_O 增加时，电阻 R 上的压降增大，输出电阻 U_O 因而下降。只要 U_O 略有下降，即 U_Z 下降，则稳压管电流 I_Z 会明显减小，从而使 I_R 和 U_R 减小，输出电压 U_O 回升，接近原来的值。即将 I_O 的变化量通过反方向的变化，使 U_R 基本不变，从而输出电压 U_O 基本稳定。

以上分析可知，稳压管组成的稳压电路，就是在电网电压波动和负载电流变化时，利用稳压管所起的电流调节作用，通过限流电阻 R 上电压或电流的变化进行补偿，来达到稳压的目的。

2. 硅稳压管和限流电阻的选择

（1）稳压管的选择　通常根据稳压管的 U_Z、I_{ZM} 选择稳压管的型号。一般取

$$U_Z = U_O \tag{5-12}$$

$$I_{ZM} = (2 \sim 3) I_{Omax} \tag{5-13}$$

(2) 输入电压 U_I 的确定 考虑电网电压的变化，U_I 可按 $U_I=(2\sim3)U_O$ 选择，且随电网电压允许有 $\pm10\%$ 的波动。

(3) 限流电阻的选择 当输入电压 U_I 上升 10%，且负载电流为零（即 R_L 开路）时，流过稳压管的电流不超过稳压管的最大允许电流 I_{Zmax}，即

$$\frac{U_{Imax}-U_O}{R} \leqslant I_{Zmax}, \quad R \geqslant \frac{U_{Imax}-U_O}{I_{Zmax}}$$

当输入电压下降 10%，且负载电流最大时，流过稳压管的电流不允许小于稳压管稳定电流的最小值 I_{Zmin}，即

$$\frac{U_{Imin}-U_O}{R} - I_{Omax} \geqslant I_{Zmin}, \quad R \leqslant \frac{U_{Imin}-U_O}{I_{Zmin}+I_{Omax}}$$

所以，限流电阻选择应按下式确定：

$$\frac{U_{Imax}-U_O}{I_{Zmax}} \leqslant R \leqslant \frac{U_{Imin}-U_O}{I_{Zmin}+I_{Omax}} \tag{5-14}$$

限流电阻的功率为

$$P_R \geqslant \frac{(U_{Imax}-U_O)^2}{R} \tag{5-15}$$

综上所述，硅稳压管稳压电路的稳压值取决于稳压管的 U_Z，负载电流的变化范围受到稳压管 I_{ZM} 的限制，因此，它只适用于电压固定、负载电流较小的场合。

小资料 如何判断二极管极性及性能的好坏

在实际电路中，由于二极管的损坏而造成的故障是很常见的。因此，会用万用表判别二极管的好坏和极性是二极管应用中的一项基本技能。

1. 用万用表检查二极管的好坏

对于小功率二极管，测量时，将万用表的电阻挡置于 $R\times100$ 挡或 $R\times1k$ 挡（一般不用 $R\times1$ 挡或 $R\times10k$ 挡，因为 $R\times1$ 挡电流太大，用 $R\times10k$ 挡电压太高，都易损坏管子）。黑表笔（表内电池的正极）接二极管的正极，红表笔（表内电池的负极）接二极管的负极，测量管子的正向电阻。若是硅管，指针指在表盘中间或偏右一点；若是锗管，则指针指在标尺右端靠近满刻度处，这样表明被测二极管的正向特性是好的。对换两表笔，测量管子的反向电阻。若是硅管，则指针基本不动，指在 ∞ 处；若是锗管，则指针的偏转角小于满刻度的 $1/4$，这表明被测管的反向特性也是好的。即被测的二极管具有良好的单向导电特性。

如果测得二极管的正、反向电阻均为 ∞ 或为零，说明被测二极管已失去了单向导电特性，不能使用。

2. 用万用表判断二极管的极性

用万用表的电阻挡判断二极管的极性时，若测得的电阻较小（指针的偏转角大于 $1/2$）时，说明红表笔接的是二极管的负极，黑表笔接的是二极管的正极；若测得的电阻较大（指针的偏转角小于 $1/4$）时，则红表笔接的是二极管的正极，黑表笔接的是二极管的负极。如图 5-23 所示。

3. 二极管使用注意事项

二极管使用时，应注意以下事项。

(1) 二极管应按照用途、参数及使用环境选择。

(2) 使用二极管时，正、负极不可接反。通过二极管的电流、承受的反向电压及环境温度等都不应超过手册中所规定的极值。

(3) 更换二极管时，应用同类型或高一级的代替。

(4) 二极管的引线弯曲处距离外壳端面应不小于 2mm，以免造成引线折断或外壳破裂。

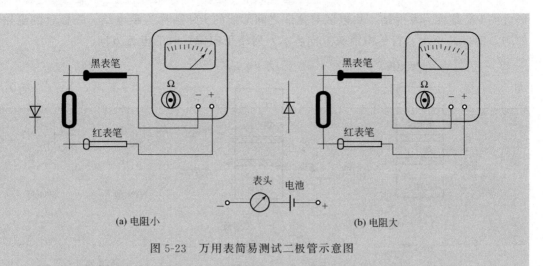

图 5-23 万用表简易测试二极管示意图

(5) 焊接时应用 35W 以下的电烙铁，焊接要迅速，并用镊子夹住引线根部，以助散热，防止烧坏管子。

(6) 安装时，应避免靠近发热元件，对功率较大的二极管，应注意良好散热。

(7) 二极管在容性负载电路中工作时，二极管整流电流 I_{FM} 应大于负载电流的 1.2 倍。

第二节 晶体三极管

一、晶体三极管基础知识

（一）认识晶体三极管

晶体三极管简称晶体管，是最重要的半导体器件，常用的晶体管外形如图 5-24 所示。三极管的外壳有用金属封装的，如图 5-24(c) 所示，散热条件较好；有用塑料封装的，如图 5-24(a) 所示，散热虽差些，但制造方便、价廉；大功率三极管要另装散热片如图 5-24(b) 所示。

图 5-24 常见三极管外形图

1. 三极管的结构与电路符号

三极管的结构示意图如图 5-25(a) 所示，它是由三层不同性质的半导体组合而成的。按半导体的组合方式不同，可将其分为 NPN 型管和 PNP 型管。

无论是 NPN 型管还是 PNP 型管，它们内部均含有三个区：发射区、基区、集电区。这三个区的作用分别是：发射区是用来发射载流子的；基区是用来控制载流子的传输的；集电区是用来收集载流子的。从三个区各引出一个金属电极，分别称为发射极（E）、基极（B）和集电极（C）；同时在三个区的两个交界处分别形成两个 PN 结，发射区与基区之间形成的 PN 结称为发射结，集电区与基区之间形成的 PN 结称为集电结。三极管的电路符号如图 5-25(b) 所示，符号中箭头方向表示发射结正向偏置时的电流方向。

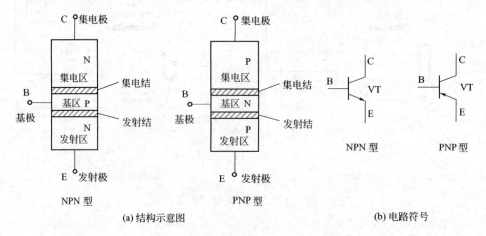

图 5-25　三极管结构示意图与电路符号

由于三极管三个区的作用不同，三极管在制作时，每个区的掺杂及面积均不同。其内部结构的特点是：发射区的掺杂浓度较高；三极管的基区不但做得很薄，而且掺杂浓度很低，便于高掺杂浓度的发射区的多数载流子扩散过来；集电区面积较大，以便收集由发射区发射、途经基区，最终到达集电区的载流子，此外也利于集电结散热。所以在使用时，发射极和集电极不能互换。这些特点是三极管实现放大作用的内部条件。

2. 三极管的分类

三极管的种类很多，常见的有以下几种分类形式。按其结构类型分为 NPN 型管和 PNP 型管；按其制作材料分为硅管和锗管；按其工作频率分为高频管和低频管；按其功率大小分为大功率管、中功率管和小功率管；按其工作状态分为放大管和开关管。

（二）三极管的电流分配与放大作用

要实现三极管的电流放大作用，除了上述内部条件外，还必须具有一定的外部条件，这就是合适的偏置电压：给三极管的发射结加上正向偏置电压，集电结加上反向偏置电压。

对于 NPN 型三极管来说，把三极管接成图 5-26 所示电路［此种接法输入基极回路和输出集电回路的公共端为发射极（E），故称为共发射极接法］。直流电源 U_{BB} 经电阻 R_B 接至三极管的基极与发射极之间，U_{BB} 的极性使发射结处于正向偏置状态（$V_B > V_E$）；电源 U_{CC} 通过电阻 R_C 接至三极管的集电极与发射极之间，U_{CC} 的极性和电路参数使 $V_C > V_B$，以保证集电结处于反向偏置状态。这样，三个电极之间的电位关系为：$V_C > V_B > V_E$，实现了发射结的正向偏置，集电结的反向偏置。如果是 PNP 型管，电源极性应与图 5-26 相反，具有放大作用的三个极的电位关系为 $V_C < V_B < V_E$。

三极管中各电极电流分配关系可用图 5-27 所示的电路进行测试。

1. 测试数据

调节图中的电位器 R_P，由电流表可测得相应的 I_B、I_C、I_E 的数据如表 5-1 所示。

表 5-1　I_B、I_C、I_E 的测试数据

I_B/mA	−0.001	0	0.01	0.02	0.03	0.04	0.05
I_C/mA	0.001	0.10	1.01	2.02	3.04	4.06	5.06
I_E/mA	0	0.10	1.02	2.04	3.07	4.10	5.11

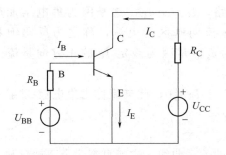
图 5-26 三极管的共射极接线及其电流分配示意图

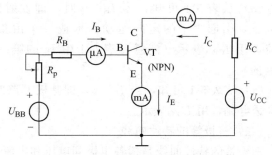
图 5-27 电流分配关系测试电路

2. 数据分析

(1) I_B、I_C、I_E 间的关系 由表 5-1 中的每列都可得到：

$$I_B + I_C = I_E \tag{5-16}$$

此结果满足基尔霍夫电流定律，即流进管子的电流等于流出管子的电流。

(2) I_C、I_B 间的关系 从表中第三列、第四列数据可知：

$$\frac{I_C}{I_B} = \frac{1.01}{0.01} = \frac{2.02}{0.02} = 101$$

这就是三极管的电流放大作用。上式中的 I_C 与 I_B 的比值表示其直流放大性能，用 $\bar{\beta}$ 表示，即

$$\bar{\beta} = \frac{I_C}{I_B} \tag{5-17}$$

通常将 $\bar{\beta}$ 称作共射极直流电流放大系数，由式(5-17) 可得

$$I_C = \bar{\beta} I_B \tag{5-18}$$

将式(5-18) 代入式(5-16) 中，可得

$$I_E = (1 + \bar{\beta}) I_B \tag{5-19}$$

I_C、I_B 间的电流变化关系，用第四列的电流减去第三列对应的电流，即

$$\Delta I_B = 0.02 - 0.01 = 0.01 \text{ (mA)}$$
$$\Delta I_C = 2.02 - 1.01 = 1.01 \text{ (mA)}$$

$$\frac{\Delta I_C}{\Delta I_B} = \frac{1.01}{0.01} = 101$$

可以看出，集电极电流的变化要比基极电流变化大得多，这表明三极管具有交流放大性能。用 β 表示，即

$$\beta = \frac{\Delta I_C}{\Delta I_B} \tag{5-20}$$

通常将 β 称作共射极交流电流放大系数。由上述数据分析可知：$\beta \approx \bar{\beta}$，为了表示方便，以后不加区分，统一用 β 表示。

β 是三极管的主要参数之一，β 的大小，除了由半导体材料的性质，管子的结构和工艺决定外，还与管子工作电流 I_C 的大小有关，也就是说同样一只管子在不同工作电流下 β 值是不一样的。

由表 5-1 可见，当 I_B 有一微小变化时，就能引起 I_C 较大的变化，这就是三极管实现放大作用的实质——通过改变基极电流 I_B 的大小，达到控制 I_C 的目的。因此晶体三极管是一种电流控制型器件。

(3) 从表 5-1 可知,当 $I_E=0$ 时,即发射极开路,$I_C=-I_B$。这是因为集电结加反偏电压,引起少子的定向运动,形成一个由集电区流向基区的电流,称之为反向饱和电流,用 I_{CBO} 表示(注意:表 5-1 中 I_B 的第一个为负值是因为规定 I_B 的正方向是流入基极的)。

(4) 从表 5-1 可知,当 $I_B=0$,即基极开路时,$I_C=I_E\neq 0$,此电流称为集电极-发射极的穿透电流,用 I_{CEO} 表示。

(三) 三极管的特性曲线

三极管的特性曲线是指各电极间电压和电流之间的关系曲线,它能直观、全面地反映三极管各极电流与电压之间的关系。三极管特性曲线可以用晶体管特性图示仪直观地显示出来,也可用测试电路逐点描绘。

1. 共发射极输入特性曲线

三极管的输入特性曲线如图 5-28 所示(图中以硅管为例),该曲线是指当集电极与发射极之间电压 u_{CE} 一定时,输入回路中的基极电流 i_B 与基-射极间电压 u_{BE} 之间的关系曲线。即,$i_B=f(u_{BE})|_{u_{CE}=常数}$。

由图 5-28 可见,输入特性曲线与二极管正向特性曲线形状一样。

2. 共发射极输出特性曲线

它是指在每一个固定的 i_B 值下,输出电流 i_C 与输出电压 u_{CE} 之间关系的曲线。即,$i_C=f(u_{CE})|_{i_B=常数}$,其曲线如图 5-29 所示。

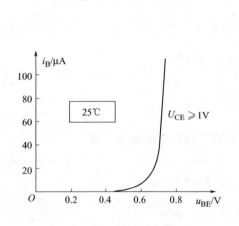

图 5-28 三极管的输入特性曲线　　图 5-29 三极管的输出特性曲线

根据三极管的不同工作状态,输出特性曲线可分为三个工作区。

(1) 截止区　当 $i_B=0$ 时,$i_C=I_{CEO}$,由于 I_{CEO} 数值很小,所以三极管工作于截止状态。故将 $i_B=0$ 所对应的那条输出特性曲线以下的区域称为截止区。三极管工作于截止状态的外部电路的条件是:发射结反向偏置(或无偏置又称零偏置),集电结反向偏置。这时 $u_{CE}\approx U_{CC}$,三极管的 C-E 之间相当于开路状态,类似于开关断开。

(2) 放大区　当 $i_B>0$,且 $u_{CE}>1V$,曲线比较平坦的区域称为放大区。此时,三极管的发射结正向偏置,集电结反向偏置。根据曲线特征,可总结放大区有如下重要特性。

受控特性:指 i_C 随着 i_B 的变化而变化,即 $i_C=\beta i_B$。

恒流特性:指当输入回路中有一个恒定的 i_B 时,输出回路便对应一个基本不受 u_{CE} 影响

的恒定的 i_C。

各曲线间的间隔大小可体现 β 值的大小。

(3) 饱和区　将 $u_{CE} \leqslant u_{BE}$ 时的区域称为饱和区。此时，发射结和集电结均处于正向偏置。三极管失去了基极电流对集电极电流的控制作用，这时，i_C 由外电路决定，而与 i_B 无关。将此时所对应的 u_{CE} 值称为饱和压降，用 U_{CES} 表示。一般情况下，小功率管的 U_{CES} 小于 0.4V（硅管约为 0.3V，锗管约为 0.1V），大功率管的 U_{CES} 约为 1~3V。在理想条件下，$U_{CES} \approx 0$，三极管 C-E 极之间相当于短路状态，类似于开关闭合。

在实际分析中，常把以上三种不同的工作区域又称为三种工作状态，即截止状态、放大状态及饱和状态。

由以上分析可知，三极管在电路中既可以作为放大元件，又可以作为开关元件使用。

（四）三极管的主要参数及温度的影响

三极管的参数是用来表征其性能和适用范围的，也是评价三极管质量以及选择三极管的依据。

(1) 电流放大系数　三极管接成共射电路时，其电流放大系数用 β 表示。β 的表达式在上述内容中已介绍，这里不再重复。

在选择三极管时，如果 β 值太小，则电流放大能力差；若 β 值太大，则会使工作稳定性差。低频管的 β 值一般选 20~100，而高频管的 β 值只要大于 10 即可。

β 的数值可以直接从曲线上求取，也可以用图示仪测试。

实际上，由于管子特性的离散性，同型号、同一批管子的 β 值也有所差异。

(2) 极间反向电流　集-基极间反向饱和电流 I_{CBO} 是指发射极开路，集电结在反向电压作用下，形成的反向饱和电流。因为该电流是由少子定向运动形成的。所以它受温度变化的影响很大。常温下，小功率硅管的 $I_{CBO} < 1\mu A$，锗管的 I_{CBO} 在 $10\mu A$ 左右。I_{CBO} 的大小反映了三极管的热稳定性，I_{CBO} 越小，说明其稳定性越好。因此，在温度变化范围大的工作环境中，尽可能地选择硅管。

集-射极间反向饱和电流——穿透电流 I_{CEO}：是指基极开路，集电极-发射极间加上一定数值的反偏电压时，流过集电极和发射极之间的电流。它与 I_{CBO} 的关系为 $I_{CEO} = (1+\beta)I_{CBO}$。

I_{CEO} 受温度影响也很大，温度升高，I_{CBO} 增大，I_{CEO} 增大。穿透电流 I_{CEO} 的大小是衡量三极管质量的重要参数，硅管的 I_{CEO} 比锗管的小。

(3) 极限参数　集电极最大允许电流 I_{CM}：当集电极电流太大时，三极管的电流放大系数 β 值下降。把 i_C 增大到使 β 值下降到正常值的 2/3 时所对应的集电极电流，称为集电极最大允许电流 I_{CM}。为了保证三极管的正常工作，在实际使用中，流过集电极的电流 I_C 必须满足 $I_C < I_{CM}$。

集电极-发射极间的击穿电压 $U_{(BR)CEO}$：$U_{(BR)CEO}$ 是指当基极开路时，集电极与发射极之间的反向击穿电压。当温度上升时，击穿电压 $U_{(BR)CEO}$ 要下降。在实际使用中，必须满足 $U_{CE} < U_{(BR)CEO}$。

集电极最大耗散功率 P_{CM}：集电极最大耗散功率是指三极管正常工作时最大允许消耗的功率。三极管消耗的功率 $P_C = U_{CE}I_C$ 转化为热能损耗于管内，并主要表现为温度升高。所以，当三极管消耗的功率超过 P_{CM} 值时，将使管子性能变差，甚至烧坏管子。因此，在使用三极管时，P_C 必须小于 P_{CM} 才能保证管子正常工作。功率管一般要另加散热装置，以防止烧坏管子。

> **思考**
>
> 三极管在什么情况下会分别处于放大、饱和、截止状态?

二、基本放大电路

在生产与科研中,经常需要将微弱的电信号放大,以便有效地进行观察、测量、控制或调节。例如,在工业测量仪表中,先要把反映温度、压力、流量等被调节量的微弱电信号经过放大器放大,然后送到显示单元进行指示或记录,同时又送到调节单元,实现自动调节。又如,在收音机和电视机中,也需要把天线收到的微弱信号放大,才足以推动扬声器和显像管工作。

放大器一般都由电压放大和功率放大两部分组成。电压放大器的任务是将微弱的电信号放大,再去推动功率放大器,电压放大器通常工作在小信号情况下;功率放大器的任务是输出足够的电功率去推动执行元件,它通常工作在较大信号的情况下。

本节讨论电压放大电路的基本工作原理、基本分析方法及常用典型电路。

(一) 单管共射放大电路的组成

图 5-30 为单管共射放大电路的习惯画法。在放大电路原理图中,$+U_{CC}$ 表示放大电路接到电源的正极,同时认为电源的负极接到符号"⊥"(地)上。对于 PNP 型管的电路,电源用 $-U_{CC}$ 表示,而电源的正极接"地"。输入端接待放大的交流信号源 u_s(内阻为 R_S),输入信号电压为 u_i;输出端外接负载 R_L,输出交流电压为 u_o。电路中各个元件的作用如下:

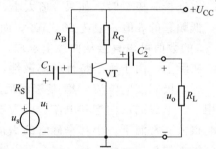

图 5-30 共射放大电路的习惯画法

(1) 三极管 VT 图中为 NPN 型半导体三极管。它是放大电路的核心元件,为使其具备放大条件,电路的电源和有关电阻的选择,应使 VT 的发射结处于正向偏置,集电结处于反向偏置状态。

(2) 集电极电源 U_{CC} U_{CC} 是放大电路的直流电源(能源)。此外,U_{CC} 分别经过合适的电阻 R_C、R_B 向 VT 提供集电结反偏电压和发射结正偏电压,保证三极管处于放大状态。

(3) 基极偏置电阻 R_B R_B 给三极管基极回路提供合适的偏置电流 I_B。

(4) 集电极电阻 R_C 其作用是把经三极管放大了的集电极电流(变化量),转换成三极管集电极与发射极之间管压降的变化量,从而得到放大后的交流信号输出电压 u_o。

(5) 耦合电容 C_1 和 C_2 一方面利用电容器的隔直作用,切断信号源与放大电路之间、放大电路与负载之间的直流通路的相互影响。另一方面,C_1 和 C_2 又起着耦合交流信号的作用。只要 C_1、C_2 的容量足够大,对交流的电抗足够小,交流信号便可以无衰减地传输过去。总之,C_1、C_2 的作用可概括为"隔离直流,传送交流"。

由上图可以看出,放大电路的输入电压 u_i 经 C_1 接至三极管的基极与发射极之间,输出电压 u_o 由三极管的集电极与发射极之间取出,u_i 与 u_o 的公共端为发射极,故称为共发射极接法。公共端的"接地"符号,它并不表示真正接到大地电位上,而是表示整个电路的参考零电位,电路各点电压的变化以此为参考点。

(二) 共射放大电路的工作分析

对放大电路的工作过程分析,分为静态和动态两种情况讨论。

1. 放大电路中电压、电流的方向及符号规定为了便于分析,人们规定:电压的方向都以输入、输出回路的公共端为负,其他各点均为正;电流方向以三极管各电极电流的实际方向为正方向。

为了区分放大电路中电压、电流的静态值(直流分量)、信号值(交流分量)以及二者之和(叠加),本书中约定按表 5-2 所列方式的表示。即,静态值的变量符号及其下标都用大写字母;交流信号瞬时值的变量符号及下标都用小写字母;交流信号幅值或有效值的变量符号大写而其下标为小写;总量(静态+信号,即脉动直流)的变量符号小写而其下标则为大写。

表 5-2 放大电路中变量表示方式

变量类别		直流静态值	交流信号			总量(静态+信号)瞬时值
			瞬时值	幅值	有效值	
变量名称	基极电流	I_B	i_b	I_{bm}	I_b	i_B
	集电极电流	I_C	i_c	I_{cm}	I_c	i_C
	发射极电流	I_E	i_e	I_{em}	I_e	i_E
	集-射电压	U_{CE}	u_{ce}	U_{cem}	U_{ce}	u_{CE}
	基-射电压	U_{BE}	u_{be}	U_{bem}	U_{be}	u_{BE}

2. 静态分析和直流通路

所谓静态是指放大电路在未加入交流输入信号时的工作状态。由于 $u_i=0$,电路在直流电源 U_{CC} 作用下处于直流工作状态。三极管的电流以及管子各极之间的电压均为直流电流和电压,它们在特性曲线坐标图上为一个特定的点,常称为静态工作点(Q 点)。静态时,由于电容 C_1 和 C_2 的隔直作用,使放大电路与信号源及负载隔开,可看作如图 5-31 所示的直流通路。所谓直流通路就是放大电路处于静态时的直流电流所流过的路径。

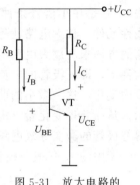

图 5-31 放大电路的直流通路

利用直流通路可以计算出电路静态点处的电流和电压。
由偏流 I_B 流过的基极回路得方程
$$U_{CC}=I_B R_B+U_{BE}$$
$$I_B=\frac{U_{CC}-U_{BE}}{R_B} \qquad (5-21)$$

在图 5-25 中,当 U_{CC} 和 R_B 确定后,I_B 的数值几乎与管子参数无关,所以将图 5-25 所示的电路称为固定偏置放大电路。

再求图 5-26 中的集电极静态工作点电流 I_C
$$I_C=\beta I_B$$
由 I_C 流过的集电极回路方程
$$U_{CC}=I_C R_C+U_{CE}$$
得集电极静态工作点电压
$$U_{CE}=U_{CC}-I_C R_C \qquad (5-22)$$

注意:在求得 U_{CE} 值之后,要检查其数值应大于发射结正向偏置电压,否则电路可能处于饱和状态,失去计算数值的合理性。

3. 放大电路的动态分析

(1) 放大电路的交流通路 是指放大电路在接入交流信号后,放大电路中各处电压、电流都是在静态(直流)工作点的基础上叠加交流成分形成的。由于放大电路中存在电容元件,

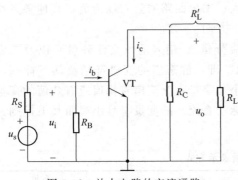

图 5-32 放大电路的交流通路

所以交流成分与直流成分所通过的路径是不一样的。把交流成分所通过的路径称为交流通路。

画交流通路的方法是：由于耦合电容 C_1、C_2 的容量选得较大，因此对于所放大的交流信号的频率来说，它的容抗很小（可近似为零），在画交流通路时可看作短路。同时，由于电源 U_{CC} 采用的是内阻很小的直流稳压电源或电池，所以其交流电压降也近似为零。在画交流通路时，U_{CC} 也看作对"地"短路。

按以上规定，画出图 5-30 共射放大电路的交流通路，如图 5-32 所示。在交流通路中，电压、电流均以交流符号表示，既可用瞬时值符号 u、i 表示，也可以用正弦相量符号 $\dot{U}$、$\dot{I}$ 表示。图中电压、电流的正方向均为习惯上采用的假定正方向（电流方向采用 NPN 型管的正常放大偏置方向）。

由图 5-32 看出，在交流通路中，R_L 与 R_C 并联，其并联阻值用 R_L' 等效，即 $R_L' = R_L \parallel R_C$，R_L' 称为集电极等效负载电阻。

（2）三极管和放大电路的微变等效电路　对于要求定量估算的小信号电路，广泛采用的是微变等效电路法。所谓微变等效电路法（简称等效电路法），就是在小信号条件下，把放大电路中的三极管等效为线性元件，放大电路就等效为线性电路，从而用分析线性电路的方法求解放大电路的各种性能指标。微变就是指小信号条件下，即三极管的电流、电压仅在其特性曲线上一个很小段内变化，这一微小的曲线段，完全可以用一段直线近似表示，从而获得变化量（电压、电流）间的线性关系。由此可得三极管的微变等效电路，如图 5-33 所示。

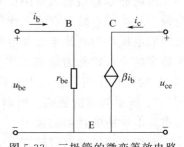

图 5-33 三极管的微变等效电路

图中的 r_{be} 代表三极管的输入电阻，单位取 Ω，可用下式估算：

$$r_{be} = r_{bb'} + (1+\beta) \frac{26(\text{mV})}{I_{EQ}(\text{mA})} \tag{5-23}$$

式中，$r_{bb'}$ 为基区体电阻，对于低频小功率管，$r_{bb'}$ 约为 $100 \sim 500\Omega$，一般无特别说明时，可取 $r_{bb'} = 300\Omega$；I_{EQ} 为静态射极电流。

有了三极管的微变等效电路，那么就可得到放大电路的微变等效电路。画放大电路的简化微变等效电路的方法，可先画出三极管的等效电路，然后分别画出三极管基极、发射极、集电极的外接元件的交流通路，最后加上信号源和负载，就可以得到整个放大电路的微变等效电路，放大电路图 5-34(a) 的简化微变等效电路如图 5-34(b) 所示。

（3）用微变等效电路法分析放大电路的动态性能指标　由微变等效电路可求得电压放大倍数 A_u、输入电阻 R_i 及输出电阻 R_o 等各项动态性能指标。

① 求电压放大倍数 A_u　电压放大倍数是衡量放大电路放大能力的指标，它是输出电压与输入电压之比，即

$$A_u = \frac{u_o}{u_i} \tag{5-24}$$

由图 5-34(b) 可得

$$u_i = i_b r_{be}$$

$$u_o = -i_c R'_L = -\beta i_b R'_L$$

其中 $R'_L = R_C // R_L$。

根据电压放大倍数定义得

$$A_u = \frac{u_o}{u_i} = -\frac{-\beta i_b R'_L}{i_b r_{be}} = -\beta \frac{R'_L}{r_{be}} \tag{5-25}$$

式中"—"表示输入信号与输出信号相位相反。

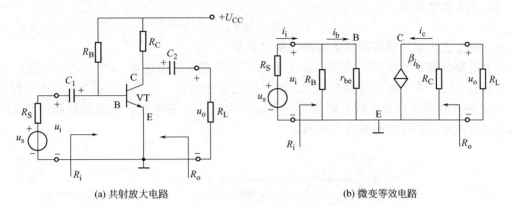

(a) 共射放大电路　　　　　(b) 微变等效电路

图 5-34　共射放大电路的微变等效电路

② 求输入电阻 R_i　如图 5-34 所示，所谓放大电路的输入电阻，就是从放大电路输入端，向电路内部看进去的等效电阻。如果把一个内阻为 R_S 的信号源 u_S 加到放大器的输入端时，放大电路就相当于信号源的一个负载电阻，这个负载电阻就是放大电路的输入电阻 R_i，如图 5-34 所示。R_i 是衡量放大电路对信号源影响程度的重要参数。R_i 越大，放大电路从信号源取用的电流 I_i 越少，R_S 上的压降就越小，放大电路输入端所获得的信号电压就越高。

在图 5-34(b) 中，从电路的输入端看进去的等效输入电阻为

$$R_i = R_B // r_{be} \tag{5-26}$$

对于固定偏置放大电路，通常 $R_B \gg r_{be}$，因此 $R_i \approx r_{be}$，小功率管的 r_{be} 为 $1 k\Omega$ 左右，所以，共射放大电路的输入电阻 R_i 较小。

③ 求输出电阻 R_o　从放大电路输出端看入的等效电阻，称为输出电阻 R_o，如图 5-34 所示。把 R_L 除外的整个放大电路输出端，可看成由一个等效电压与一个等效内阻 R_o 串联的电压源电路。这个等效电压源的内阻 R_o，就是放大电路的输出电阻。

在图 5-34(b) 中，从电路的输出端看进去的等效输出电阻为

$$R_o = R_C \tag{5-27}$$

R_C 通常有几千欧，这表明共射放大电路的带负载能力不大。

【例 5-5】　单管共射放大电路如图 5-34(a) 所示，已知电路参数 $U_{CC}=12V$，$R_C=4k\Omega$，$R_B=300k\Omega$，$R_L=4k\Omega$，信号源内阻 $R_S=500\Omega$，三极管为 3DG6，它在 Q 点上的 $\beta=40$。试求：(1) 估算 Q 点；(2) 电压放大倍数 A_u；(3) 输入电阻 R_i；(4) 输出电阻 R_O。

解：(1) 估算 Q 点

$$I_B \approx \frac{U_{CC}}{R_B} = \frac{12V}{300k\Omega} = 40\,(\mu A)$$

$$I_C = \beta I_B = 40 \times 40\mu A = 1.6 mA \approx I_E$$

$$U_{CE} = U_{CC} - I_C R_C = 12V - 1.6mA \times 4k\Omega = 5.6\,(V)$$

(2) 求电压放大倍数 A_u

$$r_{be}=r_{bb'}+(1+\beta)\frac{26(\text{mV})}{I_E(\text{mA})}=300+(1+40)\times\frac{26}{1.6}\approx 966\ (\Omega)=0.966\ (\text{k}\Omega)$$

$$A_u=-\beta\frac{R'_L}{r_{be}}=-40\times\frac{4\ //\ 4}{0.966}\approx -83$$

(3) 求输入电阻 R_i

$$R_i=R_B\ //\ r_{be}\approx r_{be}=0.966\ (\text{k}\Omega)$$

(4) 求输出电阻 R_o

$$R_o=R_C=4\ (\text{k}\Omega)$$

三、静态工作点的调整对放大电路性能的影响

放大电路的静态工作点若设置在交流负载线的中点附近,这样,在 u_i 作用的正、负半周,三极管始终工作于输出特性的放大区内,因此管子的 i_B、i_C 及 u_{CE} 的变化基本上按照输入电压 u_i 的变化规律(正弦波)而变化。所以,图 5-35 中各电压、电流随时间的变化规律都画成正弦波形,这种情况称为不失真。

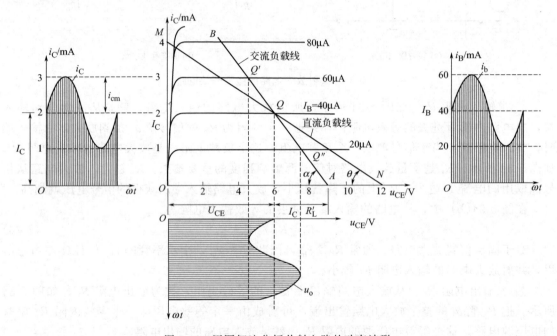

图 5-35 用图解法分析共射电路的动态波形

共射极固定偏置的电路,由于三极管参数的不稳定,或其他一些因素造成 Q 点偏离合理值形成非线性失真。所谓非线性失真,是指放大电路输出电压的波形与输入电压的波形不一致,这往往是由于动态工作点进入了三极管的非线性区(饱和区或截止区)引起的。

下面分析,由于静态工作点不合适,而引起的截止和饱和两种非线性失真情况。如图 5-36 所示。

(一)静态工作点太低产生截止失真

当静态工作点太低,靠近截止区(见图 5-36 中 Q' 点),在输入电压的负半周,可能使三极管进入截止区,集电极电流 i_C 波形的负半周底部被削平,对于 NPN 型管,其输出电压 u_o 将产生顶部削平的截止失真波形。为了避免截止失真,应调小 R_B 将静态工作点提高,一般要求 $I_B>I_{bm}$。

(二)静态工作点太高产生饱和失真

当静态工作点太高,靠近饱和区(见图 5-36 中 Q' 点),在输入电压的正半周,可能使

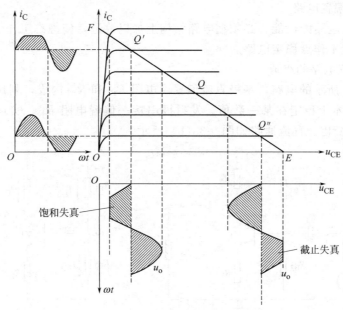

图 5-36 饱和失真和截止失真

三极管进入饱和区，集电极电流 i_C 波形的正半周顶部被削平，对于 NPN 型管，其输出电压 u_o 将产生底部削平的饱和失真波形。为了避免饱和失真，应调大 R_B 或减小 R_C 的值，将静态工作点降低，一般要求静态管压降与饱和压降之差

$$U_{CE} - U_{CES} > U_{om}$$

式中，U_{om} 为输出电压的幅值。U_{CES} 为三极管的饱和压降，小功率三极管可取 1V 左右。

总之，为使放大电路既不出现截止失真又不出现饱和失真，一般宜将静态工作点安排在交流负载线的中点位置，以保证三极管工作时有最大的不失真电压输出。

通过上述分析可知，可以通过调整电路中的 R_B 使 Q 点设置在合适的位置。但要注意，有了合适的静态工作点，当 u_i 的幅值太大时，也容易出现双向失真（即，既有饱和失真，又有截止失真），如图 5-37 所示。

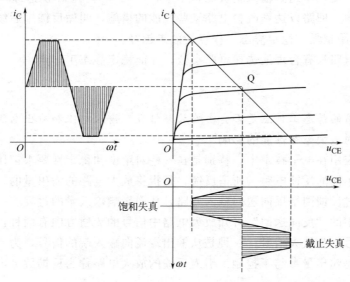

图 5-37 既有饱和失真又有截止失真

(三)分压式偏置电路

为了稳定放大电路的性能,必须在电路结构上加以改进,使静态工作点保持稳定。最常见的是分压式偏置工作点稳定电路。

1. 分压式偏置电路的组成

如图5-38(a)所示的电路,基极直流偏置由电阻 R_{B1} 和 R_{B2} 构成,利用它们的分压作用将基极电位 V_B 基本上稳定在某一数值。发射极串接一偏置电阻 R_E,实现直流负反馈来抑制静态电流 I_C 的变化。直流通路如图5-38(b)所示。

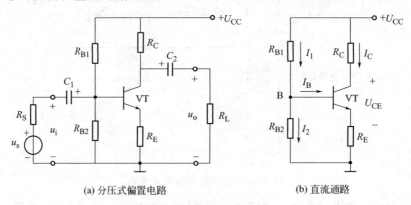

(a) 分压式偏置电路　　　　(b) 直流通路

图5-38　分压式偏置电路

2. 静态工作点的稳定原理

当温度升高时,因为三极管参数的变化使 I_C 和 I_E 增大,I_E 的增大导致 V_E 升高。由于 V_B 固定不变,因此 U_{BE} 将随之降低,使 I_B 减小,从而抑制了 I_C 和 I_E 因温度升高而增大的趋势,达到稳定静态工作点 Q 的目的。上述过程,是一种自动调节作用,可以写成

$$T(\text{℃}) \uparrow \longrightarrow I_C(I_E) \uparrow \longrightarrow V_E \uparrow \xrightarrow{V_B \text{不变}} U_{BE} \downarrow$$
$$I_C \downarrow \longleftarrow \quad \downarrow I_B \longleftarrow$$

R_E 的作用很重要,由于 R_E 的位置既处于集电极回路中,又处于基极回路中,它能把输出电流(I_E)的变化反送到输入基极回路中来,以调节 I_B 达到稳定 I_E(I_C)的目的。这种把输出量引回输入回路以达到改善电路某些性能的措施,叫做反馈(后续内容进行讨论)。R_E 越大,反馈作用越强,稳定静态工作点的效果越好。

分压式偏置电路只有合理地选择电路参数,才能稳定静态工作点。

思考

交流放大电路的静态工作点是否会影响放大倍数、输入电阻和输出电阻的值?为什么?

四、负反馈对放大电路性能的影响

反馈被广泛应用在电子技术中,特别是在一些对精度和稳定性要求都比较高的放大电路中,都存在各种不同的反馈电路。所谓反馈,是指将放大电路的输出量的一部分或全部,按一定的方式,通过反馈网络反向送回输入回路,从而影响输入量的过程。

从反馈定义中的"反向送回"可知放大电路中信号的流通方向有两种:一种是从输入端流向输出端的信号,为放大信号;一种是从输出端流向输入端的信号,为反馈信号。

反馈的实质是输出量参与了控制。引入反馈的放大电路称为反馈放大电路,它是由基本放大电路 A 和反馈网络 F 组成的一个环路,如图5-39所示。图中 $\dot{X}_i$ 表示放大电路的输入

信号，$\dot{X}_O$ 表示输出信号，$\dot{X}_f$ 表示反馈信号，$\dot{X}_{id}$ 表示净输入信号。其中 $\dot{X}$ 既可以表示电压量也可以表示电流量。$\dot{A}$ 表示放大电路的放大倍数，$\dot{A}=\dot{X}_O/\dot{X}_{id}$，$\dot{F}$ 表示反馈系数，$\dot{F}=\dot{X}_f/\dot{X}_O$。

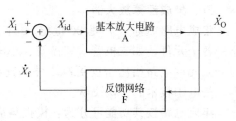

图 5-39　反馈放大器框图

当一个电路中存在信号反向流通的通路时，输出量的变化就可以通过反馈通路输送到输入端，进而影响到输入量，形成反馈，如果没有反馈通路则不能形成反馈，所以判断一个放大电路是否存在反馈要看输入回路和输出回路间是否有反馈通路。若信号只有一个流向，从输入到输出，不存在反馈通路，电路中无反馈，这种情况称为开环。若信号的流向除了从输入端流到输出端外，还通过外接元件形成的通路把输出信号反送到输入端就形成了反馈通路，电路中有反馈，这种情况称为闭环。

（一）反馈的类型

反馈使放大器的净输入信号得到增强的是正反馈；反之，使净输入信号减弱的是负反馈。

放大电路中存在直流分量和交流分量。反馈信号也一样，若反馈回来的是直流信号，则对输入信号中的直流成分有影响，会影响电路的直流性能，如静态工作点，这种反馈称为直流反馈。若反馈回来的是交流信号，则对输入信号中的交流成分有影响，会影响电路的交流性能，如放大倍数、输入输出电阻等，这种反馈称为交流反馈。若反馈信号中既有直流量又有交流量，则反馈对电路的直流性能和交流性能都有影响。

反馈是将输出量送回放大器的输入端，而输出端的量既可以是电压，也可以是电流。如果反馈信号是取自输出电压，称为电压反馈；如果反馈信号是取自输出电流，称为电流反馈。

根据反馈信号与输入信号在放大电路输入回路中接入形式的不同，可分为串联反馈和并联反馈。串联反馈是指反馈信号与输入信号在输入回路中以电压的形式相加减，即在输入回路中彼此串联。并联反馈是指反馈信号与输入信号在输入回路中以电流的形式相加减，即在输入回路中彼此并联。

（二）负反馈对放大器性能的影响

负反馈可以稳定输出量，当输入量变化时，反馈信号可以削弱它的变化，使输出量的变化被减小。

放大电路中引入负反馈对电路的性能主要有以下影响：

（1）负反馈提高了放大电路的放大倍数的稳定性，同时也降低了放大电路的放大倍数。

（2）负反馈减小了放大电路非线性失真，即改善波形失真。

（3）负反馈改变了放大电路的输入电阻和输出电阻。

串联负反馈使输入电阻增大，并联负反馈使输入电阻减小；电压负反馈使输出电阻减小，电流负反馈使输出电阻增大。

（4）负反馈提高了放大电路的抗干扰能力。

（5）负反馈展宽了放大电路的通频带。

请举出几个日常生活中采用负反馈的例子。

五、集成运算放大器

集成电路简称 IC，是 20 世纪 50 年代后期发展起来的一种半导体器件，它是把整个电路的各个元件，如二极管、三极管、小电阻、电容及其连线都集成在一块半导体芯片上。它与分立元件电路相比密度更高、外部连线更少，提高了电子设备工作的可靠性，降低了成本，是电子技术的一次飞跃。

集成电路按其功能可分为：模拟集成电路和数字集成电路。模拟集成电路又可分为：集成运算放大器、集成功率放大器、集成比较器、集成稳压器等。本节介绍集成运算放大器。

（一）集成运放基本知识

在 20 世纪 60 年代初制成了第一块集成运算放大器，它把整个电路中的半导体管、电阻和连线等集中在一个小块固体片上，从而把电路器件做成一个整体，其体积只相当于一个小功率半导体管。它不仅体积小，而且使电路性能和可靠性大大提高，减少了电路的组装和调试工作，也远远超出了原来"运算放大"的范围，从而在工业自动控制和精密检测中得到广泛应用。

在使用集成运算放大器时，不需关心它的内部结构，但要明确它的管脚的用途和放大器的主要参数。

常见的集成运算放大器有圆形、扁平形、双列直插式等，有 8 管脚、14 管脚等，其外形如图 5-40 所示。其引线脚号排列顺序的标记一般有色点、凹槽、管键及封装时压出的圆形标记等。

对于圆形管以管键为参考标记，管脚向下，以管键为起点，逆时针方向数，依次为 1 脚、2 脚、3 脚、……

对于双列直插式集成块引线脚号的识别方法是：将集成块水平放置，管脚向下，从缺口或标记开始，按逆时针方向数，依次为 1 脚、2 脚、3 脚、……

集成运算放大器的符号如图 5-41 所示。它的输入级通常由差分放大电路组成，故一般具有两个输入端和一个输出端，两个输入端中一个为同相输入端，用"＋"标示，另一个为反相输入端，用"－"标示。"∞"表示开环增益极大。

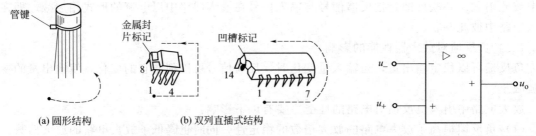

图 5-40　集成运算放大器外形　　　　图 5-41　集成运算放大器的符号

1. 集成运算放大器的两种输入信号

（1）差模输入信号 u_{Id}　　差模信号是指大小相等，极性相反的信号。

（2）共模输入信号 u_{Ic}　　共模信号是指大小相等，极性相同的信号。

2. 集成运算放大器的主要性能指标

为了能够正确地选择使用集成运算放大器，需要了解它的性能参数。几项常用参数介绍如下。

（1）开环电压放大倍数 A_{od}　　A_{od} 是指集成运算放大器在开环（无外加反馈）的情况下的差模电压放大倍数。A_{od} 是决定运算精度的重要因素，它越大越好，理想状况下希望它为无穷大。一般运算放大器的 A_{od} 为 $10^4 \sim 10^7$ 左右。

(2) 输入失调电压 U_{IO} 理想的运算放大器，当输入电压 $u_- = u_+ = 0$（即把两输入端同时接地），输出电压 $u_O = 0$。但实际上，当输入为零时，存在一定的输出电压，在室温（25℃）及标准大气压下，把这个输出电压折算到输入端就是输入失调电压 U_{IO}。U_{IO} 的大小反映了差放输入级的不对称程度，反映了温漂的大小，其值越小越好。一般运算放大器的 U_{IO} 在 $1 \sim 10$mV 之间。

(3) 输入失调电流 I_{IO} 理想集成运算放大器两输入端电流应是完全相等的。但实际上，当集成运算放大器的输出电压为零时，流入两输入端的电流不等，这两个输入端的静态电流之差 $I_{IO} = |I_{B1} - I_{B2}|$ 即为输入失调电流。由于信号源内阻的存在，I_{IO} 会在输入端产生一个输入电压，破坏放大器的平衡，使输出电压产生偏差。I_{IO} 的大小反映了输入级电流参数不对称程度。I_{IO} 越小越好。一般运算放大器的 I_{IO} 为几十到几百纳安。

(4) 输入偏置电流 I_{IB} I_{IB} 是指静态时输入级两差放管基极电流的平均值，即 $I_{IB} = (I_{B1} + I_{B2})/2$。$I_{IB}$ 的大小反映了集成运算放大器输入端的性能。因为它越小，信号源内阻变化所引起的输出电压变化也越小。而它越大的话，那么输入失调电流也越大。所以希望输入偏置电流越小越好，一般在 100nA $\sim 10\mu$A 的范围内。

(5) 差模输入电阻 R_{id} R_{id} 是指差模信号输入时，运算放大器的开环输入电阻。理想运算放大器的 R_{id} 为无穷大。它用来衡量集成运算放大器向信号源索取电流的大小。一般运算放大器的 R_{id} 在几十千欧，好的运算放大器 R_{id} 可达几十兆欧。

(6) 差模输出电阻 R_{od} R_{od} 是指从集成运算放大器的输出端和地之间看进去的等效交流电阻，它的大小反映了集成运算放大器在小信号输出时的带负载能力，一般约为几十欧到几千欧。在闭环（有负反馈）工作后，容易达到深度负反馈要求，因此实际工作输出电阻是很小的。

(7) 共模抑制比 K_{CMR} K_{CMR} 是指开环差模电压增益与开环共模电压增益之比，一般运算放大器的 K_{CMR} 在 80dB 以上，好的可达 160dB。

(8) 最大差模输入电压 U_{idmax} U_{idmax} 是指在集成运算放大器的两个输入端之间允许加入的最大差模输入电压。

(9) 最大共模输入电压 U_{icmax} U_{icmax} 是指允许加在集成运算放大器的两个输入端的短接点与运算放大器地线之间的最大电压。如果共模成分超过一定程度，则输入级将进入非线性区工作，就会造成失真，并会使输入端晶体管反向击穿。

(10) 最大输出电压 U_{OM} U_{OM} 是指集成运算放大器在标称电源电压时，其输出端所能提供的最大不失真峰值电压，其值一般不低于电源电压 2V。

3. 理想集成运算放大器

理想集成运算放大器可以理解为实际集成运算放大器的理想模型。即把集成运算放大器的各项技术指标都理想化，得到一个理想的集成运算放大器。即

(1) 开环差模电压放大倍数 $A_{od} = \infty$；

(2) 差模输入电阻 $R_{id} = \infty$；

(3) 差模输出电阻 $R_{od} = 0$；

(4) 共模抑制比 $K_{CMR} = \infty$；

(5) 开环通频带 $BW = \infty$；

(6) 输入失调电压和失调电流及输入失调电压温漂和输入失调电流温漂都为 0；

(7) 输入偏置电流 $I_{IB} = 0$。

实际的集成运算放大器由于受集成电路制造工艺水平的限制，各项技术指标不可能达到理想化条件，所以，将实际集成运算放大器作为理想的集成运算放大器分析计算是有误差的，但误差通常不大，在一般工程计算中是允许的。将集成运算放大器视为理想的，将大大简化运算放大器应用电路的分析。本书中如无特别说明，都是将集成运算放大器作为理想运算放大器来考虑的。

4. 集成运算放大器的两个工作区

(1) 集成运算放大器的传输特性　实际电路集成运算放大器的传输特性如图5-42所示。在输入信号很小的范围内，集成运算放大器工作于线性放大区；当输入信号增大后，电路很快进入非线性区，由于是双电源对称供电，内部输出级也是对称的 PNP 和 NPN 管互补工作，所以非线性区又称正、负饱和区。最大输出电压 $\pm U_{OM}$ 受电源电压和输出管饱和压降限制。

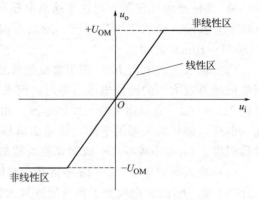

图 5-42　集成运算放大器的传输特性

(2) 集成运算放大器工作在线性区的特点　当集成运算放大器工作在线性区时，集成运算放大器的输出电压和两个输入电压之间存在线性放大关系，$u_o = A_{od}(u_+ - u_-)$。其中 u_o 是集成运算放大器的输出端电压，"u_+"表示同相输入端电压，"u_-"表示反相输入端电压，而 A_{od} 是开环差模电压增益。理想运算放大器工作在线性区时有两个重要特点。

① 差模输入电压等于零　运算放大器工作在线性区时，因理想运算放大器的 $A_{od} = \infty$，故 $u_{Id} = u_+ - u_- = u_o/A_{od} \approx 0$，即

$$u_+ \approx u_-$$

即集成运算放大器的同相输入端和反相输入端的对地电压相等，看起来像似短路了一样，但实际上并未被真正短路，而是一种虚假的短路，这种现象称为"虚短"。在实际的集成运算放大器中 $A_{od} \neq \infty$，所以同相输入端电压和反相输入端电压不可能完全相等。但如果 A_{od} 足够大时，差模输入电压，即 $u_+ - u_-$ 的值很小，与电路中其他电压相比，可忽略不计。

② 输入电流等于零　因理想运算放大器的差模输入电阻 $R_{id} = \infty$，故在两个输入端均没有电流，即

$$i_+ = i_- \approx 0$$

此时同相输入端和反相输入端的电流都等于零，看起来像似断开了一样，但实际上并未断开，而是一种虚假的断路，这种现象称为"虚断"。

"虚短"和"虚断"是理想运算放大器工作在线性区的重要结论，为分析和计算集成运算放大器的线性应用电路提供了很大的方便。

(3) 集成运算放大器工作在非线性区的特点　当集成运算放大器的工作信号超出了线性放大范围时，输出电压不再随着输入电压线性增长，而达到饱和。工作在非线性区时，也有两个重要特点。

① 理想运算放大器的输出电压 u_o 的值只有两种可能，当 $u_+ > u_-$ 时，$u_o = +U_{OM}$；当 $u_+ < u_-$ 时，$u_o = -U_{OM}$。即输出电压不是正向饱和电压 $+U_{OM}$ 就是负向饱和电压 $-U_{OM}$。在非线性区内，差模输入电压可能会很大，即 $u_+ \neq u_-$，即"虚短"现象不再存在。

② 理想运放的两输入端的输入电流等于零　非线性区内，虽然 $u_+ \neq u_-$，但因理想运算放大器的 $R_{id} = \infty$，故仍认为输入电流为零，即 $i_+ = i_- \approx 0$。

因集成运算放大器的开环差模电压的放大倍数通常很大,即使在输入端加入一个很小的电压,仍有可能使集成运算放大器超出线性工作范围,即线性放大范围很小。为保证集成运算放大器工作在线性区,一般需在电路中引入深度负反馈,以减小直接加在集成运算放大器两输入端的净输入电压。

思考

按理想运算放大器在线性区工作的基本结论,在实际电路中是否可将两个输入端短路?

(二) 集成运算放大器的线性应用电路

信号的运算是集成运算放大器的一个重要而基本的应用。在各种运算电路中,要求输出和输入的模拟信号之间实现一定的数学运算关系,所以运算电路中的集成运算放大器必须工作在线性区,即以"虚短"和"虚断"为基本出发点。

1. 比例运算电路

比例运算是指输出电压和输入电压之间存在比例关系。比例运算电路是最基本的运算电路,是其他各种电路的基础。按信号输入方式的不同,常用的比例运算电路有两种:反相输入比例运算电路、同相输入比例运算电路。

(1) 反相输入比例运算电路　如图5-43所示,输入电压 u_i 经电阻 R_1 加到集成运算放大器的反相输入端,同相输入端经电阻 R_2 接地,R_2 为平衡电阻,主要是使同相输入端与反相输入端外接电阻平衡,即 $R_2=R_1//R_F$,以保证运算放大器处于平衡对称状态,从而消除输入偏置电流及其温漂的影响。输出电压 u_o 经 R_F 接回到反相输入端引入了负反馈。因为集成运算放大器的开环差模电压放大倍数很高,所以容易满足深度负反馈的条件,可认为集成运算放大器工作在线性区,即可以使用"虚短"和"虚断"来分析。

由"虚断"可知 $i_+=i_-=0$,即 R_2 上没有压降,则 $u_+=0$。又因"虚短",可得 $u_-=u_+=0$。说明在反相比例运算电路中,集成运算放大器的反相输入端与同相输入端两点的电位不仅相等,而且均为零,看起来像是两点接地一样,这种现象称为"虚地"。"虚地"是反相比例运算电路的一个重要特点。由于 $i_-=0$,所以 $i_1=i_f$,即

$$\frac{u_i-u_-}{R_1}=\frac{u_--u_o}{R_F}$$

因上式中的 $u_-=0$,故可求得反相比例运算电路的电压放大倍数为

$$A_{uf}=\frac{u_o}{u_i}=-\frac{R_F}{R_1} \tag{5-28}$$

分析式(5-28)可得如下结论:

① 式中负号表示反相比例运算电路的输出与输入反相。若取 $R_1=R_F$,则 $u_o=-u_i$,此时图5-43电路就称为反相器或倒相器。

② 由于电路通过 R_F 引入深度负反馈,A_{uf} 的大小仅与运放外电路的参数 R_F 与 R_1 有关,因此为了提高电路闭环增益的精度与稳定度,R_F 与 R_1 就应选取阻值稳定的电阻。通常 R_F 与 R_1 的取值约为 $1k\Omega \sim 1M\Omega$,R_F/R_1 为 $0.1 \sim 100$,为减小信号源内阻 R_S 对运算精度的影响,要求 $R_1/R_S>50$。

(2) 同相输入比例运算电路　如图5-44所示,输入电压 u_i 接在同相输入端,但为了保证工作在线性区,引

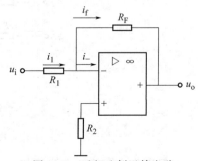

图 5-43　反相比例运算电路

入的是负反馈，输出电压 u_o 通过电阻 R_F 仍接在反相输入端，同时，反相输入端通过电阻 R_1 接地。可以判断同相比例运算电路是电压串联负反馈电路。工作在线性区，使用"虚断"和"虚短"可知 $i_+ = i_- = 0$，故 $u_- = \dfrac{R_1}{R_1+R_F} u_o$，且 $u_- = u_+ = u_i$，则

$$u_i = \dfrac{R_1}{R_1+R_F} u_o$$

所以，输出电压为

$$u_o = \left(1 + \dfrac{R_F}{R_1}\right) u_i \tag{5-29}$$

同相输入比例运算电路的电压放大倍数为

$$A_{uf} = \dfrac{u_o}{u_i} = 1 + \dfrac{R_F}{R_1} \tag{5-30}$$

分析式(5-30)可得如下结论：

① 式中正号表示同相比例运算电路输出与输入同相。若取 $R_1 = \infty$（开路），则得 $u_o = u_i$，就组成了电压跟随器，如图 5-45 所示。由于 R_F 上无电压降，可令其短接，不影响跟随关系。

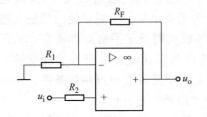

图 5-44 同相比例运算电路

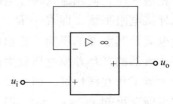

图 5-45 电压跟随器

② 电压放大倍数与集成运算放大器参数无关。

2. 加法运算电路

在测量和控制系统中，往往要将多个采样信号输入到放大电路中，按一定的比例组合起来，需用到加法运算电路，也称求和电路。加法运算电路有两种接法，反相输入接法和同相输入接法。本节只介绍反相加法运算电路。

如图 5-46 所示，是有三个输入端的反相加法运算电路，实际使用的过程中可根据需要增减输入端的数量。

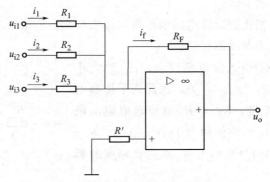

图 5-46 反相加法运算电路

为保证集成运算放大器同相、反相两输入端的电阻平衡，同相输入端的电阻 $R' = R_1 //$

$R_2 /\!/ R_3 /\!/ R_F$,图 5-46 中 R_1、R_2、R_3、R_F 的典型值为 $10 \sim 25\text{k}\Omega$。因为"虚断",$i_- = 0$,所以 $i_f = i_1 + i_2 + i_3$。又因反相输入端"虚地",所以

$$-\frac{u_o}{R_F} = \frac{u_{i1}}{R_1} + \frac{u_{i2}}{R_2} + \frac{u_{i3}}{R_3}$$

则输出电压为

$$u_o = -\left(\frac{R_F}{R_1}u_{i1} + \frac{R_F}{R_2}u_{i2} + \frac{R_F}{R_3}u_{i3}\right) \tag{5-31}$$

由式(5-31)可以看出,电路的输出电压 u_o 是各输入电压 u_{i1}、u_{i2}、u_{i3} 按一定比例相加所得的结果,实现的是一种求和运算。如果电路中电阻的阻值满足 $R_1 = R_2 = R_3 = R$,则

$$u_o = -\frac{R_F}{R}(u_{i1} + u_{i2} + u_{i3}) \tag{5-32}$$

这种反相输入接法的优点是,在改变某一路信号的输入电阻时,改变的仅仅是输出电压与该路输入电压之间的比例关系,对其他各路没有影响,即反相求和电路便于调节某一支路的比例成分。并且因为反相输入端是"虚地"的,所以加在集成运放输入端的共模电压很小。在实际应用中这种反相输入的接法较为常用。

【例 5-6】 在图 5-51 中,$R_1 = R_2 = R_3 = 10\text{k}\Omega$,$R_F = 20\text{k}\Omega$,$U_{i1} = 10\text{mV}$,$U_{i2} = 20\text{mV}$,$U_{i3} = 30\text{mV}$,求输出电压 U_o 为多少?

解: $U_o = -\dfrac{R_F}{R}(U_{i1} + U_{i2} + U_{i3})$

$= -\dfrac{20}{10}(10 + 20 + 30) = -120 \ (\text{mV})$

3. 减法运算电路

减法运算电路如图 5-47 所示。图中的两个输入电压 u_{i1}、u_{i2} 分别加在集成运算放大器的反相输入端和同相输入端。从输出端通过反馈电阻 R_F 接回到反相输入端。电路中输入和输出的关系,同样利用集成运算放大器的"虚断"、"虚短"特点分析求得

$$u_o = \left(1 + \frac{R_F}{R_1}\right)\frac{R_3}{R_2 + R_3}u_{i2} - \frac{R_F}{R_1}u_{i1} \tag{5-33}$$

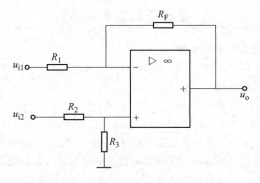

图 5-47 减法运算电路

在实际应用时,为了实现电路的直流平衡,减小运算误差,通常都取 $R_1 = R_2$,$R_3 = R_F$,则

$$u_o = \frac{R_F}{R_1}(u_{i2} - u_{i1}) \tag{5-34}$$

以上两式说明电路的输出电压和两输入电压的差值成正比,实现了减法运算。

(三) 集成运放的非线性应用——电压比较器

电压比较器是一种常见的模拟信号处理电路，它将一个模拟输入电压与一个参考电压进行比较，并将比较的结果输出。比较器的输出只有两种可能的状态：高电平或低电平，为数字量，而输入信号是连续变化的模拟量，因此比较器可作为模拟电路和数字电路的"接口"。在自动控制及自动测量系统中，比较器可用于越限报警、模/数转换及各种非正弦波的产生和变换。

电压比较器的基本电路如图 5-48(a) 所示。集成运算放大器处于开环状态，工作在非线性区，输入信号 u_i 加在反相输入端，参考电压 U_{REF} 接在同相输入端。

当 $u_i > U_{REF}$ 时，即 $u_- > u_+$ 时，$u_o = -U_{OM}$；当 $u_i < U_{REF}$ 时，即 $u_- < u_+$ 时，$u_o = +U_{OM}$。传输特性如图 5-48(b) 所示。

如果输入电压过零时（即 $U_{REF} = 0$），输出电压发生跳变，就称为过零电压比较器，利用过零电压比较器可将正弦波转化为方波，如图 5-49 所示为反相输入过零比较器的输入、输出波形。

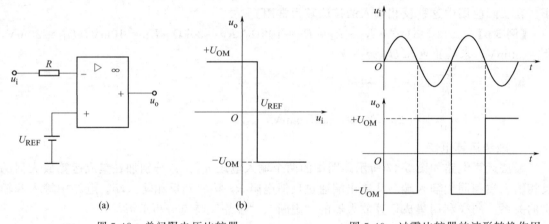

图 5-48 单门限电压比较器   图 5-49 过零比较器的波形转换作用

 小资料   三极管的简易测试

1. 用万用表检测三极管的管脚和类型

（1）判断基极和管型   根据三极管 3 区 2 结的特点，可以利用 PN 结的单向导电性，首先确定出三极管的基极和管型。测试方法如图 5-50(a)、(b) 所示。

测试步骤如下。

将万用表的"功能开关"拨至"$R \times 1k$"挡；假设三极管中的任一电极为基极，并将黑（红）表笔始终接在假设的基极上；再红（黑）表笔分别接触另外两个电极，轮流测试，直到测出的两个电阻值都很小为止，则假设的基极是正确的。这时，若黑表笔接基极，则该管为 NPN 型；若红表笔接基极，则为 PNP 型。图 5-50(a)、(b) 两测试中的阻值都很小，且黑表笔接在中间引脚不动，所以中间引脚为基极，且为 NPN 型，如图 5-50(c) 所示。

（2）判断集电极和发射极   其测试步骤如下。

① 假定基极之外的两个管脚中的其中一个为集电极，在假定的集电极与基极之间接一电阻。图 5-50(d) 中是用左手的大拇指做电阻，此时，集电极与基极不能碰在一起。

② 对于 NPN 型管，用黑表笔接假定的集电极，红表笔接发射极，红、黑表笔均不要碰基极，读出电阻值并记录，如图 5-50(e) 所示。

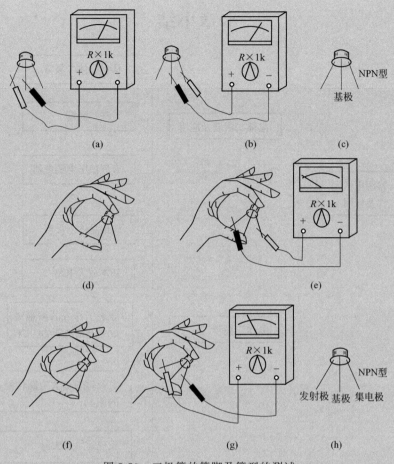

图 5-50 三极管的管脚及管型的测试

③ 将另外一只管脚假定为集电极,将假定的集电极与基极顶大拇指上,如图 5-50(f) 所示。

④ 用黑表笔接假定的集电极,红表笔接发射极,红、黑表笔均不要碰基极,读出电阻值并记录;比较两次测试的电阻值,阻值较小的那次假定是正确的。如图 5-50(g) 所示。

比较图 5-50(e) 与图 5-50(g),图 5-50(g) 中的万用表指针偏转较大,阻值较小,此图的黑表笔接的是集电极。测试得出的各电极名称如图 5-50(h) 所示。

2. 由管子发射结压降的区别判断管子材料

根据硅管的发射结正向压降大于锗管的正向压降的特点,来判断其材料。一般常温下,锗管的正向压降为 $0.2 \sim 0.3V$,硅管的正向压降为 $0.6 \sim 0.7V$。根据图 5-51 电路进得测量,由电压表的读数大小确定是硅管还是锗管。

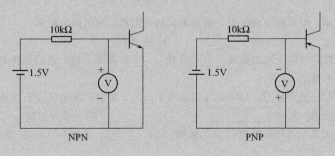

图 5-51 判断硅管和锗管的电路

本章小结

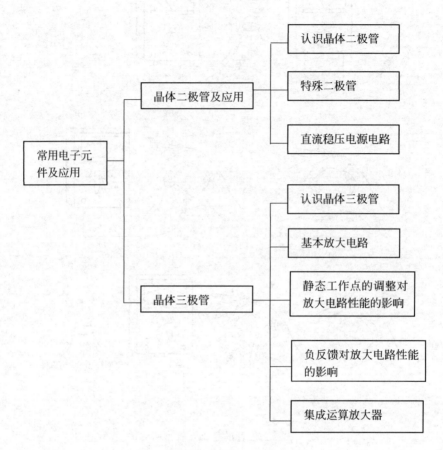

习题与思考题

5-1 填空

(1) 用来制作半导体器件的是_____，它的导电能力比_____强得多。
    a. 本征半导体   b. 杂质半导体

(2) PN 结的正向偏置是指 P 型区接_____电位，N 型区接_____电位，这时形成_____的正向电流。
    a. 高   b. 低   c. 较大   d. 较小

(3) 二极管的正向电阻越_____，反向电阻越_____，说明二极管的单向导电特性越好。
    a. 大   b. 小

(4) 用万用表测量二极管的正向电阻，若用不同的电阻挡，测出的电阻值_____。
    a. 相同   b. 不相同

(5) 半导体三极管从结构上可以分成_____型和_____型两大类型，它们工作时有_____和_____两种载流子参与导电。

(6) 为使三极管处于放大状态，必须使发射结处于_____偏置；集电结处于偏置。

(7) 集成运算放大器一般由_____、_____、_____、_____四个部分组成。

(8) 理想运算放大器的开环差模电压放大倍数 A_{od} = _____；差模输入电阻 R_{id} = _____；输出电阻 R_o = _____；共模抑制比 K_{CMR} = _____。

(9) 理想运算放大器工作在线性区时有两个重要特点：_____和_____。

(10) 电压跟随器的输出电压与输入电压不仅_____相等，而且_____也相同，两者之间好似一种"跟随"关系，所以也称_____。

5-2 分析 PN 结正偏导电的原理。

5-3 怎样用万用表判断二极管的好坏及极性？

5-4 滤波电路电容的容量大小能否随意选取？为什么？

5-5 在桥式整流电路中，如果有其中一个二极管的极性接反，试分析电路会出现什么情况？

5-6 分析题 5-6 图所示电路中，各二极管是导通还是截止？并求输出电压 U_O（设所有二极管正偏时的工作压降为 0.7V，反偏时的电阻为∞）。

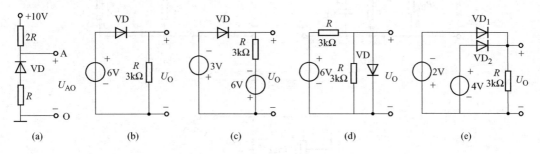

题 5-6 图

5-7 在图 5-18 所示整流电路中，已知变压器次级电压有效值 $U_2=20$V，负载电阻 $R_L=10\Omega$，试问：

(1) 负载电阻 R_L 上的电压平均值和电流平均值各为多少？

(2) 电网电压允许波动±10%，二极管承受的最大反向电压和流过的最大电流平均值各为多少？

5-8 分别测得两个放大电路中三极管的各极电位如题 5-8 图所示，判断：

(1) 三极管的管脚，并在各电极上注明 E、B、C。

(2) 判断是 PNP 型管还是 NPN 型管，是硅管还是锗管。

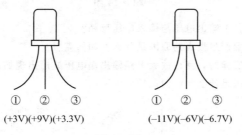

题 5-8 图

5-9 某三极管的 $P_{CM}=100$mW，$I_{CM}=20$mA，$U_{(BR)CEO}=15$V，试问下列几种情况下三极管能否正常工作？为什么？

(1) $U_{CE}=3$V，$I_C=10$mA；

(2) $U_{CE}=2$V，$I_C=40$mA；

(3) $U_{CE}=6$V，$I_C=20$mA。

5-10 放大电路放大的是交流信号，电路中为什么还要加直流电源？

5-11 分析放大电路时，如何画交、直流通路？

5-12 试画出题 5-12 图所示电路的直流通路和交流通路。

5-13 在图 5-30 所示的单管放大器中，已知 $U_{CC}=15$V，$R_C=3$kΩ，$R_B=300$kΩ，$\beta=60$，$U_{BE}=0.7$V，穿透电流 $I_{CEO}\approx 0$，(1) 试估算静态工作点；(2) 在调整静态工作点时，若其他参数不变，仅改变 R_B，要求管压降 $U_{CE}=5$V，试估算 R_B 的值；(3) 若电路的参数不变，仅调节 R_B，要求放大器集电极电流 $I_C=2.4$mA，试估算 R_B 的值，并求此时的 U_{CE}。

5-14 电路如题 5-14 图所示，调整电位器来改变 R_B 的阻值就能调整放大电路的静态工作点。试估算：

(1) 如果要求 $I_C=2\text{mA}$，R_B 值应多大；

(2) 如果要求 $U_{CE}=4.5\text{V}$，R_B 值又应多大。

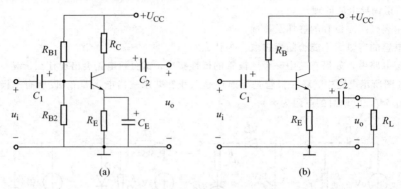

题 5-12 图

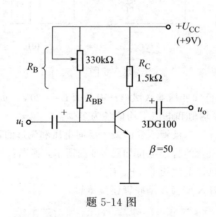

题 5-14 图

5-15 在共射放大电路中，为什么输出电压与输入电压反相？

5-16 在放大电路中，输出波形产生失真的原因是什么？如何克服？

5-17 在做单管共射放大电路实验时，测得放大电路输出端电压波形出现如题 5-17 图所示的情况，请说明是什么现象？产生的原因是什么？如何调整？

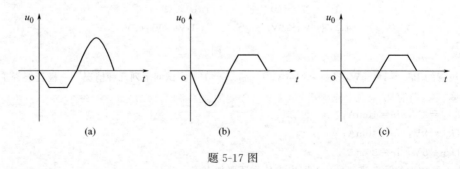

题 5-17 图

5-18 分压式偏置稳定电路如题 5-18 图所示，已知三极管为 3DG100，$\beta=40$，$U_{BE}=0.7\text{V}$

(1) 估算静态工作点 I_C 和 U_{CE}；

(2) 如果 R_{B2} 开路，此时电路工作状态有什么变化？

(3) 如果换用 $\beta=80$ 的三极管，对静态工作点有多大影响。

5-19 在如图 5-43 所示的电路中，已知 $R_1=10\text{k}\Omega$，$R_F=30\text{k}\Omega$，估算它的电压放大倍数 A_u 和输入电阻 R_i。

5-20 在如图 5-44 所示的电路中，若电路中输入电压为 $\pm 12\text{mV}$，电阻 $R_1=10\text{k}\Omega$，$R_F=390\text{k}\Omega$，求输出电压为多少？

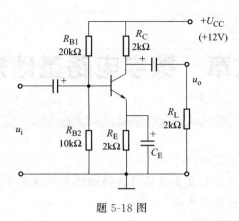

题 5-18 图

5-21 在如图 5-46 所示的电路中，$R_1 = R_2 = R_3 = 20\text{k}\Omega$，$R_F = 40\text{k}\Omega$，$u_{i1} = 20\text{mV}$，$u_{i2} = 40\text{mV}$，$u_{i3} = 60\text{mA}$，求输出电压 u_o 为多少？

5-22 如图 5-47 所示的电路中，$R_1 = 18\text{k}\Omega$，$R_f = 36\text{k}\Omega$，$U_{I1} = 30\text{mV}$，$U_{I2} = 16\text{mV}$，求输出电压 U_o 和运算放大器的电压放大倍数 A_u。

第六章　数字电路基础知识

知识目标
- 了解逻辑代数和基本逻辑运算。
- 掌握基本门电路和常用的复合逻辑器件的功能和逻辑符号。
- 掌握集成门电路正确使用方法。
- 了解组合逻辑电路的特点。
- 掌握组合逻辑电路的分析和设计方法。
- 熟练掌握常用的组合逻辑部件的逻辑符号、功能及应用。
- 掌握时序逻辑电路的特点。
- 掌握各种触发器的逻辑功能和各类触发器的描述方法。
- 掌握集成计数器和寄存器的逻辑功能及应用。

能力目标
- 能正确使用各种集成门电路。
- 能分析常见组合逻辑电路的逻辑功能。
- 能够设计一些比较简单的组合逻辑电路。
- 会熟练地按要求画触发器的工作波形。
- 能利用集成计数器构成任意进制计数器。

本章首先介绍了分析和设计数字电路用的数学工具逻辑代数，然后分别介绍数字电路的两大类：组合逻辑电路和时序逻辑电路。在组合逻辑电路中介绍了基本门电路、常用的集成门电路的使用和组合逻辑电路的分析及设计方法，并从实际应用的角度介绍了几种中规模组合逻辑器件。在时序逻辑电路中介绍了构成时序电路的基础触发器，包括 RS 触发器、JK 触发器、D 触发器，并在此基础上介绍了几种典型的时序逻辑电路，最后介绍了寄存器、计数器等常用集成时序逻辑器件的使用方法。

第一节　数字电路基础知识

一、数字信号和数字电路

电信号可分为模拟信号和数字信号两类。模拟信号指的是在时间上和幅度上都是连续变化的信号，如由温度传感器转换来的反映温度变化的电信号就是模拟信号，在模拟电子技术中所讨论的电路的输入、输出信号都是模拟信号。数字信号指的是在时间和幅度上都是离散的信号，如矩形波就是典型的数字信号。数字信号常用抽象出来的二值信息 1 和 0 表示，反映在电路上就是高电平和低电平两种状态，如图 6-1 所示。

电子电路分为模拟电路和数字电路两类。模拟电路是用来处理模拟信号的电路；数字电路是用来处理数字信号的电路。数字电路主要完成数字信号的产生、变换、传输、储存、控制、运算等。由于数字电路的输出信号和输入信号之间都有一定的逻辑关系,因此,数字电路又称为逻辑电路。

数字电路又可分为组合逻辑电路和时序逻辑电路两大类。组合逻辑电路是指在这种电路中任意时刻的输出信号仅取决于该时刻的输入信号,而与信号作用前电路原来的状态无关。时序逻辑电路是指在这种电路中,任意时刻的输出信号不仅取决于当时的输入信号,而且还取决于电路原来的状态,或者说,还与以前的输入有关,这是组合逻辑电路和时序逻辑电路最大的区别。

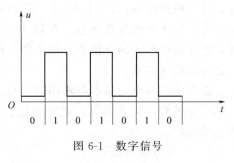

图 6-1　数字信号

数字电路的输入和输出信号都是数字信号,数字信号是二值量信号,可以用电平的高低来表示,也可以用脉冲的有无来表示,只要能区分出两个相反的状态即可。因此,构成数字电路的基本单元电路结构比较简单,对元件的精度要求不高,允许有一定的误差。这就使得数字电路适宜于集成化,做成各种规模的集成电路。

数字信号是用两个相反的状态来表示,只有环境干扰很强时,才会使数字信号发生变化,因此,数字电路的抗干扰能力很强,工作稳定可靠。

数字电路能对数字信号进行算术运算,还能进行逻辑运算。逻辑运算就是按照人们设计好的规则,进行逻辑推理和逻辑判断。因此,数字电路具有一定的"逻辑思维"能力,可用在工业生产中,进行各种智能化控制,以减轻人们的劳动强度,提高产品质量,在各个领域都得到了广泛应用的计算机就是数字电路的精华。

二、逻辑代数和基本逻辑运算

逻辑代数又称为布尔代数,它主要研究逻辑函数的运算规律,是分析和设计逻辑电路的重要数学工具。本节首先介绍逻辑代数的基本概念及其基本运算规律。

(一) 逻辑代数的基本概念

1. 逻辑变量

逻辑是指事物发展变化的因果关系。在数字电路中的逻辑关系就是指输入条件与输出结果之间的因果关系。

在日常生活、生产实践和科学实验中,大量存在着完全对立而又相互依存的两个逻辑状态。如事件的"真"和"假";开关的"通"和"断";电位的"高"和"低";脉冲的"有"和"无";门的"开"和"关"等等。为了描述这些事物状态双方对立统一的逻辑关系,往往采用仅有两个取值的变量来表示,这种二值变量就称为逻辑变量。

逻辑代数中的逻辑变量也和普通代数中的变量一样,常用字母 A、B、C、…、X、Y、Z 来表示,但逻辑运算中逻辑变量的取值为 0 和 1 两个可能值,通常称为逻辑 0 和逻辑 1。这里的 0 和 1 并不表示数值的大小,而是代表逻辑变量中的两种可能的逻辑状态:0 状态和 1 状态。

在数字逻辑系统的分析和设计中,用来表示条件的逻辑变量是输入变量(如 A、B、C、…);用来表示结果的逻辑变量就是输出变量(如 Y、F、L、Z、…)。字母上无反号的叫原变量(如 A),有反号的叫反变量(如 $\bar{A}$)

2. 逻辑函数

在一个逻辑问题中,各种逻辑变量是按照一定的逻辑运算规律进行组合的,这种组合对应表征着一定的逻辑关系,这即是逻辑函数。它可用逻辑函数式(也称逻辑表达式)来描述,其一般形式为:$Y=f(A、B、C、\cdots)$。

为了便于处理逻辑问题,逻辑函数有多种表示方法。除了逻辑表达式这种解析形式以外,还有表格形式的真值表,以及图形形式的逻辑图、卡诺图、波形图等。它们各有特点,而且可以相互转换。

逻辑函数可分为基本逻辑函数:与函数、或函数、非函数和由三种基本逻辑函数组合而成的复合函数:与非函数、或非函数、与或非函数、异或函数等。逻辑函数还可分为原函数、反函数。

(二) 基本逻辑运算

1. 与逻辑

只有当决定某事件发生的所有条件都具备时,该事件才能发生,这种逻辑称为与逻辑(或说:只有当每个输入端都有规定的信号输入时,输出端才有规定的信号输出)。如图6-2所示,只有当开关S_A与开关S_B都闭合时,灯EL才会亮,所以,对灯EL,开关S_A、开关S_B闭合是"与"逻辑关系。若以Y表示灯的状态,并规定灯亮Y为1,灯暗Y为0;以A、B表示开关状态,并规定开关闭合A、B为1,开关断开A、B为0;则灯亮状态Y与开关状态A、B的关系可用表6-1表示。像这样用0和1分别表示低电平和高电平,将输入变量可能取值组合状态及其对应的输出状态列成的表格,称为真值表。

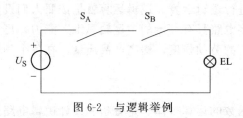

图6-2 与逻辑举例

表6-1 与逻辑真值表

A	B	Y
0	0	0
0	1	0
1	0	0
1	1	1

与逻辑又称为逻辑乘,逻辑表达式为

$$Y = A \cdot B \tag{6-1}$$

式中,Y为逻辑函数;A、B为输入逻辑变量。

上式读作Y等于A与B。

与逻辑的基本运算如下:$0 \times 0 = 0$ $0 \times 1 = 0$ $1 \times 0 = 0$ $1 \times 1 = 1$

与逻辑关系可总结为:"见0得0,全1得1"。

2. 或逻辑

当决定某事件的几个条件中,只有要有一个或几个条件具备,该事件就发生,这种因果关系称为或逻辑关系。如图6-3所示,只要有一个开关闭合,灯EL就会亮,所以对灯EL,开关S_A、开关S_B闭合是"或"逻辑关系。若以Y表示灯亮状态,并规定灯亮Y为1,灯暗Y为0;开关闭合A或B为1,开关断开A和B为0;则灯亮状态Y与开关状态A、B的关系可用表6-2表示。

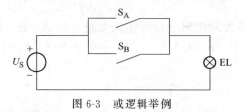

图6-3 或逻辑举例

表6-2 或逻辑真值表

A	B	Y
0	0	0
0	1	1
1	0	1
1	1	1

或逻辑又称为逻辑加,逻辑表达式为

$$Y = A + B \tag{6-2}$$

式中，Y 为逻辑函数；A、B 为输入逻辑变量。

上式读作 Y 等于 A 或 B。

或逻辑的基本运算如下：$0+0=0$ $0+1=1$ $1+0=1$ $1+1=1$

或逻辑关系可总结为："见 1 得 1，全 0 得 0"。

3. 非逻辑

非就是反，就是否定。如图 6-4 所示，当开关 S 断开时，灯 EL 亮，闭合时反而不亮，所以，对于灯 EL 亮这一事件来说，开关 S 闭合是一种"非"的逻辑关系。若规定灯亮 Y 为 1，灯暗 Y 为 0；开关闭合 A 为 1，开关断开 A 为 0；则灯亮状态 Y 与开关状态 A 的关系可用表 6-3 表示。

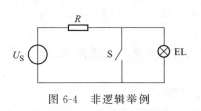

图 6-4 非逻辑举例

表 6-3 非逻辑真值表

A	Y
0	1
1	0

逻辑表达式为

$$Y = \overline{A} \tag{6-3}$$

式中，Y 为逻辑函数；A 为输入逻辑变量。

上式读作 Y 等于 A 非（或 A 反）。

非逻辑的基本运算如下：$\overline{0}=1$ $\overline{1}=0$

（三）逻辑代数的运算法则

逻辑代数中的基本公式显示了逻辑运算应遵循的基本规律，是逻辑函数变换和化简的基本依据。基本公式如表 6-4 所示。

表 6-4 逻辑代数的基本公式

基本定律	$A+0=A$ $A+1=1$ $A+A=A$ $A+\overline{A}=1$	$A \cdot 0=0$ $A \cdot 1=A$ $A \cdot A=A$ $A \cdot \overline{A}=0$	$\overline{\overline{A}}=A$
交换律	$A+B=B+A$	$AB=BA$	
结合律	$(A+B)+C=A+(B+C)$	$(AB)C=A(BC)$	
分配律	$A(B+C)=AB+AC$	$A+BC=(A+B)(A+C)$	
反演律（摩根定律）	$\overline{A+B}=\overline{A} \cdot \overline{B}$	$\overline{A \cdot B}=\overline{A}+\overline{B}$	
吸收律	$A+AB=A$ $A+\overline{A}B=A+B$	$A(A+B)=A$ $(A+B)(A+C)=A+BC$	
冗余律	$AB+\overline{A}C+BC=AB+\overline{A}C$		

以上定律可用真值表证明，若等式两边式子的真值表相等，则证明等式成立。也可以由以上公式来相互证明。

【**例 6-1**】 证明 $\overline{A+B}=\overline{A} \cdot \overline{B}$

解：列出等式左、右两边式子的真值表，如表 6-5 所示。从表中可以看出，等式两边的真值表相等，故等式成立。

表 6-5 例 6-1 用表

A	B	$\overline{A+B}$	$\overline{A}\cdot\overline{B}$	A	B	$\overline{A+B}$	$\overline{A}\cdot\overline{B}$
0	0	1	1	1	0	0	0
0	1	0	0	1	1	0	0

【例 6-2】 试证明：$AB+\overline{A}C+BC=AB+\overline{A}C$

证明：$AB+\overline{A}C+BC=AB+\overline{A}C+(A+\overline{A})BC$
$$=AB+\overline{A}C+ABC+\overline{A}BC$$
$$=(AB+ABC)+(\overline{A}C+\overline{A}BC)$$
$$=AB+\overline{A}C$$

由此推论 $AB+\overline{A}C+BCD=AB+\overline{A}C$

这里再简要介绍逻辑代数中等式的两个规则。

（1）代入规则 在任何一个逻辑式中，如果将等式两边的某一变量都代之以一个逻辑函数，则等式仍然成立。

（2）对偶规则 在任何一个逻辑函数 Y 中，如果将"·"换成"＋"，"＋"换成"·"；"0"换成"1"，"1"换成"0"，所得到的新表达式即原函数 Y 的对偶式，记作 Y'。这就是对偶规则。

利用这个规则可使需要记忆的公式减少一半，另一半可由对偶规则推出。但变换时要注意保持原式中的"先与后或"的运算顺序。

【例 6-3】 试求 $Y=A(B+C)$ 的对偶式 Y'。

解：根据对偶规则，Y 的对偶式 Y' 为：$Y'=A+BC$

运用逻辑代数的基本公式来对逻辑函数化简的方法叫公式化简法。下面举例加以说明。

【例 6-4】 化简函数 $Y=AB\overline{C}+A\overline{B}+AC$

解：$Y=AB\overline{C}+A\overline{B}+AC=AB\overline{C}+A(\overline{B}+C)=AB\overline{C}+A\overline{\overline{B}C}=A$

【例 6-5】 化简函数 $Y=AB+\overline{A}C+\overline{B}C$

解：$Y=AB+\overline{A}C+\overline{B}C=AB+C(\overline{A}+\overline{B})=AB+\overline{AB}C=AB+C$

【例 6-6】 化简函数 $Y=A\overline{B}+B\overline{C}+\overline{B}C+\overline{A}B$

解：$Y=A\overline{B}+B\overline{C}+\overline{B}C+\overline{A}B$
$$=A\overline{B}+B\overline{C}+\overline{B}C(A+\overline{A})+\overline{A}B(C+\overline{C})$$
$$=A\overline{B}+B\overline{C}+A\overline{B}C+\overline{A}\overline{B}C+\overline{A}BC+\overline{A}B\overline{C}$$
$$=A\overline{B}(1+C)+B\overline{C}(1+\overline{A})+\overline{A}C(\overline{B}+B)$$
$$=A\overline{B}+B\overline{C}+\overline{A}C$$

若采用 $(C+\overline{C})$ 去乘 $A\overline{B}$，用 $(A+\overline{A})$ 去乘 $B\overline{C}$，则化简后可得：$Y=\overline{B}C+A\overline{C}+\overline{A}B$

由此可见，化简后的最简与或式，有时不是唯一的。

利用公式法化简逻辑函数，没有固定的步骤和系统的方法可循，关键在于需要熟练掌握并能灵活运用逻辑代数的公式，而且要有较高的技巧性。

思考

能否由 $AB=AC$，$A+B=A+C$ 这两个逻辑式推理出 $B=C$，为什么？

第二节 组合逻辑电路

一、基本逻辑门电路

实现基本和常用逻辑运算的电子电路,叫逻辑门电路。在数字电路中,所谓"门"就是只能实现基本逻辑关系的电路。逻辑门电路可以用电阻、电容、二极管、三极管等分立原件构成分立元件门电路。也可以将门电路的所有器件及连接导线制作在同一块半导体基片上,构成集成逻辑门电路。

(一)与门

实现与逻辑运算的电路叫与门。在输入 A、B 中只要有一个(或一个以上)为低电平,则输出 Y 为低电平,只有输入 A、B 同时为高电平,输出 Y 才是高电平。可见输入对输出呈现与逻辑关系,即 $Y=A \cdot B$。与门的逻辑符号如图6-5所示。图中 A、B 表示输入逻辑变量,Y 表示输出逻辑变量,多输入逻辑变量的逻辑符号可类推。

(二)或门

实现或逻辑运算的电路叫或门。只要输入 A、B 中有高电平,输出 Y 就是高电平;只有输入 A、B 同时为低电平,Y 才是低电平。显然 Y 和 A、B 之间呈现或逻辑关系,逻辑式为 $Y=A+B$。或门的逻辑符号如图6-6所示。

(三)非门

实现非逻辑运算的电路叫非门也叫反相器,当输入为高电平时,输出为低电平;当输入为低电平时,输出为高电平,所以输入与输出就呈现非逻辑关系,非门的逻辑符号如图6-7所示。

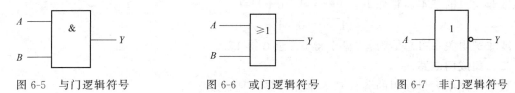

图6-5 与门逻辑符号　　　图6-6 或门逻辑符号　　　图6-7 非门逻辑符号

(四)与非门

将与门的输出端和非门的输入端直接相连,便组成了与非门电路,如图6-8(a)所示。其逻辑符号如图6-8(b)所示。从前述对与门非门的分析,不难得出与非门的电路真值表,见表6-6。

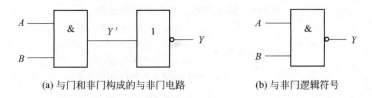

(a) 与门和非门构成的与非门电路　　　(b) 与非门逻辑符号

图6-8 与非门

表6-6 与非门真值表

A	B	Y	A	B	Y
0	0	1	1	0	1
0	1	1	1	1	0

逻辑表达式为

$$Y=\overline{A \cdot B} \tag{6-4}$$

与非逻辑的基本运算如下：$\overline{0 \cdot 0}=1 \quad \overline{0 \cdot 1}=1$
$\overline{1 \cdot 0}=1 \quad \overline{1 \cdot 1}=0$

与非逻辑关系可总结为："见 0 得 1，全 1 得 0"。

（五）或非门

将或门的输出端和非门的输入端直接相连，便组成了或非门电路，如图 6-9(a) 所示。其逻辑符号如图 6-9(b) 所示。结合或门和非门的分析不难列出或非门的真值表，见表 6-7。

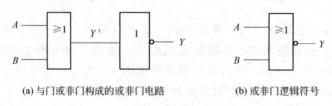

(a) 与门或非门构成的或非门电路　　(b) 或非门逻辑符号

图 6-9　或非门

表 6-7　或非门真值表

A	B	Y	A	B	Y
0	0	1	1	0	0
0	1	0	1	1	0

逻辑表达式为

$$Y=\overline{A+B} \tag{6-5}$$

或非逻辑的基本运算如下：$\overline{0+0}=1 \quad \overline{0+1}=0$
$\overline{1+0}=0 \quad \overline{1+1}=0$

或非逻辑关系可总结为："见 1 得 0，全 0 得 1"。

二、集成门电路

数字电路中大量使用的各种基本单元电路都是集成电路。

（一）集成门电路的分类

集成逻辑门按开关器件分为：双极型逻辑门和单极型逻辑门两大类。其中双极型逻辑门又可以分为 DTL、TTL、ECL、IIL 等类型，单极型逻辑门又可以分为 NMOS、PMOS、CMOS 等类型。如表 6-8 所示。

表 6-8　集成逻辑门按开关器件分类

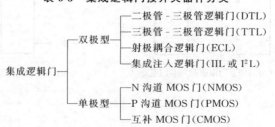

DTL 是双极型集成门中最早制造的一种二极管-三极管逻辑电路。随着集成电路工艺手段和制造技术的发展，在 DTL 电路基础上，向提高速度，降低功耗，提高抗干扰能力的方面加以改进，并得到了广泛使用，成为现在通用的品种：三极管-三极管逻辑电路 TTL 和发射极耦合逻辑电路 ECL。还有一些品种，如集成注入逻辑电路 IIL，它的制造工

艺要求高。

在单极型 MOS 电路中，目前最常见的有 NMOS、PMOS、CMOS 集成门，此外还有 VMOS、HMOS 等电路。它们的优点是结构简单，制造方便，每个门所占硅片面积小，功耗低，便于大规模集成化，抗干扰能力也较强。缺点是速度比较慢。但近年来 MOS 器件的性能得到了不断的改进，在大规模集成电路中，几乎有取代传统的双极型电路的趋势。

集成门电路按集成度分：小规模集成电路（SSI）（＜10 个门）、中规模集成电路（MSI）（10～100 个门）、大规模集成电路（LSI）（100～1000 个门）、超大规模集成电路（VSI）（1000 个以上门）。

集成门电路种类虽然很多，但最常用的是 TTL 和 CMOS 两大类型。在学习集成电路及其基本原理的过程中，应以应用为目的，淡化内部，重在外部，主要掌握它们的逻辑功能、电气特性，不要求详细探讨它们的内部结构及制造工艺，下面介绍几种常见的集成门电路。

（二）典型集成逻辑门

1. 典型 TTL 集成逻辑门

TTL 门电路在中、小规模集成电路中应用最为普遍。在数字集成电路中，为使电路标准化，减少电路的种类，常用与非门作为基本单元电路。

74LS00 四-二输入与非门引线图，如图 6-10 所示。

TTL 集成逻辑门产品主要有：中速 54/74、高速 54H/74H、肖特基 54S/74S 和低功耗肖特基 54LS/74LS 四个系列。

54 系列的工作温度范围为 $-55\sim+125\,^\circ\!\text{C}$，74 系列的工作温度范围为 $0\sim+70\,^\circ\!\text{C}$。

同一系列中有不同功能的产品，同一功能又根据实际要求生产不同的系列。各系列产品只要型号相同，则逻辑功能相同，一般引线的排列也相同，只是在电气性能参数上有所区别，请查阅有关资料。

2. 典型 CMOS 集成逻辑门

以单极型器件 MOS 管作开关的逻辑门称为 MOS 逻辑门，由 PMOS 管和 NMOS 管构成的互补 MOS 逻辑门（简称 CMOS 门）。CMOS 集成逻辑门具有静态功耗极低；电源电压范围宽；输入阻抗高；扇出能力强；抗干扰能力强；逻辑摆幅大等优点，目前已进入超大规模集成电路行列。在这里只简要介绍典型的 CMOS 集成门。

CMOS 非门又叫 CMOS 反相器，CD4069 六反相器的引线图如图 6-11 所示。

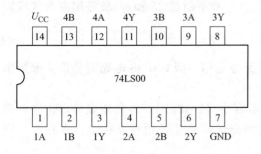

图 6-10 74LS00 四-二输入与非门引线图

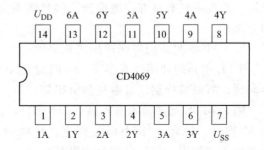

图 6-11 CD4069 六反相器引线图

CMOS 反相器开关速度高、电源范围宽、抗干扰能力强及扇出系数大等优点。因此，它是 CMOS 集成电路中的一个最基本的单元电路，由此可构成其他功能的 CMOS 门电路。

CMOS 集成逻辑门中常用的还有与非门、或非门、异或门、漏极开路门、三态门等，这里不一一介绍了。

必须注意，逻辑功能相互对应的 CMOS 集成门与 TTL 集成门，其真值表和逻辑符号是相同的。

CMOS 器件以标准型的 4000B 系列为主，还有 54/74 系列高速 CMOS 电路，54/74、54/74HCU、54/74HCT。它们的传输延迟时间已接近标准 TTL 器件，管脚排列和逻辑功能已和同型号的 54/74TTL 集成电路一致。54/74HCT 系列更是在电平上和 54/74TTL 集成电路兼容，从而使两者互换使用更为方便。

（三）集成逻辑门的使用注意事项

1. TTL 集成门电路使用注意事项

在使用 TTL 集成门电路时，应注意以下事项。

（1）电源电压（U_{CC}）应满足在标准值 $5V \pm 10\%$ 的范围内。

（2）TTL 电路的输出端所接负载，不能超过规定的扇出系数。

（3）注意 TTL 门电路多余输入端的处理方法。

从逻辑观点看，多余输入端似乎完全可以任其闲置呈悬空状态，并不会影响与非门的逻辑功能。但是，开路输入端具有很高的输入阻抗，很容易接受外界的干扰信号。因此，集成逻辑门在使用时，一般不让多余的输入端悬空，以防止干扰信号引入。对多余输入端的处理以不改变电路的逻辑状态和电路的稳定可靠为原则。对与非门，因为低电平为封锁电平，故多余输入端一般接 $+U_{CC}$ 或与信号输入端并联在一起。对或非门，其封锁电平为高电平，则多余输入端只能接地或与信号输入端并联在一起。TTL 门多余输入端的处理方法见图 6-12。

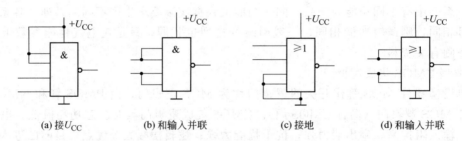

(a) 接 U_{CC} (b) 和输入并联   (c) 接地   (d) 和输入并联

图 6-12 TTL 门多余端的处理方法

（4）抑制干扰的措施 对于电源线引入的干扰，可用去耦和滤波的方法，必要时采用屏蔽线。系统应具有良好接地措施。信号线不宜过长（一般不超过 25cm），最好用绞合线或同轴电缆。

2. CMOS 集成门电路使用注意事项

TTL 电路的使用注意事项，一般对 CMOS 电路也适用。因 CMOS 电路容易产生栅极击穿问题，所以要特别注意避免静电损坏。

因为 MOS 器件输入电阻高（$>10^8 \Omega$），输入电容小（$1\sim2pF$），容易造成静电击穿，损坏 MOS 管。因此，与 MOS 电路直接接触的工具和测试设备都必须可靠接地。在存放、安装和使用过程中，应尽量避免栅极悬空。

CMOS 门电路多余输入端的处理方法与 TTL 电路相同。

在 CMOS 与非门电路中，对于多余输入端的处理能否像 TTL 与非门电路那样悬空？

三、组合逻辑电路的分析和设计

组合逻辑电路和时序电路是数字电路中的两大核心内容。本节首先讨论组合逻辑电路的概念、分类、一般分析方法、一般设计方法。

（一）组合逻辑电路概述

任一时刻的稳态输出仅取决于该时刻的输入状态的组合，而与信号作用前电路原来所处的状态无关的数字电路称为组合逻辑电路，简称为组合电路。

1. 组合逻辑电路的特点

（1）在逻辑功能上，输出变量 Y 是输入变量 X 的组合函数。输出状态不影响输入状态，过去的状态不影响现时的输出状态。

（2）在电路结构上，输出和输入之间无反馈延时通路。电路由逻辑门组成，不含记忆单元。

2. 组合逻辑电路的分类

（1）按输出端数分　可分为单输出电路和多输出电路。

（2）按其功能分　可分为加法器、编码器、译码器等。

（3）按所采用器件的集成度分　可分为用 SSI 门构成的电路和直接用 MSI、LSI 实现的功能部件。

（4）按器件极型分　可分为 TTL 和 CMOS。

早期的组合逻辑电路多由 SSI 逻辑门连接而成。目前，均广泛采用 MSI 芯片。

（二）组合逻辑电路的一般分析方法

组合电路分析的任务是：由已知的逻辑图，要求确定它的逻辑功能。

由 SSI 逻辑门构成的组合电路的一般分析步骤为：①由给定的逻辑电路图，从输入到输出，逐级向后递推，写出逻辑函数表达式；②化简逻辑函数表达式，求出最简函数式；③列出真值表；④分析逻辑功能。

【例 6-7】 分析图 6-13 所示用 SSI 构成的组合电路的逻辑功能。

解：（1）求输出 Y 的逻辑函数表达式：

$$Y = \overline{A \cdot \overline{AB} \cdot B \cdot \overline{AB}}$$

（2）化简得：

$$Y = \overline{A \cdot \overline{AB} \cdot B \cdot \overline{AB}} = \overline{A \cdot \overline{AB}} + \overline{B \cdot \overline{AB}} = A \cdot \overline{AB} + B \cdot \overline{AB}$$

$$= \overline{AB}(A+B) = (\overline{A}+\overline{B})(A+B) = A\overline{B} + \overline{A}B$$

（3）列真值表　见表 6-9。

表 6-9　例 6-7 真值表

A	B	Y	A	B	Y
0	0	0	1	0	1
0	1	1	1	1	0

（4）逻辑功能说明　从真值表可看出，此逻辑电路，在输入相异时，输出为 1，输入相同时输出为 0。即实现了异或逻辑功能。图 6-13 是由四个与非门组成的异或门，其逻辑式也可写成：$Y = \overline{A}B + A\overline{B} = A \oplus B$

异或门的逻辑符号见图 6-14。

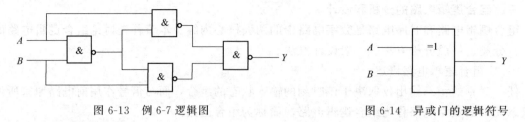

图 6-13　例 6-7 逻辑图　　　　　　　　图 6-14　异或门的逻辑符号

（三）组合逻辑电路的设计方法

组合逻辑电路的设计与分析过程相反。它的任务是：根据已知逻辑问题，设计满足实际要求的逻辑电路。

用 SSI 逻辑门设计组合逻辑电路的一般步骤如下。

（1）首先分析实际问题要求的逻辑功能。确定输入变量和输出变量以及它们之间的相互关系，并对它们进行逻辑赋值，即确定什么情况下为逻辑"1"，什么情况下为逻辑"0"；这是设计组合逻辑电路过程中建立逻辑函数的关键。

（2）列出满足输入与输出之间逻辑关系的真值表。

（3）根据真值表写出相应的逻辑表达式，对逻辑表达式进行化简并转换成命题或芯片所要求的逻辑函数表达式形式。

（4）根据最简逻辑表达式，画出相应的逻辑电路图。

【例 6-8】　试设计一个三变量多数表决组合电路（用与非门实现）。即三个变量 A、B、C 中，有两个或三个同意，则表决通过，否则为不通过。

解：（1）分析命题，确定输入变量为 A、B、C，输出变量为 Y。赋值：A、B、C 同意用"1"表示，不同意用"0"表示；$Y=1$ 表示表决通过，$Y=0$ 表示表决未通过。

（2）列真值表　见表 6-10。

（3）化简　由真值表写出逻辑表达式：

$$Y = \bar{A}BC + A\bar{B}C + AB\bar{C} + ABC = \bar{A}BC + A\bar{B}C + AB\bar{C} + ABC + ABC + ABC$$
$$= AB(\bar{C}+C) + BC(\bar{A}+A) + AC(\bar{B}+B) = AB + BC + CA = \overline{\overline{AB} \cdot \overline{BC} \cdot \overline{CA}}$$

表 6-10　例 6-8 真值表

A	B	C	Y	A	B	C	Y
0	0	0	0	1	0	0	0
0	0	1	0	1	0	1	1
0	1	0	0	1	1	0	1
0	1	1	1	1	1	1	1

（4）画出逻辑图（见图 6-15）：

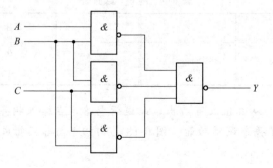

图 6-15　例 6-8 逻辑电路图

（四）中大规模数字集成电路的特点

目前许多常用的组合逻辑电路都已集成化，并制成 MSI、LSI 组件供选用，目前已经没有必要再用 SSI 逻辑门去设计制作它们。在此介绍 SSI 电路的设计方法，目的在于对种类繁多的组合逻辑电路有一个统一的概念，更好地去理解它们。因此，介绍一般设计方法是着重为理解各类组合电路的原理提供一种手段，而不是设计本身。

> **小资料　数字集成电路检测方法**
>
> 数字集成电路其输入输出的关系并不是放大的关系，而是一种逻辑关系，即输入条件满足时，输出高或低电平。
>
> 对数字集成电路进行检测，就是检测其输入引脚与输出引脚之间的逻辑关系是否存在。比较简便易行的方法是检测集成电路各引出脚和接地引脚之间的正、反向电阻值（非在电路电阻值），并与正品的电阻值比较，便能很快确定其好坏，为防止检测 MOS 型数字电路时静电高压将其损坏，应尽量避免其输入端悬空。手腕上最好套一个接大地的静电环。
>
> 数字集成电路的替代比较简单，只要系列、序号相同，可不论制造厂家而直接替代，在 TTL 电路中，当工作电压为 +5V 时，各系列可以互换，但首先应考虑速度问题，应以高代低，以低待高时应考虑能否适应线路的要求，在 CMOS 电路中，互换时除考虑速度问题，还应考虑使用的工作电压。CMOS 电路中的 74HCT 系列可以直接替代 LS 的 TTL 电路。

四、典型 MSI 组合逻辑器件

随着微电子技术的迅速发展，数字集成电路的种类和型号愈来愈多。而实际生产中遇到的各种问题形式多样，为解决这些问题而设计的组合电路也是种类繁多。下面仅通过对一些常见的典型 MSI 组合逻辑部件的介绍，来提高大家分析和应用它们的能力。

（一）加法器

加法器是能实现多位二进制数相加运算的组合电路。在数字电子计算机中，加、减、乘、除等算术运算都是通过加法运算来进行的。所以，加法器是数字电子系统中最基本的运算单元，而全加器则是构成运算单元的核心。当第 i 位的两个同位二进制数 A_i、B_i 相加时，若考虑相邻低位来的进位 C_{i-1}，则称为全加，能实现全加运算的组合电路叫全加器。

下面介绍集成全加器 74LS183。图 6-16(a) 为全加器的符号，图 6-16(b)、图 6-16(c) 是 74LS183 的引线图和逻辑符号。

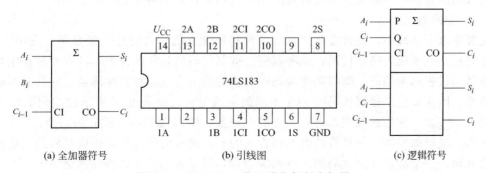

图 6-16　74LS183 一位双进位保留全加器

74LS183 中包含两个一位全加器。全加器的基本原理如下。

设 A_i 是第 i 位的被加数，B_i 是第 i 位的加数，C_{i-1} 是向第 i 位的进位；S_i 是第 i 位的和，C_i 是第 i 位向相邻高位进位。根据三个一位二进制数相加和二进制数的加法规则，可得全加器的真值表为表 6-11 所示。

表 6-11 全加器真值表

A_i	B_i	C_{i-1}	S_i	C_i	A_i	B_i	C_{i-1}	S_i	C_i
0	0	0	0	0	1	0	0	1	0
0	0	1	1	0	1	0	1	0	1
0	1	0	1	0	1	1	0	0	1
0	1	1	0	1	1	1	1	1	1

根据值表可写出 S_i、C_i 的与或形式的表达式为

$$S_i = \overline{A_i}\,\overline{B_i}C_{i-1} + \overline{A_i}B_i\overline{C_{i-1}} + A_i\,\overline{B_i}\,\overline{C_{i-1}} + A_iB_iC_{i-1}$$

$$C_i = A_iB_i + B_iC_{i-1} + A_iC_{i-1}$$

用全加器构成加法器时，需要考虑进位方式问题，常用的有并行相加串行进位和并行相加并行进位两种。

下面仅以两个四位二进制数相加为例，说明利用 MSI 全加器构成加法器的原理。

图 6-17 是四位二进制并行相加串行进位的加法器框图。

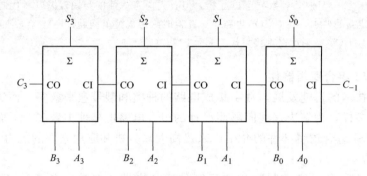

图 6-17 四位二进制并行相加串行进位加法器

它由四个全加器组成，低一位全加器进位输出端接至高一位的全加器的进位输入端。任何一位的加法运算，都必须等到低一位的加法运算完成并送来进位之后才能进行，这种进位方式称为串行进位。

这种加法器的逻辑电路比较简单，但它的运算速度不高，为克服这一缺点，可以采用并行进位（超前进位）等方式。读者可查阅相关资料，在此不再介绍。

（二）编码器

在数字电子系统中，经常需要把具有某种特定含义的输入信号（如数字、文字、字母、符号等信息）变换成二进制代码，这种利用二进制代码的各种组合表示具有某种特定含义的输入信号的过程称为编码。能够实现编码操作功能的组合电路称为编码器。它具有多输入多输出特点，因为 n 位二进制代码有 2^n 个不同的取值组合，如果用 N 表示被编码的输入信号数，则有 $N \leqslant 2^n$。常用的编码器有：二进制编码器、BCD 编码器、优先编码器。

所谓二进制编码器，就是将代表不同含义的多个输入信号分别编排成对应的二进制代码的组合电路。一个输出 n 位代码的二进制编码器，可以表示 $N = 2^n$ 种输入信息。

能将 $0 \sim 9$ 十进制数字编排成 BCD 码输出的编码器称为 BCD 码编码器。该电路有 $0 \sim 9$ 十个输入信号，则 $N = 10 < 2^4$，输出为四位二进制代码，故又称为 10 线-4 线制编码器。最常用的是 8421BCD 编码器。

上述编码器电路简单，并有一些集成产品。但这些编码器要求在任一时刻中允许一个输

入端有信号，否则其输出会发生混乱。目前广泛使用的集成优先编码器，它能允许几个输入端同时有信号。当几个信号同时输入编码电路时，只对其中优先级别最高的信号进行编码，这种组合电路称为优先编码器。由于这种编码器允许几个输入信号同时出现在输入端，所以，它们不是相互排斥的变量，至于各优先的级别，则按轻重缓急的情况决定。

常用的集成优先编码器有 8 线-3 线（如 74LS148）和 10 线-4 线（如 74LS147）两种。下面以 74LS148 优先编码器进行简单介绍。

图 6-18(a) 为其引线图，其中 $\overline{I_0} \sim \overline{I_7}$ 是输入信号，$\overline{Y_2} \sim \overline{Y_0}$ 为三位二进制编码输出信号，$\overline{I_S}$ 是使能输入端，$\overline{Y_S}$ 是使能输出端，$\overline{Y_{EX}}$ 为优先编码输出端。表 6-12 为 74LS148 的真值表，根据此表读者很容易写出 $\overline{Y_2}$、$\overline{Y_1}$、$\overline{Y_0}$ 的逻辑表达式。

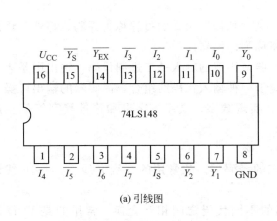
(a) 引线图

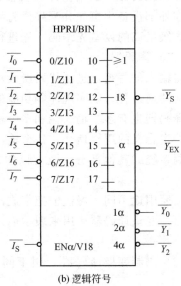
(b) 逻辑符号

图 6-18　74LS148 8 线-3 线优先编码器

表 6-12　74LS148 8 线-3 线优先编码器功能表

输入									输出				
$\overline{I_S}$	$\overline{I_0}$	$\overline{I_1}$	$\overline{I_2}$	$\overline{I_3}$	$\overline{I_4}$	$\overline{I_5}$	$\overline{I_6}$	$\overline{I_7}$	$\overline{Y_2}$	$\overline{Y_1}$	$\overline{Y_0}$	$\overline{Y_{EX}}$	$\overline{Y_S}$
1	×	×	×	×	×	×	×	×	1	1	1	1	1
0	1	1	1	1	1	1	1	1	1	1	1	1	0
0	×	×	×	×	×	×	×	0	0	0	0	0	1
0	×	×	×	×	×	×	0	1	0	0	1	0	1
0	×	×	×	×	×	0	1	1	0	1	0	0	1
0	×	×	×	×	0	1	1	1	0	1	1	0	1
0	×	×	×	0	1	1	1	1	1	0	0	0	1
0	×	×	0	1	1	1	1	1	1	0	1	0	1
0	×	0	1	1	1	1	1	1	1	1	0	0	1
0	0	1	1	1	1	1	1	1	1	1	1	0	1

由真值表可知，74LS148 的输入、输出信号均是低电平有效。即：$\overline{I_0} \sim \overline{I_7}$、$\overline{Y_2} \sim \overline{Y_0}$ 取值为 0 时表示有信号，为 1 时则表示无信号。

当 $\overline{I_S}=1$ 时，禁止编码，$\overline{Y_2Y_1Y_0}=111$。当 $\overline{I_S}=0$ 时，允许编码，这时，$\overline{I_0} \sim \overline{I_7}$ 各输入端的优先顺序为：$\overline{I_7}$ 级别最高，依次至 $\overline{I_0}$ 级别最低。当有两个或更多个信号输入时，总是按

出现的最高级别编码,而不管其他信号输入与否。例如:$\overline{I_7}=0$,则$\overline{I_6}\sim\overline{I_0}$无论哪一个出现 0,均不起作用,此时输出只按$\overline{I_7}$编码,$\overline{Y_2}\ \overline{Y_1}\ \overline{Y_0}=000$。

使能输出端$\overline{Y_S}$,只在允许编码即$\overline{I_S}=0$时,而本片又没有编码输入信号时为0。

优先编码输出端$\overline{Y_{EX}}$,在允许编码即$\overline{I_S}=0$时,具有编码输入信号时为0。应用它可以使此编码器输出位数得到扩展。

$\overline{I_S}$、$\overline{Y_S}$、$\overline{Y_{EX}}$均可在扩展功能时使用。74LS148作扩展应用时,$\overline{I_S}$作片选控制端,$\overline{Y_S}$作选通控制端,$\overline{Y_{EX}}$作扩展输出端。如:用两片74LS148优先编码器串行连接,可扩展为16线-4线优先编码器,具体连接图请参阅其他资料。

优先编码器广泛用在计算机控制系统中,给外部设备中断申请信号作不同的编码。通常,在外部设备中事先分配好优先级,当有两个以上外设要求中断请求时,优先编码器总是给优先级最高的设备先编码,先进行响应操作。

(三) 译码器

将输入的每组二进制代码所表示的特定含义"翻译"出来的过程称为译码。显然,译码是编码的逆过程。能实现译码功能的组合电路称为译码器。

译码器也有多个输入端和多个输出端。一般译码器的输入是二进制代码,输出则是表示代码特定含义的逻辑信号。每个输出端只对应于一种输入代码的组合,译码器的输出可操作或控制系统的其他部分,也可以驱动显示器,实现数字、文字、字母和符号等字符信息的显示。

按照用途不同,习惯上把集成译码器分为三类。

(1) **变量译码器** 用来表示输入变量状态的译码器。如常用的3线-8线、4线-16线译码器等。

(2) **码制变换译码器** 用于同一个数据的不同代码之间相互变换。常用的是BCD译码器。

(3) **显示译码器** 用于将字符信息的代码译成相应的字符信息并显示的组合电路,又称为译码驱动器。如常用的BCD七段译码器等。

1. 变量译码器

变量译码器是指将n位二进制输入代码译成2^n个不同的输出信号的译码器,又称为二进制译码器。常用的有3线-8线译码器74LS138,4线-16线译码器74LS154等。它们都带有选通端,即可以用它来实现片选,扩展译码器的输入代码位数;也可以用它来实现一些其他功能的组合逻辑。

现以74LS138译码器为例,来说明集成

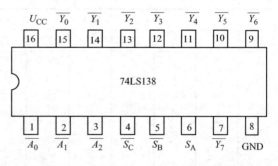

图6-19 74LS138 3线-8线译码器的引线图

变量译码器的功能。图6-19为它的引线图,它是一个16引线双列直插式集成电路,其功能表如表6-13所示。

74LS138为一个三位二进制译码器,它有三个输入端A_2、A_1、A_0,八个输出端$\overline{Y_0}\sim\overline{Y_7}$,输出为低电平有效。

S_A、$\overline{S_B}$、$\overline{S_C}$为使能端,控制该电路是否可进行译码。

当$S_A=0$或$\overline{S_B}+\overline{S_C}=1$时,译码器处于禁止工作状态,$\overline{Y_0}\sim\overline{Y_7}$均为1。

表 6-13 74LS138 译码器功能表

输入					输出							
S_A	$\overline{S_B}+\overline{S_C}$	A_2	A_1	A_0	$\overline{Y_0}$	$\overline{Y_1}$	$\overline{Y_2}$	$\overline{Y_3}$	$\overline{Y_4}$	$\overline{Y_5}$	$\overline{Y_6}$	$\overline{Y_7}$
×	1	×	×	×	1	1	1	1	1	1	1	1
0	×	×	×	×	1	1	1	1	1	1	1	1
1	0	0	0	0	0	1	1	1	1	1	1	1
1	0	0	0	1	1	0	1	1	1	1	1	1
1	0	0	1	0	1	1	0	1	1	1	1	1
1	0	0	1	1	1	1	1	0	1	1	1	1
1	0	1	0	0	1	1	1	1	0	1	1	1
1	0	1	0	1	1	1	1	1	1	0	1	1
1	0	1	1	0	1	1	1	1	1	1	0	1
1	0	1	1	1	1	1	1	1	1	1	1	0

当 $S_A=1$ 且 $\overline{S_B}+\overline{S_C}=0$ 时，译码器才处于译码工作状态，这时 $\overline{Y_0} \sim \overline{Y_7}$ 的有效状态由输入变量 A_2、A_1、A_0 决定。

将使能端作为变量输入端进行适当的组合，可以扩大译码器输入变量的位数。如用两片 74LS138 译码器可扩展成 4 线-16 线译码器（四变量译码器）。

2. 显示译码器

在数字电子系统中，要将字符信息直观地显示出来，就必须用显示译码器。显示译码器是指译码输出与显示器配合使用，或者能直接驱动显示器的译码电路。最常用的是 BCD 七段译码器，这种电路输入的是 BCD 码，输出是驱动七段字形的七个信号，常见型号有 74LS48、74LS47 等。

数字显示电路由译码驱动器和显示器组成。它的类型决定于它所驱动的显示器件，因此，需要先对常用的字符显示器件作简单介绍。

（1）字符显示器　字符显示器是用来显示数字、文字、字母或符号的器件，常用的有以下两种。

① 点阵式　它由排列整齐的发光点阵组成，利用光点的不同组合可显示不同字符，如车站的大屏幕点阵显示器就属这一类。

② 分段式　字符由分布在同一平面上的若干段发光的笔画组成。如荧光数码管、半导体发光二极管显示器（LED）和液晶显示器（LCD）即是。电子计算器、数字万用表、电子手表的显示器都是显示分段式数字。数字显示方式目前以分段式应用最为普遍，下面仅介绍 LED 数码显示器。

常用的半导体发光二极管显示器（LED）为磷砷化镓半导体材料构成的 PN 结。当外加正向电压时，电子与空穴复合，放出能量，发出一定波长的光，其辐射波长决定了发光颜色，通常有红色、绿色、黄色等。LED 的死区电压比普通二极管高，其正向工作电压一般为 1.5～3V，达到可见光的驱动电流约为几到几十毫安。它既可以封装成单个的发光二极管，也可以用多个 PN 结按分段式笔画做成数码管。图 6-20 为七段 LED 数码管的引线图。常用的型号有 BS201、BS202 等。

七段 LED 数码管内部有两种接法：共阳极接法、共阴极接法。若采用共阳极数码管，则各显示段通过限流电阻接低电平信号时发光，即配接输出低电平有效的译码驱动器（如 74LS47）；而采用共阴极数码管，则各显示段通过限流电阻接高电平信号时发光，即配接输出高电平有效的译码驱动器（如 74LS48）。

LED 显示器的特点是制造工艺简单，机械强度高，工作电压低，发光效率高，响应速度快（1~100ns），体积小，可靠性高，寿命长（大于 1000h），颜色品种多。缺点是：功耗较大。

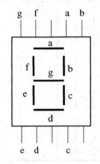

图 6-20　七段 LED 数码图

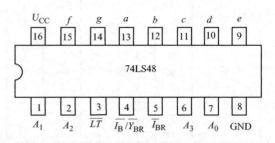

图 6-21　74LS48 功能引脚图

（2）中规模集成 BCD 七段显示译码驱动器　74LS48 是输出高电平有效的中规模集成 BCD 七段显示译码驱动器，其集成芯片的引线排列图如图 6-21 所示。其功能表如表 6-14 所示。

表 6-14　74LS48BCD 七段译码驱动器功能表

十进制数或功能	输入						$I_B/\overline{Y_{BR}}$	输出							显示字形
	$\overline{LT}$	$\overline{I_{BR}}$	A_3	A_2	A_1	A_0		a	b	c	d	e	f	g	
0	1	1	0	0	0	0	1	1	1	1	1	1	1	0	0
1	1	×	0	0	0	1	1	0	1	1	0	0	0	0	1
2	1	×	0	0	1	0	1	1	1	0	1	1	0	1	2
3	1	×	0	0	1	1	1	1	1	1	1	0	0	1	3
4	1	×	0	1	0	0	1	0	1	1	0	0	1	1	4
5	1	×	0	1	0	1	1	1	0	1	1	0	1	1	5
6	1	×	0	1	1	0	1	0	0	1	1	1	1	1	6
7	1	×	0	1	1	1	1	1	1	1	0	0	0	0	7
8	1	×	1	0	0	0	1	1	1	1	1	1	1	1	8
9	1	×	1	0	0	1	1	1	1	1	0	0	1	1	9
10	1	×	1	0	1	0	1	0	0	0	1	1	0	1	
11	1	×	1	0	1	1	1	0	0	1	1	0	0	1	
12	1	×	1	1	0	0	1	0	1	0	0	1	1	1	
13	1	×	1	1	0	1	1	1	0	0	1	0	1	1	
14	1	×	1	1	1	0	1	0	0	0	1	1	1	1	
15	1	×	1	1	1	1	1	0	0	0	0	0	0	0	全暗
灭灯	×	×	×	×	×	×	0	0	0	0	0	0	0	0	全暗
灭零	1	0	0	0	0	0	0	0	0	0	0	0	0	0	全暗
试灯	0	×	×	×	×	×	1	1	1	1	1	1	1	1	8

74LS48 的输入端是 $A_3A_2A_1A_0$ 四位二进制信号，a、b、c、d、e、f、g 是七段译码器输出的驱动信号，输出高电平有效，可直接驱动共阴极七段数码管，而不需要外接限流电阻。$\overline{LT}$、$\overline{I_{BR}}$、$\overline{I_B}/\overline{Y_{BR}}$ 是使能端，它们起辅助控制作用，从而增强了译码器的功能。

从功能表可看出：当输入 $A_3A_2A_1A_0=0000\sim1001$ 时，显示 0～9 数字字符，而当输入 $1010\sim1111$ 时，显示五个不正常的非数字字符或完全不发光，表示输入错误的 8421BCD 码，即提醒检查输入情况。

使能端的作用如下。

试灯输入：当 $\overline{LT}=0$，$\overline{I_B}/\overline{Y_{BR}}=1$ 时，不管其他输入什么状态，$a\sim g$ 七段全亮，显示 8。因此可作为检验七段数码管和电路好坏之用。

灭灯输入 $\overline{I_B}$：当 $\overline{I_B}=0$，不论其他输入状态如何，$a\sim g$ 均为 0，显示管熄灭。所以灭灯输入 $\overline{I_B}$ 可以用作显示与否的控制，例如闪烁显示，或与一同步信号联动显示等。

动态零输入 $\overline{I_{BR}}$：当 $\overline{LT}=1$，$\overline{I_{BR}}=0$ 时，如果 $A_3A_2A_1A_0=0000$ 时，$a\sim g$ 均为 0，各段熄灭；而当 $A_3A_2A_1A_0\neq0000$ 时，则照常可显示。因此，动态灭零输入用于输入数字零，而又不需显示零的场合。例：一个五位显示系统中显示"04856"时，显然最高位的零不用显示。因此，可将最高位数码管的 $\overline{I_{BR}}$ 接地，既可以照顾习惯又减少了功耗。

动态灭零输出 $\overline{Y_{BR}}$：它与灭灯输入 $\overline{I_B}$ 共用一个引出端。当 $\overline{I_B}=0$ 或 $\overline{I_{BR}}=0$ 且 $\overline{LT}=1$，$A_3A_2A_1A_0=0000$ 时，输出才为 0。片间 $\overline{Y_{BR}}$ 与 $\overline{I_{BR}}$ 配合，则可用于熄灭多位数字前后所有不必要显示的零。

试推导全加器进位信号表达式的成立。

第三节　时序逻辑电路

时序逻辑电路（简称时序电路）是指任意时刻电路的输出状态不仅取决于当时的输入信号状态，而且还与电路原来的状态有关。也就是说，它是具有记忆功能的逻辑电路。从电路结构上讲，时序电路有两个特点：第一，时序电路一般包含组合电路和具有记忆功能的存储电路，且存储电路是必不可少的；第二，存储电路的输出状态反馈到输入端，与输入信号共同决定组合电路的输出。

一、触发器

数字电路中，将能够存储一位二进制信息的逻辑电路称为触发器（flip-flop 简写为 FF），每个触发器都有两个互补的输出端 Q 和 $\overline{Q}$。它是构成时序逻辑电路的基本逻辑单元，是具有记忆功能的逻辑器件。

触发器按逻辑功能分为 RS 触发器、D 触发器、JK 触发器、T 触发器等。

触发器有 0 和 1 两个稳定的工作状态。一般定义 Q 端的状态为触发器的输出状态。在没有外加信号作用时，触发器维持原来的稳定状态不变。在一定外加信号作用下，可以从一个稳态转变为另一个稳态，称为触发器的状态翻转。当输入信号撤销以后，电路能保持更新后的状态不变。

（一）基本 RS 触发器

基本 RS 触发器是一种最简单的触发器，是构成各种触发器的基础。它由两个与非门（或者或非门）的输入和输出交叉连接而成，如图 6-22 所示。有两个输入端 R 和 S（又称触发信号端）；R 为复位端，当 R 有效时，Q 变为 0，故也称 R 为置"0"端；S 为置位端，当 S 有效时，Q 变为 1，称 S 为置"1"端；还有两个互补输出端 Q 和 $\overline{Q}$：$Q=1$ 时，$\overline{Q}=0$；反之亦然。

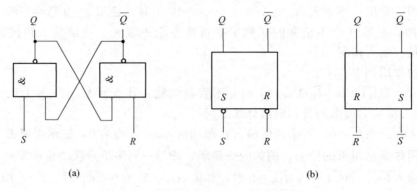

图 6-22 基本 RS 触发器逻辑图及逻辑符号

触发器有两个稳定状态。Q^n 为触发器的原状态（现态），即触发信号输入前的状态；Q^{n+1} 为触发器的新状态（次态），即触发信号输入后的状态。其功能可采用状态表、特性方程式、逻辑符号图以及状态转换图、波形图或时序图来描述。

1. 状态表

由图 6-22(a) 可知：$Q^{n+1}=\overline{S\overline{Q^n}}$，$\overline{Q^{n+1}}=\overline{RQ^n}$

(1) 当 $R=0$，$S=1$ 时，无论 Q^n 为何种状态，$Q^{n+1}=0$。

(2) 当 $R=1$，$S=0$ 时，无论 Q^n 为何种状态，$Q^{n+1}=1$。

(3) 当 $R=1$，$S=1$ 时，由 Q^{n+1}，$\overline{Q^{n+1}}$ 关系式可知，触发器将保持原有的状态不变。即原来的状态被触发器存储起来，体现了触发器的记忆作用。

(4) 当 $R=0$，$S=0$ 时，两个与非门的输出 Q^{n+1} 与 $\overline{Q^{n+1}}$ 全为 1，则破坏了触发器的互补关系，是不定状态，应当避免出现。状态表如表 6-15 所示。

表 6-15 基本 RS 触发器状态表

输入		输出		逻辑功能
R	S	Q^n	Q^{n+1}	
0	1	0	0	置 0
		1	0	
1	0	0	1	置 1
		1	1	
1	1	0	0	保持不变
		1	1	
0	0	0	×	不定
		1	×	

从表 6-15 可知：该触发器具有置"0"、置"1"功能。R 与 S 均为低电平有效，可使触发器的输出状态转换为相应的 0 或 1。RS 触发器逻辑符号如图 6-22(b) 所示，方框下面的两个小圆圈表示输入低电平有效。

2. 特性方程

特性方程表达了在时钟脉冲作用下，次态 Q^{n+1} 与初态 Q^n 及控制输入信号间的逻辑函数关系。

基本 RS 触发器的特性方程为：

$$Q^{n+1}=\overline{S}+RQ^n \tag{6-6}$$
$$R+S=1(约束条件)$$

从特性方程式(6-6)可知，Q^{n+1} 不仅与输入触发信号 R、S 的组合状态有关，而且与前一时刻输出状态 Q^n 有关，故触发器具有记忆功能。

3. 时序图（波形图）

如图 6-23 所示，画波形图时，对应一个时刻，时刻以前为 Q^n，时刻以后为 Q^{n+1}，故时序图上只标注 Q 与 $\overline{Q}$，因其有不定状态，则 Q 与 $\overline{Q}$ 要同时画出。画图时应根据功能表来确定各个时间段 Q 与 $\overline{Q}$ 的状态。

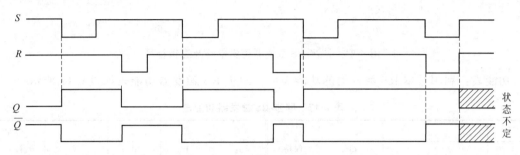

图 6-23　基本 RS 触发器时序图

综上所述，基本 RS 触发器具有如下特点：

(1) 它具有两个稳定状态，分别为 1 和 0，称双稳态触发器。如果没有外加触发信号作用，它将保持原有状态不变，触发器具有记忆功能。在外加触发信号作用下，触发器输出状态才可能发生变化，输出状态直接受输入信号的控制，也称其为直接复位—置位触发器。

(2) 当 R、S 端输入均为低电平时，输出状态不定，即 $R=S=0$，$Q=\overline{Q}=1$，违反了互补关系。当 RS 从 00 变为 11 时，则 $Q(\overline{Q})=1(0)$，$Q(\overline{Q})=0(1)$，状态不能确定，如图 6-23 所示。

(3) 与非门构成的基本 RS 触发器的功能，可简化为如表 6-16 所示。

表 6-16　基本 RS 触发器功能表

R	S	Q^{n+1}	功能	R	S	Q^{n+1}	功能
0	1	0	置0	1	1	Q^n	不变
1	0	1	置1	0	0	×	不定

（二）同步 RS 触发器

在实际应用中，常常要求某些触发器按一定节拍同步动作，以取得系统的协调。为此，产生了由时钟信号 CP 控制的触发器（又称钟控触发器），此触发器的输出在 CP 信号有效时才根据输入信号改变状态，故称同步触发器。

同步 RS 触发器的电路组成如图 6-24 所示。图中，$\overline{R}_D$、$\overline{S}_D$ 是直接置 0、置 1 端（不受 CP 脉冲的限制，也称为异步置位端和异步复位端），用来设置触发器的初始状态。

同步 RS 触发器的逻辑电路图和逻辑符号如图 6-24(a)、(b) 所示。

当 CP=0，$R'=S'=1$ 时，Q 与 $\overline{Q}$ 保持不变。

当 CP=1，$R'=\overline{R \cdot CP}=\overline{R}$，$S'=\overline{S \cdot CP}=\overline{S}$，代入基本 RS 触发器的特性方程得：

$$Q^{n+1}=S+\overline{R}Q^n \tag{6-7}$$
$$R \cdot S=0(约束条件)$$

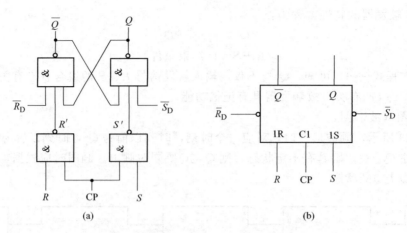

图 6-24 同步 RS 触发器逻辑电路及逻辑符号

功能表：利用基本 RS 触发器的功能表可得同步 RS 触发器功能表如表 6-17 所示。

表 6-17 同步 RS 触发器功能表

CP	R	S	Q^{n+1}	功能	CP	R	S	Q^{n+1}	功能
1	0	0	Q^n	保持	1	1	0	0	置 0
1	0	1	1	置 1	1	1	1	×	不定

同步 RS 触发器的 CP 脉冲、$\overline{R}_D$、$\overline{S}_D$ 均为高电平时，触发器状态才能改变。与基本 RS 触发器相比，对触发器增加了时间控制，但其输出的不定状态直接影响触发器的工作质量。

时序逻辑电路增加时钟脉冲的目的是为了统一电路动作的节拍。对触发器而言，在一个时钟脉冲作用下，要求触发器的状态只能翻转一次。而同步型触发器在一个时钟脉冲作用下（即 CP=1 期间），如果 R、S 端输入信号多次发生变化，可能引起输出端 Q 状态翻转两次或两次以上，时钟失去控制作用，这种现象称为"空翻"。要避免"空翻"现象，则要求在时钟脉冲作用期间，不允许输入信号（R、S）发生变化；另外，必须要求 CP 的脉冲宽度不能太大，显然，这种要求是较为苛刻的。

由于同步触发器存在空翻问题，限制了其在实际工作中的作用。为了克服该现象，对触发器电路进一步改进，进而产生了主从型、边沿型等各类触发器。

（三）JK 触发器

主从 JK 触发器是一种功能齐全，应有广泛的触发器，它由两个同步 RS 触发器组成，前一级称为主触发器，后一级称从触发器，输入端改用 J、K 表示，故称主从 J-K 触发器，如图 6-25(a) 所示。

图 6-25(b) 逻辑符中，$\overline{S}_D$ 和 $\overline{R}_D$ 分别是直接置位端和直接复位端。当 $\overline{S}_D=0$ 时，触发器被置位为 1 状态；当 $\overline{R}_D=0$ 时，触发器复位为 0 状态。它们不受时钟脉冲 CP 的控制，所以，有异步输入端之称，主要用于触发器工作前或工作过程中强制置位和复位，不用时让它们处于 1 状态（高电平或悬空）。

当 CP 由 0 跳到 1 时，主触发器的状态由输入信号 J、K 和从触发器的输出决定，但此时 $\overline{CP}=0$，从触发器被封锁而保持原有的状态不变，这样主从 JK 触发器的状态不变。当 CP 由 1 变到 0 时，主触发器被封锁，其状态不变，但此时 $\overline{CP}=1$，从触发器被打开，其输出状态受主触发器状态控制，即将主触发器中保存的状态传送到从触发器中去。可见，主从 JK 触发器在 CP=1，接收输入信号，在 CP 下降沿输出相应的状态。

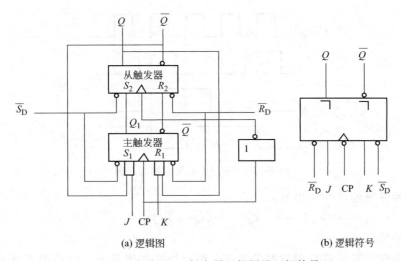

图 6-25　主从型 JK 触发器逻辑图及逻辑符号

基于主从 JK 触发器的结构、分析其逻辑功能时只需分析主触发器的功能即可。

(1) 当 $J=K=0$ 时，因主触发器保持原态不变，所以当 CP 脉冲下降沿到来时，触发器保持原态不变，即 $Q^{n+1}=Q^n$。

(2) 当 $J=1$，$K=0$ 时，设初态 $Q^n=0$，$\overline{Q^n}=1$，当 CP=1 时，$Q_1=1$，$\overline{Q_1}=0$；CP 脉冲下降沿到来后，从触发器置"1"，即 $Q^{n+1}=1$。若初态 $Q^n=1$ 时，也有相同的结论。

(3) 当 $J=0$，$K=1$ 时，设初态 $Q^n=1$，$\overline{Q^n}=0$，当 CP=1 时，$Q_1=0$，$\overline{Q_1}=1$；CP 脉冲下降沿到来后，从触发器置"0"，即 $Q^{n+1}=0$。若初态 $Q^n=0$ 时，也有相同的结论。

(4) 当 $J=K=1$ 时，设初态 $Q^n=0$，$\overline{Q^n}=1$，当 CP=1 时，$Q_1=1$，$\overline{Q_1}=0$；CP 脉冲下降沿到来后，从触发器翻转为 1；设初态 $Q^n=1$ 时，$\overline{Q^n}=0$，当 CP=1 时，$Q_1=0$，$\overline{Q_1}=1$ 时；CP 脉冲下降沿到来后，从触发器翻转为 0。即次态与初态相反，$Q^{n+1}=\overline{Q^n}$。这种功能称为翻转或称为计数。

所谓计数就是触发器状态翻转的次数与 CP 脉冲输入的个数相等，以翻转的次数记录 CP 的个数。波形如图 6-26 所示。

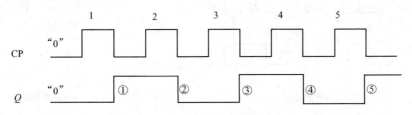

图 6-26　$J=K=1$ 时波形图

可见，JK 触发器是一种具有保持、翻转、置 1、置 0 功能的触发器，它克服了 RS 触发器的禁用状态，是一种使用灵活、功能强、性能好的触发器。JK 触发器的逻辑状态表如表 6-18 所示，时序图如图 6-27 所示。

表 6-18　主从 JK 触发器的逻辑状态表

J	K	Q	逻辑功能	J	K	Q	逻辑功能
0	0	原状态	保持	1	0	1	置1
0	1	0	置0	1	1	$\overline{Q}$	翻转

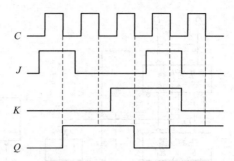

图 6-27　主从 JK 触发器的时序图

JK 触发器的特性方程为：

$$Q^{n+1} = J\overline{Q^n} + \overline{K}Q^n \tag{6-8}$$

（四）D 触发器

图 6-28 是维持阻塞型 D 触发器的逻辑电路及他的逻辑符号，维持阻塞触发器（又称维阻触发器）是利用触发器翻转时内部产生的反馈信号使触发器翻转后的状态 Q^{n+1} 得以维持，并阻止其向下一个状态转换（即空翻）而实现克服空翻和振荡。维持阻塞触发器有 RS、JK、T、T′、D 触发器，应用较多的是维阻 D 触发器。D 触发器又称 D 锁存器，是专门用来存放数据的。

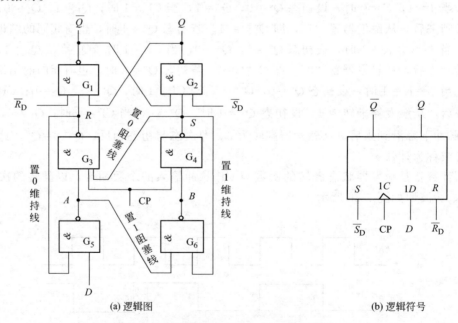

(a) 逻辑图　　　　　　　　　　　　　　(b) 逻辑符号

图 6-28　维持阻塞 D 触发器逻辑图及逻辑符号

结合图 6-28 所示电路，维持阻塞 D 触发器的功能分析如下：

在 CP 上升沿（CP↑）到来之前，CP=0，R=1，S=1，$Q^{n+1}=Q^n$，保持不变。

（1）设 D=1，则 $A=\overline{R \cdot D}=0$，$B=\overline{A \cdot S}=1$。

CP↑到来，CP=1，$S=\overline{B \cdot CP}=0$，$R=\overline{S \cdot A \cdot CP}=1$，据基本 RS 触发器功能知，$Q^{n+1}=1=D$。

CP=1 期间，因 $Q^{n+1}=1$，S=0，置"1"维持线起作用确保 S=0 不变，同时，经置"0"阻塞线使 R=1 阻止了 Q^{n+1} 向 0 转换，虽然 D 在此期间变化，会使 A=D 跟着变化，

但 $S=0$。既维持了 $Q^{n+1}=1$ 不变，也阻塞了其空翻，保持 1 状态不变。

CP 下降沿（CP↓）到来，CP=0，$R=1$，$S=1$，Q^{n+1} 保持不变。

（2）设 $D=0$，则 $A=\overline{D}=1$，$B=0$。

CP↑到来，CP=1，则 $S=\overline{B \cdot CP}=1$，$R=\overline{S \cdot A \cdot CP}=0$，$Q^{n+1}=0=D$。

CP=1 期间，因 $Q^{n+1}=0$，$R=0$，置"0"维持线起作用，确保 $R=0$ 不变，D 变化而 A 不变。经置"1"阻塞线阻止了空翻，使输出 0 状态不变。

CP↓到来，CP=0，$R=1$，$S=1$，Q^{n+1} 保持不变。

由上述分析可知，维阻 D 触发器在 CP 脉冲上升沿触发翻转，且特性方程为 $Q^{n+1}=D$，它通过维持、阻塞线有效地克服了空翻现象，但要注意输入信号 D 一定是 CP 脉冲上升沿到来之前的状态，如果 D 与 CP 脉冲同时变化，D 变化的状态将不能存入 Q 内，如图 6-29 中第三个 CP 脉冲所示。从结构上看 D 信号必须比 CP 脉冲提前 $2t_{pd}$ 时间到达才能随 CP 脉冲起作用，改变输出 Q^{n+1} 的状态。

（3）维持阻塞 D 触发器的波形图如图 6-29 所示。

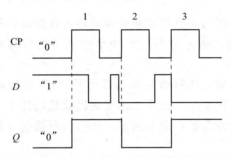

图 6-29　维持阻塞 D 触发器的波形图

维持 D 触发器的逻辑状态表如表 6-19 所示。

维持 D 触发器的特性方程为：

$$Q^{n+1}=D^n \tag{6-9}$$

表 6-19　D 触发器的状态表

D	Q	功能
0	0	置 0
1	1	置 1

二、典型时序逻辑电路

触发器具有时序逻辑特征，可以由它组成各种时序逻辑电路，下面主要介绍由触发器构成的寄存器和计数器。

（一）数码寄存器

在计算机或其他数字系统中，经常要求将运算数据或指令代码暂时存放起来，把能够暂存数码（或指令代码）的数字部件称为寄存器。要存放数码或信息，就必须有记忆单元——触发器，每个触发器能存储一位二进制数码，存放 n 位进制数码则需要 n 个触发器。

寄存器要存放数码，必须有以下三个方面的功能：①数码要存得进；②数码要记得住；③数码要取得出。因此寄存器中除触发器外，通常还有一些控制作用的门电路相配合。

在数字集成电路手册中，寄存器通常有"锁存器"和"寄存器"之别，实际上，"锁存器"常指用同步型触发器构成的寄存器；而一般所说的"寄存器"是指用无空翻现象的时钟触发器（即边沿触发器）构成的寄存器。

1. 双拍式数码寄存器

双拍式数码寄存器电路如图 6-30 所示。

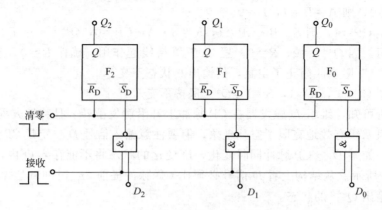

图 6-30 双拍式三位数码寄存器

之所以称之为双拍式是因为寄存器在接收存放输入数据时，需要两拍才能完成。

第一拍，在接收数码前，送入清零负脉冲至触发器的置零端 $\overline{R}_D$ 端，使触发器输出为零，完成输出清零功能。

第二拍，触发器清零之后，当接收脉冲为高电平"1"有效时，输入数码 $D_2D_1D_0$，经与非门送至对应触发器而寄存下来，在第二拍完成接收数码任务。

此类寄存器如果在接受寄存数码前不清零，就会出现接受存放数码错误。

2. 单拍式数据寄存器

单拍式数码寄存器电路如图 6-31 所示。

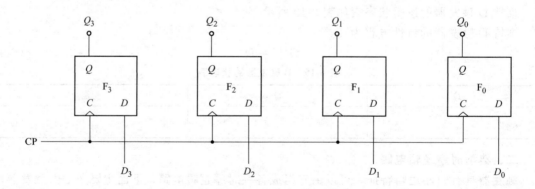

图 6-31 单拍式四位二进制数据寄存器

接受寄存数码只需一拍即可，无须先进行清零。当接收脉冲 CP 有效时，输入数码 $D_3D_2D_1D_0$ 直接存入触发器，故称为单拍式数码寄存器。

（二）移位寄存器

移位寄存器除了接受、存储、输出数据以外，同时还能将其中寄存的数据按一定方向进行移动。也就是指寄存器的数码可以在移位脉冲的控制下依次进行移位，移位寄存器在计算机中应用广泛。

单向移位寄存器只能将寄存的数据在相邻位之间单方向移动。按移动方向分为左移移位寄存器和右移移位寄存器两种类型。右移移位寄存器电路如图 6-32 所示。

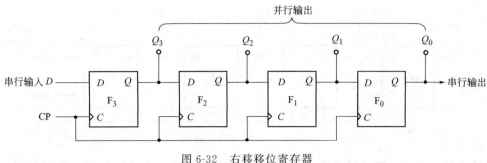

图 6-32　右移移位寄存器

功能分析：

(1) 假定电路初态为零，而此电路输入数据 D 在第一、二、三、四个 CP 脉冲时依次为 1、0、1、1，根据图 6-32 可得到对应的电路输出 $D_3D_2D_1D_0$ 的变化情况，如表 6-20 所示。

表 6-20　右移移位寄存器输出变化

CP	输入数据 D	右移移位寄存器输出变化			
		Q_3	Q_2	Q_1	Q_0
0	0	0	0	0	0
1	1	1	0	0	0
2	0	0	1	0	0
3	1	1	0	1	0
4	1	1	1	0	1

根据表 6-20 可画出时序图如图 6-33 所示。

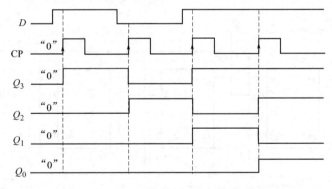

图 6-33　右移移位寄存器的时序图

(2) 确定该时序电路的逻辑功能。由图 6-33 可看出，各触发器的时钟是相同的，所以该电路是同步电路。

从表 6-20 和图 6-33 可知：在右移移位寄存器电路中，随着 CP 脉冲的递增，触发器输入端依次输入数据 D，称为串行输入一个 CP 脉冲，数据向右移动一位。输出有两种方式：数据从最右端 Q_0 依次输出，称为串行输出；由 $Q_3Q_2Q_1Q_0$ 端同时输出，称为并行输出。串行输出需要经过八个 CP 脉冲才能将输入的四个数据全部输出，而并行输出只需四个 CP 脉冲。

左移移位寄存器电路如图 6-34 所示，请读者自行分析其功能。

通过分析图 6-32 和图 6-34 所示电路可知：数据串行输入端在电路最左侧为右移，反之为左移，两种电路在实质上是相同的。

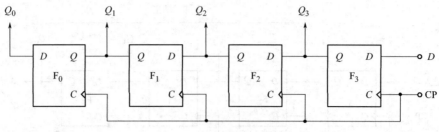

图 6-34　左移移位寄存器

无论左移、右移，串行输入数据必须先送离输入端最远的触发器要存放的数据，如表 6-20 所示；否则会出现数据存放错误。列状态表要按照电路结构图中从左到右各变量的实际顺序来排列，画时序图时，要结合状态表先画离数据输入端 D 端最近的触发器的输出。

（三）二进制计数器

二进制只有 0 和 1 两个数码，所谓二进制加法，就是"逢二进一"，即 $0+1=1$，$1+1=10$；如果要表示 n 位二进制数，就得用 n 个触发器，根据计数脉冲是否同时加在各触发器的时钟脉冲输入端，二进制计数器可分为异步二进制计数器和同步二进制计数器。

下面通过结构简单的异步二进制加法计数器来说明计数器的工作原理。

异步二进制计数器可以由主从型 JK 触发器或维持阻塞型 D 触发器组成，由主从型 JK 触发器构成的三位二进制计数器见图 6-35，其工作原理是每来一个计数脉冲，最低位触发器就翻转一次，而高一位的触发器是在第一位的触发器的 Q 输出端从 1 变为 0 时翻转。即以低一位的输出作为高一位的计数脉冲输入。由于是用主从型触发器构成，所以是输入脉冲后沿触发。

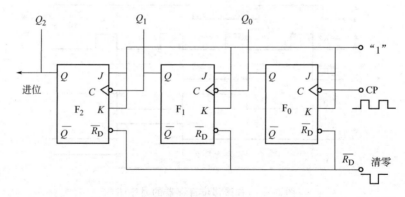

图 6-35　JK 触发器构成的三位二进制计数器

表 6-21 给出了计数脉冲个数与各触发器输出状态及十进制数之间的关系。图 6-36 是它

表 6-21　三位二进制计数器的状态表

CP	Q_2	Q_1	Q_0
0	0	0	0
1	0	0	1
2	0	1	0
3	0	1	1
4	1	0	0
5	1	0	1
6	1	1	0
7	1	1	1

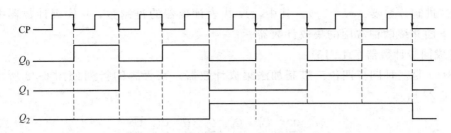

图 6-36 三位二进制计数器工作波形图

的工作波形图。这种加法计数器所以称为"异步"加法计数器,是由于计数脉冲不是同时加到各位触发器的 C 端,而只加到最低位触发器,其他各位触发器由相邻低位触发器输出的进位脉冲来触发,因此它们状态的变换有先有后,是异步的。

三、典型 MSI 时序逻辑器件

（一）集成移位寄存器

集成移位寄存器从结构上可分为 TTL 型和 CMOS 型；按寄存数据位数,可分为四位、八位、十六位等；按移位方向,可分为单向和双向两种。

74LS194 是双向四位 TTL 型集成移位寄存器,具有双向移位、并行输入、保持数据和清除数据等功能。其管脚排列图如图 6-37 所示。其中 $\overline{CR}$ 端为异步清零端,优先级别最高；S_1、S_2 控制寄存器的功能；D_{SL} 为左移数据输入端；D_{SR} 为右移数据输入端；D_0、D_1、D_2、D_3 为并行数据输入端。表 6-22 是 74LS194 功能表。

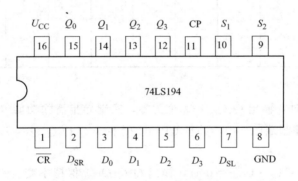

图 6-37 74LS194 管脚排列图

表 6-22 74LS194 的功能表

$\overline{CR}$	S_1	S_2	CP	功能
0	×	×	×	清零
1	0	0	×	保持
1	0	1	↑	左移
1	1	0	↑	右移
1	1	1	↑	并行输入

（二）计数器

在计数功能的基础上,计数器还可以实现计时、定时、分频和自动控制等功能,应用十分广泛。计数器按照 CP 脉冲的输入方式可分为同步计数器和异步计数器。按照计数规律可分为加法计数器、减法计数器和可逆计数器。按照计数的进制可分为二进制计数器（$N=$

2^n)和非二进制计数器（$N\neq 2^n$），其中，N 代表计数器的进制数，n 代表计数器中触发器的个数。下面介绍两种常用的集成计数器。

1. 集成同步计数器 74LS161

74LS161 是一种同步四位二进制加法集成计数器。其管脚的排列如图 6-38 所示，逻辑功能如表 6-23 所示。

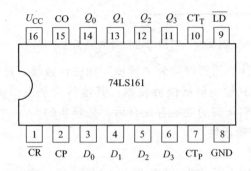

图 6-38 74LS161 管脚排列图

表 6-23 74LS161 逻辑功能表

$\overline{CR}$	$\overline{LD}$	CT_T	CT_P	CP	D_3	D_2	D_1	D_0	Q_3^{n+1}	Q_2^{n+1}	Q_1^{n+1}	Q_0^{n+1}
0	×	×	×	×	×	×	×	×	0	0	0	0
1	0	×	×	↑	d_3	d_2	d_1	d_0	d_3	d_2	d_1	d_0
1	1	1	1	↑	×	×	×	×	计	数		
1	1	0	×	×	×	×	×	×	保	持		
1	1	×	0	×	×	×	×	×	保	持		

注：$CO = CT_T \cdot Q_3^n Q_2^n Q_1^n Q_0^n$。

当复位端 $\overline{CR}=0$ 时，输出 $Q_3Q_2Q_1Q_0$ 全为零，实现异步清除功能（又称复位功能）。

当 $\overline{CR}=1$，预置控制端 $\overline{LD}=0$，并且 $CP=CP\uparrow$ 时，$Q_3Q_2Q_1Q_0=D_3D_2D_1D_0$，实现同步预置数功能。

当 $\overline{CR}=\overline{LD}=1$ 且 $CT_P \cdot CT_T=0$ 时，输出 $Q_3Q_2Q_1Q_0$ 保持不变。

当 $\overline{CR}=\overline{LD}=CT_P=CT_T=1$，并且 $CP=CP\uparrow$ 时，计数器才开始加法计数，实现计数功能。

另外，进位输出 $CO=CT_T \cdot Q_3^n Q_2^n Q_1^n Q_0^n$，说明仅当 $CT_T=1$ 且各触发器现态全为 1 时，$CO=1$。

2. 集成异步计数器 74LS290

74LS290 是异步时序电路，结构上分为二进制计数器和五进制计数器两部分。CP_0 为二进制计数脉冲输入端，由 Q_A 端输出。CP_1 为五进制计数器脉冲输入端，由 $Q_B Q_C Q_D$ 端输出。若将 Q_A 和 CP_1 相连，以 CP_0 为计数脉冲输入端，则构成 8421BCD 码十进制计数器。"二-五-十进制型集成计数器"由此得名。

74LS290 芯片的管脚排列如图 6-39 所示。其中，$S_{9(1)}$、$S_{9(2)}$ 称为置 "9" 端，$R_{0(1)}$、$R_{0(2)}$ 称为置 "0" 端；CP_0、CP_1 端为计数时钟输入端，$Q_D Q_C Q_B Q_A$ 为输出端，NC 表示空脚。

74LS290 逻辑功能如表 6-24 所示。

置"9"功能：当 $S_{9(1)}=S_{9(2)}=1$ 时，不论其他输入端状态如何，计数器输出 $Q_D Q_C Q_B Q_A=1001$，而 $(1001)_2=(9)_{10}$，故又称异步置数功能。

置"0"功能：当 $S_{9(1)}$ 和 $S_{9(2)}$ 不全为1，并且 $R_{0(1)}=R_{0(2)}=1$ 时，不论其他输入端状态如何，计数器输出 $Q_D Q_C Q_B Q_A=0000$，故又称异步清零功能或复位功能。

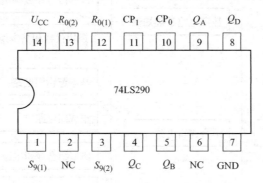

图 6-39　74LS290 芯片的管脚排列图

计数功能：当 $S_{9(1)}$ 和 $S_{9(2)}$ 不全为1，并且 $R_{0(1)}$ 和 $R_{0(2)}$ 不全为1，输入计数脉冲 CP 时，计数器开始计数。

表 6-24　74LS290 逻辑功能表

$S_{9(1)}$	$S_{9(2)}$	$R_{0(1)}$	$R_{0(2)}$	CP_0	CP_1	Q_D	Q_C	Q_B	Q_A
1	1	×	×	×	×	1	0	0	1
0	×	1	1	×	×	0	0	0	0
×	0	1	1	×	×	0	0	0	0
$S_{9(1)} \cdot S_{9(2)}=0$		$R_{0(1)} \cdot R_{0(2)}=0$		CP	0	二进制			
				0	CP	五进制			
				CP	Q_0	8421 十进制			
				Q_3	CP_0	5421 十进制			

 思考

时序电路在功能和结构上与组合逻辑电路有何不同？

小资料　数字电路如何读时序图

1. 注意时间轴，如果没有标明（其实大部分也都是不标明的），那么从左往右的方向为时间正向轴，即时间在增长。

2. 看懂时序图的一些常识

（1）时序图最左边一般是某一根引脚的标识，表示此行图线体现该引脚的变化，如 RS、R/W、E、DB0~DB7 四类引脚的时序变化。

（2）有线交叉状的部分，表示电平在变化。

（3）两条平行线分别对应高低电平。

3. 需要十分严重注意的是，时序图里各个引脚的电平变化，基于的时间轴是一致的。一定要严格按照时间轴的增长方向来精确地观察时序图。要让器件严格的遵守时序图的变化。

本章小结

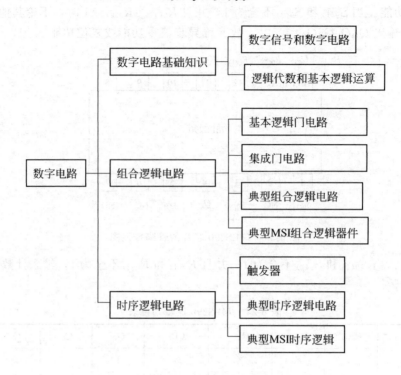

习题与思考题

6-1 对应题 6-1 图所示的各种情况，试分别画出 Y 的波形。

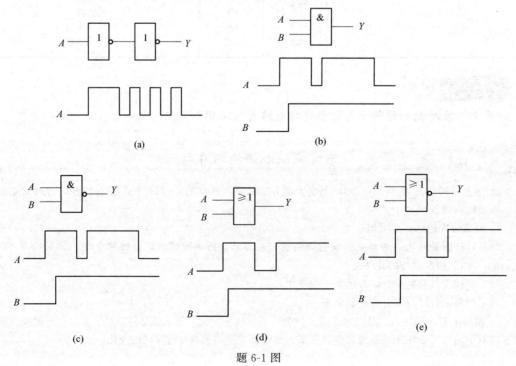

题 6-1 图

6-2 题 6-2 图是一种"与或非"门的逻辑电路，试根据逻辑电路写出它的逻辑表达式和状态表。

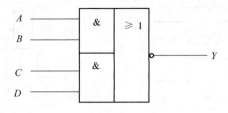

题 6-2 图

6-3 TTL 电路有哪些主要特点和系列产品？
6-4 TTL 门电路和 CMOS 门电路的多余输入端如何处理？
6-5 CMOS 门电路有哪些主要特点和系列产品？
6-6 将 TTL 和 CMOS 器件性能作一比较，并指出它们在使用中应注意些什么？
6-7 用逻辑代数化简下列各式。

(1) $Y=A\overline{B}C+\overline{A}+B+\overline{C}$

(2) $Y=AB+AC+A\overline{B}\ \overline{C}$

(3) $Y=(A+B+\overline{C})(A+B+C)$

(4) $Y=AB+BCD+\overline{A}C+\overline{B}C$

(5) $Y=A\overline{B}+\overline{A}CD+B+\overline{C}+\overline{D}$

(6) $Y=A\overline{B}+BD+DEC+D\overline{A}$

6-8 什么是组合逻辑电路？试简述组合逻辑电路的工作特点。
6-9 写出题 6-9 图所示逻辑电路的逻辑表达式；并列出逻辑状态表。试说明这是一种怎样的逻辑关系。

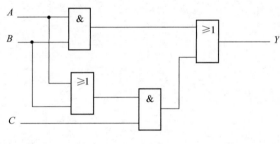

题 6-9 图

6-10 某仓库设有电子锁，四把钥匙分别由主任、会计、出纳、保管员掌握。主任不到锁打不开；主任到场，其余三人至少有两人到场才能打开锁。试列出开锁的逻辑式并画出逻辑图。

6-11 设有三台电动机 A、B、C，求（1）A 开机则 B 也必须开机；（2）B 开机则 C 也必须开机。若不满足则均应发出报警信号。试写报警逻辑式。

6-12 设计一个故障显示电路，求：

(1) 电动机 A 和 B 正常工作时，绿灯 Y_1 亮。

(2) A 或 B 发生故障时，黄灯 Y_2 亮。

(3) A 和 B 都发生故障时，红灯 Y_3 亮。

6-13 试用两个或非门组成 RS 触发器；并列出它的逻辑状态表。
6-14 基本 RS 触发器和同步 RS 触发器有何不同？
6-15 已知下降沿触发的主从 JK 触发器的输入 CP、J、K 波形如题 6-15 图所示。试画出 Q 端的波形。设触发器初态 $Q=0$。
6-16 上升沿触发的 D 触发器的输入 CP、D 波形如题 6-16 图所示。试画出 Q 端的波形。设触发器初态 $Q=1$。

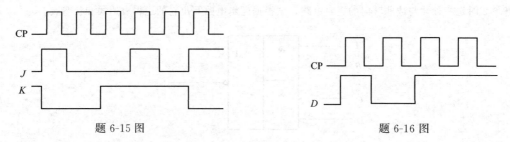

题 6-15 图 　　　　　题 6-16 图

6-17 说明时序电路在功能上和结构上与组合逻辑电路有何不同之处。

6-18 什么是数码寄存器？什么是移位寄存器？

6-19 试用两块 74LS194 构成一个 8 位双向移位寄存器，并分析它在左移数据 11110101 时的工作过程。

6-20 分析题图 6-20 所示电路，列出其真值表，说明其逻辑功能。

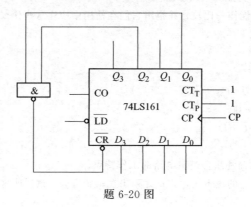

题 6-20 图

技能实训篇

技能实训一 日光灯的安装及功率因数的提高

一、实训目标
(1) 熟悉功率表的使用方法。
(2) 学习荧光灯的工作原理及接线方法。
(3) 了解提高功率因数的意义和方法,验证并联电容器提高功率因数的原理。

二、相关理论和技能
参看小资料"日光灯电路"。

三、实训设备和材料
(1) 日光灯组件   1套   (4) 电容器(4μF,400V)   1只
(2) 交流电压表(或万用表)   1块   (5) 功率表   1块
(3) 交流电流表   1块   (6) 开关   3只

四、实训步骤
1. 组装日光灯电路
按图 S1-1 接线。在合上电源开关 S_1 前,应注意先闭合开关 S_2,以防日光灯较大的启动电流冲击功率表和电流表。电容箱开关全部打开,暂时不要把电容器并联在电路上。

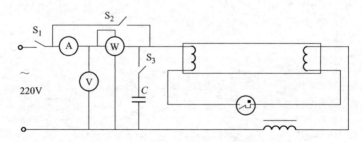

图 S1-1 荧光灯测试电路

闭合开关 S_1 后,日光灯应正常发光,如果发光不正常,应检查电路连接是否正确,如发现问题,记录在表 S1-1 中。

2. 并联电容器提高功率因数
(1) 断开电容箱开关 S_3 时 补偿电容量为零,在日光灯发光正常的基础上,对日光灯电路功率因数进行测量和计算。断开开关 S_2,读取电压表、电流表、功率表的数值记录在表 S1-2 中。
(2) 闭合电容开关 S_3 时 接入补偿电容,读取各表的数据,记录在表 S1-2 中。

3. 注意事项
(1) 实训操作中电源电压较高,应注意保证安全用电。
(2) 各表在使用时要注意其电压和电流的额定值。
(3) 日光灯电路接线应正确,防止损坏电路元件。

五、实训记录
1. 组装日光灯电路
按图 S1-1 连接电路,如有问题记录在表 S1-1 中。

表 S1-1　组装日光灯电路的故障原因和排除方法

序号	故障现象	原因	排除故障
1			
2			
3			
4			

2. 并联电容器提高功率因数

按图 S1-1 接线，将测得的日光灯电路数据记录在表 S1-2 中，并作相应计算。

表 S1-2　并联电容器提高功率因数实验数据

有无电容器	U/V	测量值 I_{RL} 或 I/A	P/W	计算值 $\cos\varphi_{RL}$ 或 $\cos\varphi$
无				
有				

在上表中，当没有接入电容器时，电流表的读数应为日光灯（等效为 RL 电路）电路电流 I_{RL}，功率因数为 $\cos\varphi_{RL}=\dfrac{P}{UI_{RL}}$。当接入电容器时，电流表读数为电路总电流 I，功率因数为 $\cos\varphi=\dfrac{P}{UI}$。

3. 问题讨论

(1) 日光灯发光正常后，能否拆除启辉器？为什么？能否用一个单刀开关代替启辉器启动日光灯电路？

(2) 日光灯并联电容器后其自身的功率因数是否得到提高？

(3) 如果要将功率因数提高到 1，应并联多大的电容器？为什么不这样做？

(4) 根据实验结果说明并联电容器提高功率因数的效果。

六、考核标准

日光灯的安装及功率因数的提高考核标准见表 S1-3。

表 S1-3　日光灯的安装及功率因数的提高考核标准

项目	技术要求	分值	得分
仪器、仪表的使用	(1)仪器仪表使用方法正确,测量、操作步骤规范;(2)读数准确,记录翔实、规范	20	
日光灯电路的组装	(1)电路连接关系正确;(2)电源和仪表的极性连接正确;(3)出现故障能够正确分析原因,并排除;(4)安全文明操作	25	
提高功率因数的测试	(1)测试数据与电路原理相符;(2)数据处理方法正确、完整;(3)实验结果能够反应并联电容器提高功率因数的效果	25	
实训报告	书写规范整齐,内容翔实具体;实训结果和数据记录准确、全面,并能正确分析;回答问题正确、完整	30	
合计		100	

技能实训二　三相交流电路的测试与安装

一、实训目标

(1) 学习三相负载的星形连接和三角形连接。

(2) 练习三相负载的检修方法。

(3) 理解中性线在不对称负载星形连接电路中的作用。

二、相关理论和技能

1. 三相电源的连接

三相制供电系统中，三相电源的绕组都是按一定方式连接后再向负载供电。通常的连接方法有 Y 形和 △ 形两种。

(1) 三相电源绕组的 Y 形连接　线电压与相电压的关系为：线电压 U_1 的大小等于相电压 U_p 的 $\sqrt{3}$ 倍；线电压的相位超前于相应的相电压 30℃。

通常三相四线制低压供电系统中线电压为 380V，相电压为 220V，而一般照明电路为 220V，动力电为 380V，所以这种供电方式用得非常广泛。

(2) 三相电源绕组的 △ 形连接　这种连接方式只能提供一种电压，即相电压等于线电压。

2. 三相负载的连接

三相电路中，负载的连接方式只能是 Y 形和 △ 形两种。当三相负载的额定电压等于电源的线电压时，应接成三角形；当三相负载的额定电压等于电源电压的 $1/\sqrt{3}$ 时，则应接成星形。

(1) 三相负载的 Y 形连接　线电压 U_1 为相电压 U_p 的 $\sqrt{3}$ 倍，线电流 I_1 等于相电流 I_p。当三相负载对称时，中性线电流 I_N 为零；当三相负载不对称时（三相四线制）时，中性线电流 I_N 不等于零。

当三相负载对称时，因中性线电流为零，故可省去中性线，这就构成了三相三线制连接。当三相负载不对称时，由于三相电流不对称，中性线中有电流通过，且中性线为三相不对称电流的公共通路，故中性线不能去掉，且为避免中性线断开，中性线上不允许安装熔电器和开关，这种供电方式称为三相四线制供电。

中性线（不考虑中性线本身阻抗时）能使三相不对称负载的中性点电位与电源中性点电位相等，使加在每相负载上的电压都等于电源相应的相电压，即每相负载承受的对称相电压不变，负载能正常工作。

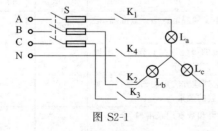

图 S2-1

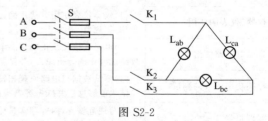

图 S2-2

(2) 三相负载的 △ 形连接　三相负载对称或不对称均可接成三角形，此时线电压 U_1 等于相电压 U_p，线电流 I_1 等于相电流 I_p 的 $\sqrt{3}$ 倍。

三、实训设备和材料

(1) 三相闸刀　　　　1 只　　(5) 三相电源线　　　　1 套

(2) 灯及灯座　　　　3 套　　(6) 万用表　　　　　　1 块

(3) 工具　　　　　　1 套　　(7) 开关若干

(4) 安装板　　　　　1 块　　(8) 导线若干

四、实训步骤

1. 三相负载星形连接
(1) 按图 S2-1 连接电路。
(2) 用万用表检查电路。
(3) 接通电路。
(4) 拨动开关,观察负载(灯泡)变化情况。
(5) 拆除线路、整理实验台。

2. 三相负载三角形连接
(1) 按图 S2-2 连接电路。
(2) 用万用表检查电路。
(3) 接通电路。
(4) 拨动开关,观察负载(灯泡)变化情况。
(5) 拆除线路、整理实验台。

3. 注意事项
(1) 实训操作过程中注意安全用电,不要碰触到金属带电物体,防止触电。
(2) 操作前要认真检查各项负载的灯泡功率是否一致,以保证负载对称。
(3) 注意在连接三相负载三角形连接时,相与相之间是两个串联的对称灯泡。

五、回答问题、实验报告要求等

(1) 三相负载三角形接法中,如果负载不对称时会出现什么情况?
(2) 实验报告书写规范整齐,内容翔实具体。实训结果全面,并能正确分析。回答问题正确、完整。

六、考核标准

三相交流电路的测试考核标准见表 S2-1。

表 S2-1 三相交流电路的测试考核标准

项目	技术要求	分值	得分
三相电源	正确区分相电压和线电压	10	
元件安装	(1)元件位置布置合理,安装位置图绘制规范;(2)元件安装牢固、整齐、美观	10	
线路连接	(1)线路符合电路原理规则;(2)导线敷设整齐,接线端压接牢固规范	25	
线路检测	检测方法正确,安全文明操作	25	
实训报告	书写规范整齐,内容翔实具体。实训结果全面,并能正确分析。回答问题正确、完整	30	
合计		100	

技能实训三　电工安装基础

一、实训目的

(1) 学习常用电工工具的使用方法。
(2) 学习导线的绝缘剖削、连接及绝缘恢复方法。

(3) 学习兆欧表的使用。

二、相关理论与技能

参看小资料"常用电工工具"。

三、实训设备与材料

(1) 常用电工工具　　　　　　　　　　1 套
(2) 2.5mm² 铜线（或铝线）　　　　　　若干
(3) 10mm² 七股铜芯线（或铝芯线）　　若干
(4) 黄蜡带和绝缘胶布　　　　　　　　若干
(5) 兆欧表　　　　　　　　　　　　　1 块

四、实训步骤

1. 剖削导线绝缘层

按相关理论和技能中的要求和步骤，剖削需要连接的导线绝缘层，注意不要损伤线芯。

2. 导线的连接

用 2.5mm² 单股铜线作直线连接；用 2.5mm² 单股铜线作 T 形分支连接；用 10mm² 七股铜芯线作直线连接；用 10mm² 七股铜芯线作 T 形分支连接。

操作要点见相关理论和技能中的对应内容。

3. 导线的绝缘层恢复

对连接后的导线做绝缘恢复。

4. 绝缘电阻的测试

用兆欧表测量绝缘恢复后的导线绝缘电阻。

5. 注意事项

(1) 按照操作方法和要点进行实训操作，注意安全。
(2) 导线的连接操作也可采用铝芯导线，注意铜线与铝线的特性不同，连接方法也有不同之处。
(3) 注意正确使用兆欧表。

五、回答问题、实验报告要求等

要求写出各项操作中每一步骤的操作要点、操作时所遇到的问题及解决方法、操作的最终结果。

1. 剖削导线绝缘层
2. 导线的连接
3. 导线绝缘层的恢复
4. 绝缘电阻的测试

用兆欧表测量绝缘电阻值，并判断绝缘恢复情况。

5. 问题讨论

(1) 剖削导线绝缘层时应注意什么问题？
(2) 导线的连接方法中，哪些是铜、铝通用的，哪些不能通用？为什么？
(3) 实验报告书写规范整齐，内容翔实具体。实训结果全面，并能正确分析。回答问题正确、完整。

六、评分标准

电工安装考核标准见表 S3-1。

表 S3-1　电工安装考核标准

项目	技术要求	分值	得分
绝缘剖削	正确剖削导线绝缘层,不损伤线芯	10	
导线连接	(1)导线缠绕方法正确、连接牢固;(2)缠绕紧密、整齐、规范,圈数符合要求;(3)连接处不变形	20	
绝缘恢复	(1)包缠方法正确;(2)叠压严密;(3)绝缘层叠压厚度适当;(4)绝缘性能良好	20	
兆欧表的使用	(1)正确选用兆欧表;(2)正确连接兆欧表和被测电路或设备;(3)正确测量绝缘电阻,判断被测电路或设备的绝缘性能	20	
实训报告	书写规范整齐,内容翔实具体,实训结果和数据记录准确、全面,并能正确分析;回答问题正确、完整	30	
合计		100	

技能实训四　电度表的安装与使用

一、实训目的
(1) 了解电度表的原理,学习其使用方法。
(2) 练习操作电度表的安装。

二、相关理论与技能

1. 交流有功电能的测量

交流电能的测量广泛使用感应式电度表（又称电能表、千瓦小时计），它是利用两个线圈产生的磁通与这些磁通在可动部分的导体中感应电流之间的作用力而工作的。对于单相负载使用单相电度表,对于三相负载使用三相电度表。

(1) 单相电度表　单相电度表的接线如图 S4-1 所示。

配线时应采取进线端接电源,出线端接负载的连接方法,电源线圈应接相线,而不要接零线。单相电度表的使用,首先是正确选择额定电压、额定电流和准确度,额定电压应与负载额定

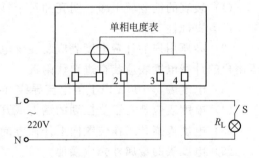

图 S4-1　电度表的安装

电压相符。额定电流应大于或等于负载最大电流,准确度分为 0.5 级、1.0 级、2.0 级、3.0 级。

(2) 三相有功电度表　三相电力系统采用三相电度表。三相电度表有二元件式和三元件式之分,基本结构与单相电度表相同,但铝盘装在一个公用转轴上,用一个计算机构读出三相总电能。

二元件三相电度表用于三相三线制电能的测量;三元件三相电度表用于三相四线制电能的测量。

2. 使用电度表注意事项

(1) 3~5A 的单相电度表每月空载消耗能量约为 1kW·h。
(2) 有些电度表在使用中会发出一种很弱的嗡嗡声,这是由于电度表内部交变磁场作用的缘故。这种声音并不影响电度表的准确度和正常使用,是正常现象,不是故障。
(3) 一般不允许电度表在低于额定负载的 10% 以下长期使用,也不允许长期运行于额

定负载的125%以上。

(4) 直接接入式电度表的连接导线的截流量应大于电度表的额定电流。

(5) 电度表铭牌数据应与接入电路的电压、电流和频率相适应。

(6) 一般情况下，三相三线电度表不可与三相四线电度表互换。

(7) 电度表的接线应正确。

(8) 电度表每使用2～3年以后，应检验一次，并进行清洁、加润滑油，以保证电度表的准确度。

(9) 电度表不宜安装在$\cos\varphi=1$、标定电流5%以下的电路中使用。

(10) 安装好的电度表，如果没有负荷，电度表内的转盘应该停止转动，或者只能有微动，但也不应该超过一整转。如果转盘连续转动不止，说明电度表本身有故障，应查清原因并排除故障后方可使用。

三、实训设备与材料

(1) 单相电度表　　　　　　1台　　　(5) 工具　　　　　　　　　1套
(2) 单相闸刀　　　　　　　1只　　　(6) 配电盘　　　　　　　　1块
(3) 灯泡及座　　　　　　　1套　　　(7) 导线若干
(4) 开关　　　　　　　　　1只

四、实训步骤

1. 连接线路

按图S4-1接线。

2. 电度表的安装

(1) 装表的地方应干净、明亮和易于抄表。周围温度应为0～40℃，湿度不超过85%，同时没有腐蚀性气体。

(2) 高压用户的计费电度表应装在供电单位和用电单位双方用电设备产权的分界处；低压用户的计费电度表应装在进户线附近。

(3) 电度表与100A以上的电流导线（接入电度表的导线除外）的距离应大于0.2m。

(4) 电度表应装在不受振动的墙上或开关板上，离地面高度为1.4～2.0m。

(5) 电度表离开工作位置向上任何方向的倾斜度不应该大于1°。

(6) 电度表的金属外壳应接地。

(7) 电度表采用直接接入式时，应先接负载侧导线，后接电源侧导线。拆线时先拆电源侧导线，后拆负载侧导线。

(8) 几个电度表装在一起时，两表之间的距离不得小于50mm。

(9) 装表时，先把表的接线螺钉松开，然后把导线插入端子内，拧紧里面的螺钉，向外拉一下导线，如果接线可靠，再拧紧外面的螺钉。

(10) 电度表的接线端子与导线之间的连接不能采用焊接，也不允许将裸体线露在接线盒的外面。接好之后，接线盒必须盖好，并加封印。

(11) 装表后，应带负载试验电度表。

3. 单相电度表的正确接线

单相电度表有接线盒，电压和电流的电源端已经连接在一起，接线盒中有四个端子，即相线—"近"—"出"和零线—"近"—"出"，配线应采用进端接电源，出端接负载，电流线圈应接相线（火线），而不要接零线。

单相电度表的外形如图S4-2 外接引线接线柱有四个，其中，1、3连接电源，2、4连接负载,接线时遵循"相线 1 进 2 出,零线 3 进 4 出"的原则。

4. 注意事项

(1) 注意用电安全,防止发生触电事故。

(2) 认真检查实训操作线路,经指导教师检查后方能通电操作。

(3) 电度表必须垂直安装。

(4) 接线前必须判明电源相线及零线,以便正确连接电度表。

五、回答问题、实验报告要求等

(1) 如何使电度表反转?

(2) 电度表水平安装时会出现什么情况?

(3) 实验报告书写规范整齐,内容翔实具体。实训结果全面,并能正确分析。回答问题正确、完整。

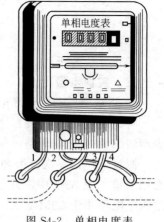

图 S4-2 单相电度表

六、考核标准

电度表的安装与使用考核标准见表 S4-1。

表 S4-1 电度表的安装与使用考核标准

项目	技术要求	分值	得分
电表安装	(1)熟悉电度表的接线端子;(2)正确连接电源和负载	10	
元件安装	(1)元件位置布置合理,安装位置图绘制规范;(2)元件安装牢固、整齐、美观	10	
线路连接	(1)线路符合电路原理规则;(2)导线敷设整齐,接线端压接牢固规范	25	
线路检测	检测方法正确,安全文明操作	25	
实训报告	书写规范整齐,内容翔实具体。实训结果全面,并能正确分析。回答问题正确、完整	30	
合计		100	

技能实训五 小型变压器的测试

一、实训目的

(1) 了解变压器的基本构造。

(2) 会测量各绕组之间、各绕组到地(铁芯)之间的绝缘电阻值。

(3) 会测量变压器的变压比,验证变压比和变流比的关系。

(4) 掌握对变压器常见故障的分析与解决办法。

二、实训设备和材料

(1) 交流电源 220V

(2) 单相变压器   1 台

(3) 单相调压器 1kV·A,0～150V   1 台

(4) 灯泡   3 只

(5) 交流电压表   1 只

(6) 交流电流表　　　　　　　　　　　　　1只
(7) 兆欧表　　　　　　　　　　　　　　　1块
(8) 开关　　　　　　　　　　　　　　　　3个
(9) 导线若干

三、实训步骤

1. 测量变压器的绝缘电阻

将兆欧表端钮 E 和 L 之间开路，摇动手柄，观察兆欧表指针是否指向"∞"；再将兆欧表端钮 E 和 L 之间短路，摇动手柄，观察兆欧表指针是否指向"0"。

测量变压器一次绕组和二次绕组的绝缘电阻及一、二次绕组分别对铁芯的绝缘电阻值，将结果填入表 S5-1 中，并与国家规定的标准值相比较，看是否符合要求（国家标准规定，绝缘电阻不小于 90MΩ）。

表 S5-1　变压器的绝缘电阻值

被测绝缘电阻 结果/MΩ	一次绕组对二次绕组	一次绕组对铁芯	二次绕组对铁芯

2. 按图 S5-1 接好线，将调压器调至零位。

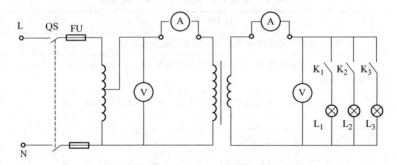

图 S5-1　变压器实验原理图

3. 经检查接线无误后，合上电源开关 QS，接通电源，调节调压器一次绕组电压值达到额定值 220V，测量一、二次绕组边电压 U_1、U_2 和空载电流 I。将结果填入表 S5-2 中。

4. 合上开关 K_1，测量带负载 L_1 时一次、二次绕组边电压 U_1、U_2 和电流 I_1、I_2；合上开关 K_2，测量带负载 L_1、L_2 时的值；合上开关 K_3，测量带负载 L_1、L_2、L_3 时的值，并将结果填入表 S5-2 中。

表 S5-2　实验结果记录表

序号	负载情况	测量数据				计算结果	
		U_1	U_2	I_1	I_2	$K=\dfrac{U_1}{U_2}$	$\dfrac{I_1}{I_2}$
1	空载						
2	L_1						
3	L_1、L_2						
4	L_1、L_2、L_3						

5. 按表 S5-2 要求计算相关数据，并将结果与铭牌参数相比较。

四、考核标准

小型变压器的测试考核标准见表 S5-3。

表 S5-3　小型变压器的测试考核标准

项目	技术要求	分值	得分
绝缘电阻测试	(1)绝缘电阻测试连线正确;(2)正确使用兆欧表;(3)测量数据正确	15	
电路连接	电路连接正确、规范	15	
测量数据	(1)空载测量数据正确;(2)带负载测量数据正确	30	
实验分析	正确进行实验分析并计算相关数据	20	
实训报告	书写规范整齐,内容翔实具体;实训结果和数据记录准确、全面,并能正确分析;回答问题正确、完整	20	
合计		100	

技能实训六　常用低压电器（交流接触器）的拆装

一、实训目的
（1）掌握交流接触器的结构及工作原理。
（2）对交流接触器能进行正确的拆装与装配。

二、实训设备和材料
（1）交流接触器　　　　　　　　1个　　（4）交流电流表　　　　　　　　1块
（2）万用表　　　　　　　　　　1块　　（5）兆欧表　　　　　　　　　　1块
（3）交流电压表　　　　　　　　1块　　（6）电工工具　　　　　　　　　1套

三、实训步骤
1. 交流接触器的拆装
（1）卸下灭弧罩的紧固螺钉，取下灭弧罩。
（2）拉紧主触头定位弹簧，取下主触头及主触头压力弹簧片。拆卸主触头时必须将主触头侧转 45°后取下。
（3）松开辅助常开静触头的接线柱螺钉，取下常开静触头。
（4）松开接触器底部的盖板螺钉，取下盖板。
（5）取下静铁芯缓冲绝缘片及静铁芯，取下静铁芯支架及缓冲弹簧。
（6）拔出线圈接线端的弹簧夹片，取下线圈。
（7）取下反作用弹簧，取下衔铁和支架。
（8）从支架上拔出铁芯定位销，取下动铁芯及缓冲绝缘片。

2. 交流接触器的装配
按照拆卸交流接触器的逆顺序进行装配。
装配完后要进行如下检查：
（1）用万用表欧姆挡检查线圈及各触头接触是否良好。
（2）用兆欧表测量各触头间及主触头对地绝缘电阻是否符合要求。
（3）用手按主触头检查各运动部分是否灵活，以防止产生接触不良、振动和噪声。
拆装的注意事项：
（1）拆装过程中，应备有盛放零件的容器，以防丢失零件。
（2）拆装过程中不允许硬撬，以防损坏电器。
（3）装配辅助触头时，应防止卡住动触头。

(4) 通电校验时,接触器应固定在网孔板上,并由老师检查后再通电,以确保安全。
(5) 通电校验过程中要均匀、缓慢地改变调压器的输出电压,以使测量结果更准确。
(6) 调整触头压力时,不得损坏接触器的触头。

四、考核标准

交流接触器拆装考核标准见表 S6-1。

表 S6-1　交流接触器拆装考核标准

项目	技术要求	分值	得分
交流接触器的拆卸	(1)拆卸步骤、方法正确;(2)拆卸过程中零部件无损坏	40	
交流接触器的装配	(1)装配步骤正确;(2)正确使用测量仪表进行测量;(3)装配过程中零部件无损害和丢失	50	
实训报告	书写规范整齐,内容详实具体;实训结果和数据记录准确、全面,并能正确分析;回答问题正确、完整	10	
合计		100	

技能实训七　三相异步电动机的点动控制与自锁控制

一、实训目的

(1) 通过对三相异步电动机点动控制和自锁控制线路的实际安装接线,掌握由电气原理图变换成安装接线图的知识。
(2) 通过实训进一步加深理解点动控制和自锁控制的特点以及在电气控制中的应用。
(3) 掌握暗配线的配线方法。

二、实训设备和材料

(1) 常用电工工具　　　　　　　　　　1套
(2) 三相交流电源　　　　　　　　　　1套
(3) 三相交流异步电动机　　　　　　　1台
(4) 交流接触器　　　　　　　　　　　1只
(5) 复合按钮　　　　　　　　　　　　3只
(6) 热继电器　　　　　　　　　　　　1只
(7) 万用表　　　　　　　　　　　　　1块
(8) 熔断器　　　　　　　　　　　　　5个
(9) 配电盘　　　　　　　　　　　　　1块
(10) 导线若干,线标若干,线槽若干

三、实训步骤

认识各电器的结构、图形符号、接线方法;抄录电动机及各电器铭牌数据,记录于表 S7-1 中;并用万用表的欧姆挡检查各电器线圈、触头是否完好。接线时,采用暗配线方式,导线要求走线槽,注意导线端头套上相应的线标,自己绘制出配电盘布局。

1. 点动控制

按照自己绘制的配电盘布局图布局,按图 S7-1 点动控制线路进行安装接线,接线时(注意导线端头套上相应的线标),先接主电路,即从三相交流电源 QS 的输出端 U、V、W 开始,经接触器 KM 的主触头,热继电器 FR 的热元件到电动机 M 的三个线端 U_1、V_1、

W_1，用导线按顺序串联起来。主电路连接完整无误后，再连接控制电路，即从三相交流电源某输出端（如 V）开始，经过常开按钮 SB_1、接触器 KM 的线圈、热继电器 FR 的常闭触头到三相交流电源的另一输出端（如 U）。显然这是对接触器 KM 线圈供电的电路，也叫辅助回路。

接好线路，经指导教师检查后，方可进行通电操作。

（1）开启三相交流电源开关 QS。

（2）按启动按钮 SB_1，对电动机 M 进行点动控制操作，比较按下与松开 SB_1 电动机和接触器的运行情况。记录于表 S7-2 中。

（3）切断三相交流电源开关 QS。

2. 自锁控制

按图 S7-2 所示进行接线，它与图 S7-1 的不同点在于控制电路中多串联一只常闭按钮 SB_2，同时在常开按钮 SB_1 上并联一只接触器 KM 的常开触头，它起自锁作用。

接好线路，经指导教师检查后，方可进行通电操作。

（1）开启三相交流电源开关 QS。

（2）按启动按钮 SB_1，松手后观察电动机 M 是否继续运转。

（3）按停止按钮 SB_2，松手后观察电动机 M 是否停止运转。

（4）切断三相交流电源开关 QS，把观察到的现象填到表 S7-2 中。

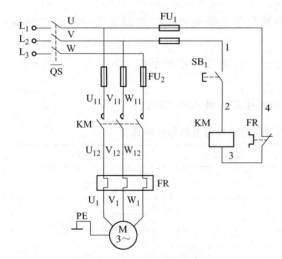 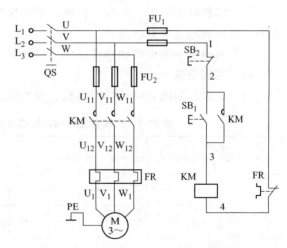

图 S7-1　三相异步电动机点动控制线路图　　　图 S7-2　三相异步电动机自锁控制线路图

3. 即可点动又可自锁控制

按图 S7-3 所示进行接线，它与图 S7-2 的不同点在于控制电路中的常开按钮 SB_1 上并联一只常开按钮 SB_3，同时在接触器 KM 的常开触头上串联一只常闭按钮 SB_3，它起点动作用。

接好线路，经指导教师检查后，方可进行通电操作。

（1）开启三相交流电源开关 QS。

（2）按启动按钮 SB_1，松手后观察电动机 M 是否继续运转。

（3）按停止按钮 SB_2，松手后观察电动机 M 是否停止运转。

（4）按点动按钮 SB_3，对电动机 M 进行点动控制操作，比较按下与松开 SB_1 电动机和接触器的运行情况。

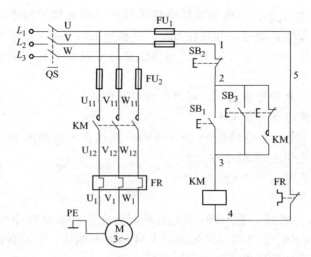

图 S7-3 三相异步电动机即可点动又可自锁控制线路图

(5) 切断三相交流电源开关 QS，把观察到的现象填到表 S7-2 中。

4. 注意事项

(1) 接线时，采用暗配线方式，导线要求走线槽，注意导线端头套上相应的线标。一根导线的两端只允许套用一种线标，即相同的标号。

(2) 操作时要胆大、心细、谨慎，不许用手触及各电器元件的导电部分及电动机的转动部分，以免触电及意外损伤。

(3) 通电观察继电器动作情况时，要注意安全，防止碰触带电部位。

四、实训记录

(1) 记录控制电路中元件的名称、型号规格和用途，填入表 S7-1 中。

表 S7-1 三相异步电动机的点动控制与自锁控制电路元件明细表

代号	名称	型号规格	用途
QS			
FU_1			
FU_2			
SB_1			
SB_2			
SB_3			
KM			
FR			
M			

(2) 记录电路的动作过程，填入表 S7-2。

表 S7-2 三相异步电动机的点动控制与自锁控制电路的动作过程

通电操作		按动按钮 SB1	按动按钮 SB_2	按动按钮 SB_2
点动控制	接触器动作情况			
	电动机运转情况			
自锁控制	接触器动作情况			
	电动机运转情况			
点动及自锁控制	接触器动作情况			
	电动机运转情况			

(3) 试比较点动控制线路与自锁控制线路从结构上看主要区别是什么?从功能上看主要区别是什么?

(4) 自锁控制线路在长期工作后可能出现失去自锁作用。试分析产生的原因是什么?

(5) 在主回路中,熔断器和热继电器热元件可否少用一只或两只?熔断器和热继电器两者可否只采用其中一种就可以起到短路和过载保护作用?为什么?

五、考核标准

三相异步电动机的点动控制与自锁控制考核标准见表 S7-3。

表 S7-3 三相异步电动机的点动控制与自锁控制考核标准

项目	技术要求	分值	得分
电器的测试	元件质量的检测正确	10	
元件布局安装	(1)元件布局合理;(2)安装牢固规范;(3)安装图绘制正确、合理	25	
接点标记	接线与原理图的接点标记一致,导线标线正确	15	
配线	(1)接线符合电路原理;(2)导线完全走线槽,与电器接触良好	20	
电路调试	(1)严格按调试步骤完成调试;(2)正确使用工具;(3)观察仔细、认真	20	
实训报告	书写规范整齐,内容翔实具体;实训结果和数据记录准确、全面,并能正确分析;回答问题正确、完整	10	
合计		100	

技能实训八 三相异步电动机的正反转控制

一、实训目的

(1) 进一步训练电器安装和配线的基本技能。

(2) 学会分析正反转控制电路的原理,掌握其接线方法。

(3) 掌握互锁电路的连接方法,理解互锁在电气电路中的作用。

二、相关理论和技能

三相异步电动机的可逆运行就是实现电动机的正、反转控制,其控制方法有接触器联锁正反转控制、按钮联锁正反转控制及按钮和接触器双重联锁正反转控制。这里选用接触器联锁正反转控制,原理见图 S8-1。由三相异步电动机的工作原理可知,只要调整三相电源的相序,即任意调换两根电源线,就能实现反转运转。电路中用两个按钮分别控制两个接触器来改变电源相序。按下正转按钮 SB_2,KM_1 线圈通电并自锁,主电路接通正序电源,电动机正转。按下停止按钮 SB_1,电动机停转,再按下反转按钮 SB_3,KM_2 线圈通电并自锁,主电路接通反序电源,电动机反转。

KM_1 和 KM_2 的常闭辅助触头分别串接在对方线圈电路中,形成接触器的电气互锁。一只接触器保持通电状态时,另一只接触器将无法得电,这样有效地防止了两只接触器同时动作造成主电路短路。

FU_1 和 FU_2 分别用作主电路和控制电路的短路保护,FR 用作电动机的过载保护。

三、实训设备和材料

(1) 常用电工工具　　　　　　　　　　　1套

(2) 三相交流电源　　　　　　　　　　　1套

(3) 三相交流异步电动机　　　　　　　　　　1 台
(4) 交流接触器　　　　　　　　　　　　　　2 只
(5) 复合按钮　　　　　　　　　　　　　　　3 只
(6) 热继电器　　　　　　　　　　　　　　　1 只
(7) 万用表　　　　　　　　　　　　　　　　1 块
(8) 熔断器　　　　　　　　　　　　　　　　5 个
(9) 配电盘　　　　　　　　　　　　　　　　1 块
(10) 导线若干，线标若干，线槽若干

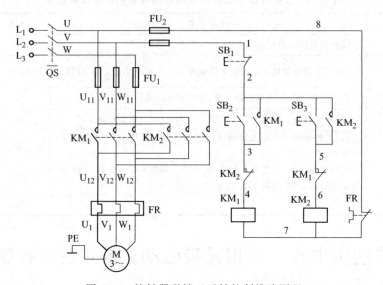

图 S8-1　接触器联锁正反转控制线路原理

四、实训步骤

认识各电器的结构、图形符号、接线方法；抄录电动机及各电器铭牌数据，记录于表 S8-1 中；用万用表的欧姆挡检查各电器线圈、触头是否完好。接线时，采用暗配线方式，导线要求走线槽，注意导线端头套上相应的线标，自己绘制出配电盘布局。

将电器元件用螺钉固定在配电盘上。布局的基本原则是：连接导线尽量短，各个电器的排列顺序符合其动作规律。一般情况下，总电源开关应安装在左上方，总熔断器及分路熔断器安排在配电盘上方，以下是主接触器和其他类型的接触器、继电器，最下面或侧边是接线端子排等。

按照自己绘制的配电盘布局图接好线路，经指导教师检查后，方可进行通电操作。

(1) 开启三相交流电源开关 QS。
(2) 按启动按钮 SB_2，对电动机 M 进行正向控制操作，观察电动机和接触器的运行情况。记录于表 S8-2 中。
(3) 按下停止按钮 SB_1，观察电动机和接触器的运行情况。记录于表 S8-2 中。
(4) 按启动按钮 SB_3，对电动机 M 进行反向控制操作，观察电动机和接触器的运行情况。记录于表 S8-2 中。
(5) 按下停止按钮 SB_1，切断三相交流电源开关 QS。

注意事项：
(1) 注意安全，严禁带电操作。

(2) 只有在断电的情况下，方可用万用表来检测线路的正确与否。

五、实训记录

(1) 记录控制电路中元件的名称、型号规格和用途，填入表 S8-1 中。

表 S8-1 三相异步电动机的可逆转控制电路元件明细表

代号	名称	型号规格	用途
QS			
FU_1			
FU_2			
SB_1			
SB_2			
SB_3			
KM_1			
KM_2			
FR			
M			

(2) 记录电路的动作过程，填入表 S8-2。

表 S8-2 三相异步电动机正反转控制电路的动作过程

通电操作	按动按钮 SB_1	按动按钮 SB_2	按动按钮 SB_3
接触器动作情况 电动机运转情况			

(3) 能否改变电路图，使在按下按钮 SB2 后 M 正向旋转，而直接按下按钮 SB3 后能够使电动机 M 反转，绘出此图。

六、考核标准

三相异步电动机的正反转控制考核标准见表 S8-3。

表 S8-3 三相异步电动机的正反转控制考核标准

项目	技术要求	分值	得分
电器的测试	元件质量的检测正确	10	
元件布局安装	(1)元件布局合理；(2)安装牢固规范；(3)安装图绘制正确、合理	25	
接点标记	接线与原理图的接点标记一致，导线标号正确	15	
配线	(1)接线符合电路原理；(2)导线完全走线槽，与电器接触良好	20	
电路调试	(1)严格按调试步骤完成调试；(2)正确使用工具；(3)观察仔细、认真	20	
实训报告	书写规范整齐，内容详实具体；实训结果和数据记录准确、全面，并能正确分析；回答问题正确、完整	10	
合计		100	

技能实训九 沉淀池排泥机控制

一、实训目的

(1) 进一步训练电器安装和配线的基本技能。
(2) 学会沉淀池排泥机控制线路的原理，掌握其接线方法。

(3) 掌握互锁电路的连接方法，理解互锁在电气电路中的作用。

二、相关理论和技能

桁架式吸泥机控制要求是：手动或自动控制电动机的正反转，带动桁架的往返运动，实现刮泥。由限位开关实现自动控制和电机正反转的联锁控制。如图 S9-1 所示为沉淀池排泥机控制线路。主线路同电动机正反转控制的主电路。

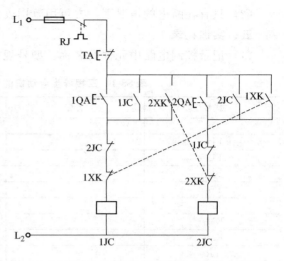

图 S9-1 沉淀池排泥机控制线路

按下启动按钮 1QA，电机正转交流接触器 1JC 通电，常开触点闭合，实现自锁，常闭触点断开，实现联锁，电机正转，桁架前进。当桁架前进到终点压动限位开关 1XK 时，1JC 断电，同时电机反转交流接触器 2JC 通电，实现机械联锁，电机反转，桁架后退。退至终点压动限位开关 2XK 时，2JC 断电，1JC 再次通电，实现桁架的自动往返控制。

三、实训设备和材料

(1) 常用电工工具　　　　　　　　　　　　　　　　1 套
(2) 三相交流电源　　　　　　　　　　　　　　　　1 套
(3) 三相交流异步电动机　　　　　　　　　　　　　1 台
(4) 交流接触器　　　　　　　　　　　　　　　　　2 只
(5) 复合按钮　　　　　　　　　　　　　　　　　　3 只
(6) 热继电器　　　　　　　　　　　　　　　　　　1 只
(7) 万用表　　　　　　　　　　　　　　　　　　　1 块
(8) 熔断器　　　　　　　　　　　　　　　　　　　5 个
(9) 配电盘　　　　　　　　　　　　　　　　　　　1 块
(10) 导线若干，线标若干，线槽若干

四、实训步骤

认识各电器的结构、图形符号、接线方法；抄录电动机及各电器铭牌数据，记录于表 S9-1 中；并用万用表的欧姆挡检查各继电器线圈、触头是否完好。接线时，采用暗配线方式，导线要求走线槽，注意导线端头套上相应的线标，自己绘制出配电盘布局。

将电器元件用螺钉固定在配电盘上。布局的基本原则是：连接导线尽量短，各个电器的排列顺序符合其动作规律。一般情况下，总电源开关应安装在左上方，总熔断器及分路熔断器安排在配电盘上方，以下是主接触器和其他类型的接触器、继电器，最下面或侧边是接线端子排等。

按照自己绘制的配电盘布局图接好线路，经指导教师检查后，方可进行通电操作。

(1) 开启三相交流电源开关 QS。
(2) 按启动按钮 1QA，对电动机 M 进行正向控制操作，压下限位开关 1×K，观察电动机和接触器的运行情况。记录于表 S9-2 中。
(3) 按下停止按钮 TA，观察电动机和接触器的运行情况。记录于表 S9-2 中。
(4) 按启动按钮 2QA，对电动机 M 进行反向控制操作，压下限位开关 2×K，观察电动机和接触器的运行情况。记录于表 S9-2 中。

(5) 按下停止按钮 TA，切断三相交流电源开关 QS。

注意事项：

(1) 注意安全，严禁带电操作。

(2) 只有在断电的情况下，方可用万用表来检测线路的正确与否。

五、实训记录

(1) 记录控制电路中元件的名称、型号规格和用途，填入表 S9-1 中。

表 S9-1　沉淀池排泥机控制电路元件明细表

代号	名称	型号规格	用途
QS			
1QA			
2QA			
TA			
1JC			
2JC			
RJ			
M			

(2) 记录电路的动作过程，填入表 S9-2。

表 S9-2　沉淀池排泥机控制电路的动作过程

通电操作	按动按钮 1QA	按动按钮 2QA	按动按钮 TA
接触器动作情况			
电动机运转情况			

(3) 能否改变电路图，使在按下按钮 1QA 后 M 正向旋转，而直接按下按钮 2QA 后能够使电动机 M 反转，绘出此图。

六、考核标准

沉淀池排泥机控制考核标准见表 S9-3。

表 S9-3　沉淀池排泥机控制考核标准

项目	技术要求	分值	得分
电器的测试	元件质量的检测正确	10	
元件布局安装	(1)元件布局合理；(2)安装牢固规范；(3)安装图绘制正确、合理	25	
接点标记	接线与原理图的接点标记一致,导线标线正确	15	
配线	(1)接线符合电路原理；(2)导线完全走线槽，与电器接触良好	20	
电路调试	(1)严格按调试步骤完成调试；(2)正确使用工具；(3)观察仔细、认真	20	
实训报告	书写规范整齐,内容详实具体；实训结果和数据记录准确、全面,并能正确分析；回答问题正确、完整	10	
合计		100	

技能实训十　曝气鼓风机控制

一、实训目的

(1) 进一步训练电器安装和配线的基本技能。

(2) 学会曝气鼓风机控制线路的原理及辅助油泵、出风阀、鼓风机、放空阀之间的控制关系。

(3) 掌握曝气鼓风机的接线方法。

二、相关理论和技能

按图分别连接辅助油泵、出风阀、鼓风机、放空阀的控制线路，见图 S10-1～图 S10-4。

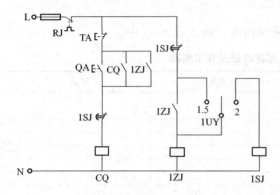

图 S10-1　辅助油泵控制线路

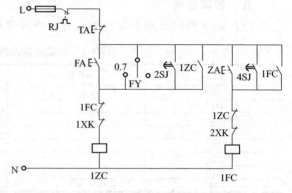

图 S10-2　出风阀控制线路

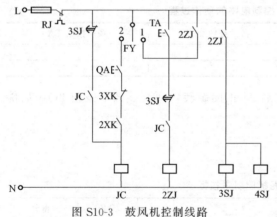

图 S10-3　鼓风机控制线路

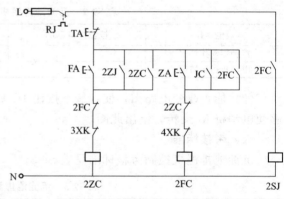

图 S10-4　放空阀控制线路

三、实训设备和材料

(1) 常用电工工具　　　　　　　　　1套

(2) 三相交流电源　　　　　　　　　1套

(3) 曝气鼓风机组　　　　　　　　　1组

(4) 万用表　　　　　　　　　　　　1块

(5) 导线若干，线标若干，线槽若干

四、实训步骤

(1) 鼓风机开机前，按 QA 启动按钮，先启动辅助油泵。

(2) 当油管中油压达到 $2kgf/cm^2$（$1kgf/cm^2=98.0665kPa$，下同）时，FY 接通端子 2，接触器 JC 通电，启动主电动机，同时自动关闭放空阀（当 FY 接通端子 1 时，由中间继电器 1ZJ 动作可实现油压低鼓风机主电动机自动停车）。

(3) 当风管中风压上升到 $0.7kgf/cm^2$ 时，出风阀控制线路中的 FY 接通左边端子，自动打开出风阀。

（4）鼓风机停车前，首先按下FA停止按钮，打开放空阀。再按下停止按钮TA，使主电动机和辅助油泵停车，时间继电器4SJ延时动作，关闭出风阀。

注意：在运行过程中，如油管中压力降低至1.5kgf/cm^2时，须将辅助油泵投入运行，使油管中油压恢复正常值，如油压继续下降至1kgf/cm^2或轴温高达70℃时，则应使主机立即停车。

五、考核标准

曝气鼓风机控制考核标准见表S10-1。

表 S10-1 曝气鼓风机控制考核标准

项目	技术要求	分值	得分
电器的测试	元件质量的检测正确	10	
元件布局安装	(1)元件布局合理；(2)安装牢固规范；(3)安装图绘制正确、合理	25	
接点标记	接线与原理图的接点标记一致，导线标线正确	15	
配线	(1)接线符合电路原理；(2)导线完全走线槽，与电器接触良好	20	
电路调试	(1)严格按调试步骤完成调试；(2)正确使用工具；(3)观察仔细、认真	20	
实训报告	书写规范整齐，内容翔实具体；实训结果和数据记录准确、全面，并能正确分析；回答问题正确、完整	10	
合计		100	

参 考 文 献

[1] 于占河. 电工技术基础. 北京：化学工业出版社，2001.
[2] 周元兴. 电工与电子技术基础. 北京：机械工业出版社，2002.
[3] 李强. 电工工具与电工材料. 延吉：延边人民出版社，2003.
[4] 李强. 实用电工基础手册. 延吉：延边人民出版社，2003.
[5] 张公伯. 用电安全必读. 北京：中国电力出版社，2004.
[6] 中国市政工程中南设计院. 给水排水设计手册. 北京，中国建筑出版社，2006.
[7] 王鹏飞. 电工技术. 湖北：湖北科学技术出版社，2007.
[8] 刘先慧. 电工基础. 四川：电子科技大学出版社，2007.
[9] 朱明悦. 电工电子技术基础与实训. 北京：化学工业出版社，2007.
[10] 石生. 电路基本分析. 北京：高等教育出版社，2008.
[11] 薛涛. 电工基础. 北京：高等教育出版社，2011.
[12] 国兵. 电子电工技术实训教程. 天津：天津大学出版社，2008.
[13] 李显全. 维修电工. 北京：中国劳动社会保障出版社，2008.
[14] 叶淬. 电工电子技术. 北京：化学工业出版社，2010.